高等学校生命科学类专业系列教材

生物标本制作

主　编　鲍方印　刘昌利

副主编　张中信　聂传朋

参　编　向玉勇　赵超然　李永民

合肥工业大学出版社

图书在版编目(CIP)数据

生物标本制作/鲍方印,刘昌利主编.—合肥:合肥工业大学出版社,2008.11(2025.1重印)
ISBN 978 - 7 - 81093 - 842 - 6

Ⅰ.生… Ⅱ.①鲍…②刘… Ⅲ.生物—标本制作 Ⅳ.Q - 34

中国版本图书馆 CIP 数据核字(2008)第 172111 号

生 物 标 本 制 作

主编 鲍方印 刘昌利	责任编辑 马成勋

出　版	合肥工业大学出版社	版　次	2008 年 11 月第 1 版
地　址	合肥市屯溪路 193 号	印　次	2025 年 1 月第 6 次印刷
邮　编	230009	开　本	787 毫米×1092 毫米　1/16
电　话	理工图书出版中心:15555129192	印　张	15
	营销与储运管理中心:0551 - 62903198	字　数	333 千字
网　址	press. hfut. edu. cn	印　刷	安徽联众印刷有限公司
E-mail	hfutpress@163.com	发　行	全国新华书店

ISBN 978 - 7 - 81093 - 842 - 6　　　　　　　定价：40.00 元

如果有影响阅读的印装质量问题,请与出版社营销与储运管理中心联系调换。

前　　言

　　生物标本制作是一门实验性很强的课程，最早是针对师范类生物科学专业的学生开设的，其目的是让学生利用自己已掌握的动物学和植物学知识来学习标本制作的基本方法与技巧，培养能够从事生物学教学或在与生命科学相关的企事业单位中能因地制宜地进行生物标本制作的有用人才。

　　长期以来动植物标本在生物学科研、教学以及科学普及工作中占有特别重要的地位，但标本制作大多局限于大中专院校及科研院所，如今随着中小学素质教育的开展、大中专院校培养学生动手能力的加强、人与自然亲近的需要、人对"伴侣"动物的思念等，使得标本制作有了较大的市场，另外，简单的标本制作技术也成为人们休息娱乐的一种新形式。

　　本书是作者结合多年的教学和标本制作经验编写而成。本书在前面的理论部分配合插图由浅入深地介绍了标本制作方法，在后面的实验部分详细介绍了植物叶脉书签、植物蜡叶标本、植物干花标本与蝴蝶（蜻蜓）等动物标本的制作步骤。所选实验简单有趣，易学易做。本书既可供生命科学及其相关专业的学生使用，也可作为非生物类各专业进行通识教育的公选课教材，还可作为中小学素质教育的辅助教材以及广大标本制作爱好者的参考书籍。

　　本书是集体智慧的结晶，各章节撰写人员及单位见下表。

章　节	撰　写　人
绪　论	刘昌利（皖西学院）
第一章　植物的采集和标本制作	张中信（安庆师范学院）
第二章　无脊椎动物的采集和标本制作	鲍方印（安徽科技学院）
第三章　脊椎动物浸制标本制作	聂传朋（阜阳师范学院）
第四章　脊椎动物骨骼标本制作	向玉勇（滁州学院）
第五章　脊椎动物剥制标本制作	刘昌利（皖西学院）
第六章　生物制片	李永民（阜阳师范学院）
第七章　标本的保养和管理	刘昌利（皖西学院）
第八章　电子标本制作	李永民（阜阳师范学院）
第九章　生物标本制作实验	赵超然（皖西学院）

　　虽然编写前我们经多次商议，编写后也进行了统稿加工，但我们的编写水平和能力有限，因此书中前后矛盾或呼应不到之处仍可能不少，希望读者、同行和有关专家批评指正。

编　者

目　　录

第一章 植物的采集和标本制作

第一节 孢子植物的采集和标本制作

一、藻类植物标本制作

（一）蓝藻门的采集和培养

（1）念珠藻属（*Nostoc*） 该属藻类分布广，种类多。如普通念珠藻（*Nostoc commune*），主要生于潮湿的土壤表面，在一些林下和山泉小溪旁的湿地上多见，夏季雨后易采集。发菜（*Nostoc flagelliforme*）主要分布于我国的内蒙古、宁夏、青海、甘肃等省区，生于荒漠和半荒漠地带，生长季节主要为每年的 7～9 月。该属植物采集后，一般都可晾干保存，也可用 4%～5% 的甲醛水溶液浸制保存。干制标本在实验前浸泡 1 小时即可观察。此外，可用 HB-111 号固氮蓝藻培养基培养，其配方如下：

硫酸镁（$MgSO_4$）0.125g，磷酸氢二钾（K_2HPO_4）0.075g，碳酸钙（$CaCO_3$）0.100g，0.1% 柠檬酸铁 0.5mL，0.1% 柠檬酸 0.5mL，1% 钼酸（H_2MoO_4）0.25mL，蒸馏水 1000mL，A5 微量元素溶液 1mL，土壤浸出液 20mL。

其中 A5 微量元素配方：

硼酸（H_3BO_4）2.9g，氯化锰（$MnCl_2$）1.18g，硫酸锌（$ZnSO_4$）0.22g，硫酸铜（$CuSO_4$）0.018g，水 1000mL。

该属植物既可用液体培养基培养，又可用加入 1%～1.5% 琼脂制成固体培养基培养。注意：均需经过高压灭菌后接种。

（2）鱼腥藻属（*Anabeana*） 该属藻类有的在淡水池塘中营浮游生活，有的和其他高等植物共生。其中最易采集的是与满江红（*Azolla* spp.）叶片共生的鱼腥藻（*A. azollae*）。我国大部分地区的水塘、稻田中均有满江红生长。冬季可将满江红移入室内培养缸中培养，或将带孢子果满江红采集后晾干保存，用时可将晾干保存的标本置于水缸中培养即可。

（3）钝顶螺旋藻（*Spirulina platensis*） 此种螺旋藻容易培养，培养基配方为：小苏打（$NaHCO_3$）10～15g，尿素［$CO(NH_2)_2$］0.1g，过磷酸钙 1～2g，氯化钾（KCl）0.5～1g，磷酸氢二钾 0.5～1g，氯化钠（NaCl）0.5～1g，水 1000mL。

（4）颤藻属（*Oscillatoria*） 一年四季均可采到，但在北方夏、秋季最多。多生于污水沟渠中，夏季雨后的道旁排水沟或临时积水坑中大量生长。用镊子或用刀连表泥一起采集，加入适量水，然后带回实验室将其倒入烧杯中，数小时至一天后，颤藻大多滑行至沿水面的杯壁上，形成一圈蓝绿色薄膜，这就是较纯的颤藻，将其用作实验较为合适。由于夏季雨后采集的材料死细胞和隔离盘较多，运动较活跃，因此欲进行培养，可将杯壁上的颤藻取下，用蒸馏水洗几次，最后可转入土壤浸出液或一般蓝藻培养基培养。

① 土壤浸出液：取 500g 菜园水或花园土（不宜取刚施肥的）加水 1L，充分搅拌，静置 48h 以上，吸出上清液，过滤 1～2 次，高压灭菌后即可。单独使用时可以用蒸馏水稀释 4～5 倍。

② 蓝藻培养基：硫酸钾（K_2SO_4）0.5g，磷酸二氢钾 0.1g，硫酸镁 0.05g，柠檬酸铁铵（1%水溶液）10 滴，蒸馏水 1000mL。

（二）绿藻门和轮藻门的采集、分离和培养

（1）衣藻属（*Chlamydomonas*）　春、夏、秋三季，一般均可在有机质丰富的池塘、湖泊、积水坑和养鱼池采到。冬季较少，但冬季和早春常可在温室的积水缸中发现衣藻。在自然界，晚春和夏季衣藻大量繁殖。稻田和一些浅水坑，在这个时期最易出现水华，此时，可直接用广口瓶采集。如水中衣藻的密度小和数量少时，需用 25 号丝绢制作的浮游生物网采集。

衣藻的培养方法很多，下面介绍几种效果较好的培养基配制方法。

① 土壤水培养基：选取有机质较丰富的菜园土或腐殖土，风干后贮存备用。培养时将风干的土壤装入试管内，约占试管容积的 1/4，再倒入水至容积的 1/2 处，最好在装入土壤前先放一小撮碳酸钙，然后塞上棉塞置蒸锅中消毒 30min 至 1h，次日再消毒一次，冷却后即可接种，在光照下培养。

② 土壤浸出液培养基：原液制备法见蓝藻门的颤藻培养。使用原液培养时可采用以下方法。

a. 将原液用蒸馏水稀释数倍，直接将衣藻接入培养；

b. 取原液 5mL，再加入 5% 的 KNO_3 1mL，蒸馏水 94mL 配成培养基。将衣藻接入培养。

③ 朱氏 10 号培养基：硫酸钙 0.04g，磷酸氢二钾 0.01g，硫酸镁 0.025g，碳酸钠 0.02g，硅酸钠 0.025g，柠檬酸铁 0.003g，柠檬酸 0.003g，水 1000mL。将此液配好后，置于高压消毒锅中，15 磅压力灭菌 15～20min，冷却后即可接种培养。

④ 克诺普氏液（Knop's Solution）：该培养基制备方便，效果很好。配制时首先洗净两个 1000mL 的广口瓶，分别倒入 500mL 蒸馏水。其中一瓶放入 4g 硝酸钙和 1g 硝酸钾，另一瓶加入 1g 硫酸镁和 1g 磷酸二氢钾。溶解后，将两瓶溶液混合，并加 1 滴 1% 的氯化铁即成。经灭菌后可用于接种培养。

⑤ 衣藻的简易分离法和藻种的保存与扩大培养：利用衣藻的趋光特点，将采集的混生有其他藻类和浮游动物而衣藻占优势的标本，倒入烧杯中，置于光线充足或从侧面灯光照射的条件下培养，几小时后，很多衣藻聚集在向光一侧，或在水面与杯壁相交处形成一圈或半圈"绿色线"，此时用吸管将衣藻聚集的绿线吸出，转移到任一衣藻培养基中或蒸馏水中。如此进行 2～3 次分离，便可得到较纯的衣藻。如果实验需要，就将分离的衣藻转入新配制的衣藻培养基中，置于光线充足（不直射）和 20℃～25℃ 条件下培养，衣藻会较快的繁殖起来，以供实验时使用。

如果分离的衣藻备用，可将藻类保存。简单的方法是将衣藻培养容器口用棉花塞塞住，并置于仅有弱光和温度较低处（15℃～20℃左右）存放。衣藻在此条件下代谢缓慢，可保存数月。需用时，可在实验前10天左右将保存的藻类转入新配置的培养基中，并置于光线充足，温度稍高处培养。若需要其繁殖和生长更快些，则可在衣藻培养液中加入适量煮过的豌豆汁，也可转入煮过的白菜或萝卜汤中培养，其优点是繁殖速度快，其缺点是培养液需几天更换一次，否则易腐臭变质，大量滋生细菌，不宜持续培养。

（2）实球藻和空球藻　可参照衣藻的各种培养方法。

（3）团藻属（*Volvox*）　团藻属的种类多生于临时积水坑中，淡水池塘、湖泊等水体中也可常发现。每年以7～9月为多，10月也可采到。在雨后的小积水坑中，团藻的生存期很短，一般只有1～2星期，在较大水坑中生存期长一些。团藻的个体较大，似大头针头样的绿球在水中滚动，肉眼即可看见。在小水坑中生长繁茂的纯群团藻，可直接用瓶采集。

团藻的培养需仔细进行。一般来说，用土壤水培养法效果较好。此法成功与否，关键看所用的土壤是否合适。有时可从生长团藻的水体下取泥土风干。同样，也可用菜园土，哪种效果好则需进行反复实验。在适合的条件下培养时，团藻在接种到培养基中的一星期内，其繁殖较好，两星期繁殖最快最旺盛，第三星期逐渐衰退。所以，最好是在团藻生长和繁殖最旺盛时就进行转接。转接的方法很简单，即用已消毒的干净吸管直接吸取适量生长旺盛的团藻藻液，注入新制备的土壤水培养基中就可以了。培养团藻的温度不宜过高，一般以8℃～20℃较好。培养过程中要注意经常检查，及时转接，这样就可以长期培养。

（4）小球藻属（*Chllorella*）　多在有机质丰富的淡水池塘中生长。室内培养也较容易，培养衣藻的培养基都可用于培养小球藻。此外，水生4号培养基效果也很好，其配方如下：

硫酸铵0.2g，过磷酸钙0.03g，硫酸镁0.08g，小苏打0.1g，氯化钾0.025g，土壤浸出液0.5mL，氯化铁（1％水溶液）0.5mL，蒸馏水1000mL。

（5）丝藻属（*Ulothrix*）　多生于山泉溪流的石头上，呈绿色绒毡状，夏季生长旺盛。在自流井附近的石头上，冬季水温为5℃～7℃时可采到。

丝藻的长期培养较难，这里仅介绍两种方法，供参考。

① 流水培养：将从野外连同固着物一起采集的标本，放入浅的培养缸中，在缸的底部边上凿一个出水口，上边通一个橡皮管，在管的一端连接水龙头，使水缓缓注入培养缸中。缸内的水面最好不要完全把丝藻淹没。

② 悬滴培养：若要观察丝藻释放游动孢子可用此法。取一块载玻片，再做一个玻璃圈。把玻璃圈的上、下两口涂上凡士林，下口粘于载玻片的中央。选取已形成游动孢子但还未释放的一段丝藻置于一块干净的盖玻片上，滴上一滴水。最后，将盖玻片翻转，扣于玻璃圈的上口。不时地在显微镜下观察，12～24h后可见游动孢子放出，同时还可继续看到游动孢子萌发的过程。

（6）水绵属（*Spirogyra*）　该属藻类分布广泛，而且一年四季均可采到。多生于干

3

净的静水池塘、缓流河边或水沟中。水绵在一年中的生长高峰期多在春季、夏初和秋季。温度高的夏季数量较少。有些水体中，冬季冰下的水绵生长繁茂。水绵是有性生殖，主要发生在早春，此时藻体由绿色变成黄绿，并成团漂浮在水面。在秋天也可采到水绵的接合生殖标本。采集时，只需用镊子把标本夹入标本瓶中，加入适量的清水。然后加福尔马林，使溶液浓度为 3％～4％左右，即可长期保存。

水绵的侧面接合生殖的材料，一般多在秋季发现。但南方一些地区，春季可大量发生。

水绵的室内长期培养不大容易。但一般培养几个月也完全可以做到。经实验，以下培养液较合适：①土壤水培养液；②朱氏 10 号培养基；③硝酸钾 1g、硫酸镁 1g、磷酸氢二钾 1g 先溶于 1L 水中，再加入碳酸钙 3g，最后用两倍水稀释而成的混合液。

培养时切忌阳光直射，否则，极易腐烂。

关于水绵接合生殖的诱导和培养，可用以下几种方法。

① 滤纸培养法：将培养皿洗净，底部垫一块湿滤纸。把水绵的丝状体薄薄地铺于滤纸时。盖上皿盖，置于冰箱中培养，约一周左右，即有接合生殖发生。置于窗前培养也可，但材料易坏，必须注意保持滤纸湿度，干时应滴几滴蒸馏水。

② 冰冻处理：用一塑料盒将标本用水浸没，置于冰箱中冻成冰块。4～5d 后取出，将冻结的水绵块放在培养皿中，在室温下自然融化。置于光下培养数日，即可得到水绵的接合生殖标本。

③ 用上述的第三种水绵培养液培养几天以后，再将水绵移入玻璃容器中的天然水中培养，并将培养容器置于强光下晒 4～5d，也可发生接合生殖。

(7) 轮藻属　采集有性器官（精囊球和卵囊球）的轮藻标本，一般在 4～5 月为宜，冬季有时在一些自流井附近的水中也可采到营养体。采集轮藻时，应注意连泥一起挖出，以便观察到埋入泥中的藻体和假根。

轮藻在室内易于培养，将采到的材料连淤泥一起放入培养缸中，倒入适量水，然后置于向光处，即可长期培养，而且每年皆可生出有性器官。

(三) 硅藻门的采集和培养

硅藻分布很广，一年四季均可采到。但采集时应注意：硅藻的生活种类很多，有的营浮游生活；有的营底栖或附着生活；有的既可以浮游，又可以底栖。在采集时就要根据不同需要，用不同工具采集。如浮游种类，就要用浮游生物网滤取，底栖种类或附生于其他水生植物上的硅藻可以用吸管吸取或将水生高等植物或其他丝藻类用手或镊子一起捞出，带回实验室后，在杯中将硅藻从水生植物上刮下或刷下。还有些硅藻在湿地表面或在湿墙壁上形成一层粘的黄褐色物，可用采集刀连同一层薄土刮下，装入瓶中。

硅藻与水质的关系：富营养水体中可以采到较多的颗粒直链藻、冠盘藻、菱形藻、星杆藻等；而在中营养水体中可以采到较多的小环藻等种类；有些种类在各种水体中都较多，如舟形藻、桥弯藻等。

一般来说，在春、夏、秋季，硅藻数量都多，冬季较少。但有时也可在冬季采到硅藻的复大孢子，如变异直链藻的复大孢子可在 11～12 月采到。

硅藻一般也不需室内培养。若要较纯的实验材料，也可人工培养。武汉水生所提供的 HD-D1 培养基是较好的一种培养基。其配方如下：

硫酸钠（Na_2SO_4）120mg，硫酸镁（$MgSO_4$）70mg，磷酸氢二钾 40mg，磷酸二氢钾（KH_2PO_4）80mg，氯化钙（$CaCl_2$）20mg，氯化钠（$NaCl$）10mg，硅酸钠（Na_2SiO_3）100mg，柠檬酸铁 5mg，土壤浸出液（1∶2）20mL，水 1000mL，pH＝7.0，温度 20℃～30℃，光照 2000～5000Lux。

在天然水体中采集的硅藻，经过分离，先于小型培养皿中培养，如小锥形瓶，其内放入分离的硅藻 20～30 个。待繁殖起来以后，再扩大培养。如不培养，一般用 4％的福尔马林溶液即可长期保存。

（四）褐藻门的采集和培养

（1）水云属（*Ectocarpus*）　海产，褐色绒毛状，多附生于马尾藻等藻体上，也常附生于海藻养殖的浮埂上。春季和夏季大量出现，可连同大型海藻一起采下，或用刀刮下。置于 4％的福尔马林液中可长期保存，也可压制成标本保存。

（2）海带（*Laminaria japonica*）　我国自然生长的海带，仅限于辽东半岛和山东半岛的肥海区域。一般生长在低潮带下 2～5m 深的岩石上。若采集天然生长的有孢子囊的海带孢子体，须在秋季，因为它们是两年生的海藻，共产生两次孢子囊和放散孢子。第一次是第二年的秋季产生，第二次于第三年秋季产生。放散孢子后，藻体即烂掉。另外，每年夏季水温高时，藻体顶部大多腐烂，所以很难在 6 月以后采到完整的标本。但可在 6～7 月初采到人工养殖的成熟海带，其上有大量的孢子囊。人工养殖的海带一般较大（2～4m 长），标本不好处理，所以尽量采集小且有孢子囊和各部分完整的标本，先将标本晒成大半干时将其卷成卷，完全干燥后可长期保存，用时再用温水浸泡即可展开，用后又可卷起来。对于野生的海带，由于藻体一般较小，可以压制标本。但海带含胶质多，标本不易干，易腐烂，所以在标本压制前，可先晾至半干。为了防腐，可在标本半干时涂一层福尔马林，以后还要在标本压制期间勤换纱布。这样，压制的标本就不会腐烂了。

对于生有孢子囊的海带带片，可以剪成小块浸泡于 7％～10％的福尔马林溶液中保存。此材料既可供实验时作徒手切片用，又可用于制作永久切片。

海带配子体的培养需在海边进行。培养方法和培养过程如下：首先选取健壮的有孢子囊的海带孢子体，洗净表面的脏物。另准备一个大盆，里面盛有过滤海水，海水温度不要高于 10℃，并在盆底铺上一层洗净的载片。然后把洗净的海带放入盆中，几十分钟后游动的孢子就从孢子囊中释放出来。当海水变得有些混浊时就可把海带提出来。孢子游动几小时后便附于载片上，变圆，逐步发育成配子体。四五天后大体分出雌、雄配子体。10～14d 配子体成熟并排卵受精，幼小孢子体也由合子的分裂产生出来。在培养过程中需要注意以下三点：

① 勤换过滤海水，或置于流动的过滤海水中。

② 要控制水温，最好不要超过 10℃。

③ 要有适当的弱光。

（五）红藻门的采集

（1）紫球藻属（*Porphyridium*） 多生于潮湿的土表，为成片的紫红色，特别在温室的地面上最常见。此外在淡水、海水石面上也有生长。用采集刀连同一层薄土一起铲下，装入容器或纸袋中带回实验室即可。

室内培养，可配制如下培养基：土壤浸出液 100mL、酵母膏 1.0g、蛋白胨 1.0g、水 1000mL。

（2）紫菜属（*Porphyra*） 我国北部沿海常见紫菜多为条斑紫菜和甘紫菜等；浙江、福建一带多为坛紫菜等。多生于岩石上。叶状体标本应于 3～5 月采集，5 月以后逐渐减少，至 6 月以后基本消失。采集的标本可当即压制成干标本，其色泽也可保持，形态也完整。也可用 7%～10% 的福尔马林海水固定液保存，以备实验时观察。

若采集壳斑藻，应于紫菜生长区的海底采集贝壳，若贝壳内表面为紫红色时，通常为壳斑藻生长所致。8～9 月是壳斑藻发育为膨大藻丝阶段。在我国沿海一带均有紫菜养殖场，最方便的方法是根据紫菜的不同发育时期去养殖场购买，也可在副食店购买商品紫菜。

（3）多管藻属（*Polysiphonia*） 我国沿海北部常见种多为多管藻。生于潮间带岩石上或附生于其他海藻上。春、夏季均易采集。无性和有性生殖，通常发生在 2～5 月间。标本采集后可分别压制和浸制保存。

（4）石花菜（*Gelidium amansii*） 为我国黄、渤海沿岸习见种类，东海的浙江、福建和台湾也有生长。一般生在大中潮附近至水深 6～10m 间的岩石上，烟台地区的分布中心在潮下带或低潮带水深 20～40cm 的石沼中。其幼体多见于 9～12 月间，四分孢子囊、精子囊和囊果于 7～10 月间出现最多，是采集标本的最佳时间。

（六）裸藻、隐藻、甲藻、金藻、黄藻各门的采集和培养

（1）裸藻属（*Englcna*） 一年四季均可采到，但以春、夏、秋季最多。主要生于污水沟、鱼塘或其他富营养水体中。在春季有时会在水面形成一层绿膜（水华）。量多时，可直接用瓶采，量少时可用浮游生物网采集。

（2）隐藻属（*Cryptomonas*） 一年四季均可采到，各种水体中均有分布，尤以鱼池中为多。

（3）角藻属（*Ceratium*） 淡水中以湖泊和水库中常见，特别是在培养水平的水库中数量较多，海水中也常见。有时在酸性的水体中也有发现，早春和晚秋时常有大量繁殖。

（4）无隔藻属（*Vauchcria*） 一年四季都可采到，但以春、夏、秋季为多。无论在山泉小溪的石头上，还是在池塘、河流的岸边湿地上，以及水稻田中均可见。

室内培养：土生种类易培养。将采来的材料放置在湿土或花盆上保持湿度就可生长。用朱氏 10 号琼脂培养基培养，可观察到无隔藻游动孢子萌发和有性器官的形成过程。若用 2%～4% 的糖液，在强光下培养，可以加速性器官的形成。将无隔藻放入蒸馏水中，置于弱光下培养，也可促使游动孢子的形成。

（5）锥囊藻属（*Dinobryon*） 多生于清洁的湖泊和水库中，春、夏、秋季均可采

到，但以 4～5 月为多。需用浮游生物网采集。

二、菌类植物标本制作

（一）粘菌门的采集和培养

（1）发网菌属（*Stemonitis*）　可于夏秋多雨季节在阴湿处的枯枝烂叶上采集其成丛的紫灰色的孢子囊。采集时要仔细，连同枯枝或树皮一起采下，装入盒中带回。切勿碰压孢子囊，否则孢子囊破裂，孢子会散落出来。

（2）变形体的培养　可用悬滴活体培养法。先将凹载玻片和 22mm×22mm 的盖玻片洗净、灭菌，在盖玻片中央滴一滴中性活体染液（1：200000 倍稀释液），撒上适量新鲜的发网菌孢子，在盖玻片四周涂一些凡士林，再迅速将盖玻片翻转，正好扣在载玻片凹坑上。注意液滴一定要滴在正中。在盖玻片四周封以液体石蜡。最后，将制作好的悬滴玻片放入垫有湿滤纸的培养皿中，置于恒温培养箱中培养即可。

（二）真菌门的采集和培养

（1）水霉属（*Saprolegnia*）　夏秋季节在养鱼池塘中最易采集标本。可见一些死鱼体上长有很多白绒毛，通常即为水霉菌。采集时应连同死鱼一起装入标本瓶。如不作培养，应当即用 5% 的甲醛液固定。

水霉的培养：可将死蝇或小死鱼放在培养皿或烧杯中，其内加入适量的池塘水，1～2 周后，就可长出水霉菌。

水霉有性器官的诱导培养，可选用以下几种方法：

① 将生长旺盛的水霉菌丝体移入 0.1% 的胰岛素中，24h 就可产生性器官。

② 把玉米切碎，煮 20min，凉后放入玻璃皿内，加入池塘水和水霉的菌丝体，水量以刚淹没菌丝体为宜，4～5d 可产生性器官。

③ 用 0.025% 的蛋白胨和 0.025% 的亮氨酸，或用 0.25% 的蛋白胨和 0.0125% 或 0.05% 的麦芽糖配成培养液，培养水霉的菌丝体，也可刺激水霉进行有性生殖。

（2）根霉属（*Rhizopus*）　取去皮马铃薯 200g，切成小块，加水 1L，煮沸 10min，纱布过滤，加入 20g 琼脂和 20g 蔗糖，加热使其热溶解，补水至 1000mL，15 磅灭菌 15min，冷却后即可用于接种。如培养其接合生殖过程，可从微生物研究所购买（＋）、（－）菌系，在无菌条件下，将（＋）、（－）菌丝接种于同一个培养皿内的培养基中，在二者交界处的琼脂上画一道线，待（＋）、（－）菌丝长满时先从（＋）、（－）菌丝交界处检视接合生殖过程和接合孢子。

观察根霉的发育阶段可用蔗糖 5%、琼脂 0.5%、水 94.5% 混匀后加热成糊状作培养基，用吸管吸一滴培养基滴于洁净的盖玻片上，待冷却后将根霉的孢子接种在培养基上，并在盖片四角涂少许凡士林，然后将盖片翻转过来盖在凹载玻片的凹坑上。应同时做许多片，如果试验组较多，分期、分批培养。最后将凹载玻片置于培养皿中，并在培养皿底部垫上湿纱布或湿滤纸，放入温暖处或温箱中培养。2～3d 后即可长出菌丝、假根和形成孢子囊。用此片直接在显微镜下观察效果好，可避免由于制作封藏湿菌丝缠绕成团而影响观察。

（3）青霉菌属（*Penicillium*）

① 橘皮上最易产生青霉菌，其菌丝体生长旺盛时为绵白色，青绿色时为产生分生孢子时期。可将青霉菌的分生孢子接种在新鲜橘皮上，如用干橘皮，需先将其浸泡至软，然后将橘皮置于培养皿中培养，并在皿底垫上湿纱布或湿滤纸。置于温暖处（25℃～27℃）或温箱中，3～5d 即可用于试验观察。

② 若观察其发育时期，可用 0.8g 蔗糖、0.8g 琼脂和水 50mL 均匀混合并水浴加热后配成的培养基中培养。将培养基滴于洁净的载玻片上，并将其用一洁净载片或刀片刮平，然后接种孢子，盖上盖玻片，最后置于大培养皿中，皿底垫湿滤纸或湿纱布，在温暖处或温箱中培养，3～4d 即可用于试验观察。

（4）酵母菌属（*Saccharomyces*）

① 一小块发面，溶于水中，取溶液倒入试管或烧杯中，加适量糖，于 25℃～27℃温箱中培养，2～3d 即可。

② 用发面的溶液，加入巴斯德溶液培养效果更好。巴斯德溶液的配制方法：磷酸钙 0.2g，硫酸钾 0.2g，酒石酸 1g，硫酸镁 0.2g，蔗糖 15g，蒸馏水 84mL。溶解后高压灭菌。

③ 糯米酒曲少许，加蔗糖 2g、水 100mL，置于温暖处培养。

④ 市售鲜酵母用少量蔗糖水溶液培养。

（5）白粉菌目的闭囊壳　可于秋末采集不同植物的叶子，叶片背面外观上如有很多小黑点即是。如在黄栌、杨树等叶片上可采到钩丝壳属的闭囊壳；臭椿、栎、悬铃木和桑树叶上可以采到球针壳属的闭囊壳；栎和栗树叶子可以采到叉壳属的闭囊壳；豌豆和小麦上可以采到白粉菌属的闭囊壳；向日葵、凤仙花、蒲公英等的叶子可以采到丝壳属的闭囊壳。采到的标本通常用 5％的甲醛液保存，干保存时容易破坏闭囊壳上的附属丝。

（6）盘菌类、马鞍菌类　可于夏秋季在林下采集，用作观察子囊和子囊孢子的材料。通常用 5％的甲醛液固定保存，也可晾干放入标本盒中保存。

（7）山田胶锈菌　由于麦类抗菌品种的研究推广，禾柄锈菌生活史的材料不易采集，而山田胶锈菌的材料则较易获得，因此可用其替代禾柄锈菌。每年 5 月左右连续的阴雨天是采集冬孢子和横隔担子、担孢子的时期。山田胶锈菌为转主寄生菌，有两个寄主，一个是圆柏，另一个是苹果树。只要两种树种植得较近，极易发生该菌。山田胶锈菌生活史中共产生 4 种孢子：在圆柏上产生冬孢子，5 月阴雨天时，观察寄生于圆柏上的虫瘿状瘤胶化成橘黄色的瓣状胶团中的冬孢子是否已经大多萌发产生出横隔担子，如果较多时即可连同圆柏的小枝一同采集，立即用 5％甲醛液固定保存。同时，这个时期苹果树的叶子已长出，担孢子随风传到其叶上，先在叶的近轴面形成性孢子器，后来又在远轴面形成锈孢子器。当性孢子器和锈孢子器成熟时，可连同小枝一同采下制作蜡叶标本。另外，将受菌叶片剪成 0.5～1cm 长的小块用 F. A. A. 固定液固定，可用作永久制片，可以观察性孢子器和锈孢子器及其内的孢子。

（8）伞菌等担子菌的子实体　可在 7～9 月采集，一些主要代表种类均为人工养殖，去养殖场购买即可，有些可到副食店购买，如木耳、银耳等。

（三）大型真菌的采集和保存

（1）用具　采集刀、掘根器、枝剪、旧报纸、硬纸盒、塑料桶或筐、漏斗形纸袋、编号纸片、采集记录表、白纸、黑纸和玻璃罩等。

（2）采集方法　大型真菌以夏秋多雨的七八月份出现最多，所以此时采集标本最为适宜。采集时应选择不同生态类型的环境，如各类森林、草地、粪堆、树干、枯腐木等。采集方法也应视菌类的质地和生长基质的不同而有所不同。一般来说，对于地上生的伞菌类和盘菌类，可用掘根器采集，一定要保持标本的完整性；对于树干和腐朽树木上的菌类，即可用采集刀连带一部分树皮剥下，有些可用手锯或枝剪截取一段树枝。

采集时要注意做好记录，有条件时可当即拍摄彩色照片或绘画全部或一部分原色图。对于采集的标本，要按照标本的不同质地分别包装，以免损坏和丢失。

① 肉质、胶质、蜡质和软骨质的标本需要用光滑而洁白的纸做成漏斗形的纸袋包装，把菌柄向下，菌盖朝上，保持子实体的各部分完整，将编号纸牌放入后包好。然后，再分别将包好的标本放入塑料桶或筐内。对其中稀有、珍贵的标本或易压碎的标本以及速腐性的种类，可将其包好放在硬纸盒中，在盒壁上多穿些孔以通风。有些小而易坏的标本，也可装入玻璃管中，以免损坏丢失。

② 木质、木栓质、革质和膜质的标本，采集后用旧报纸分别包好，拴上标本编号牌即可。

（3）标本的整理　标本务必于当天及时整理，可首先将标本分成三类，以便分别处理。

第一类是肉质、含水多，脆、小、粘和易腐烂的标本，应首先整理。整理时将白纸铺在桌上或地上，经过初步分类，小心清除标本上的泥土和杂物，再分别轻放在白纸上，菌褶或菌孔应朝上。然后再根据分类特征进行鉴定。能定名的就及时定名；当时定不了的，也要及时地把主要特征记录下来。

第二类是肉质但含水较少和腐烂较慢的种类，待第一类标本整理后再对其整理。整理方法同上。

第三类是木质、木栓质、革质和膜质的标本。可先放在通风处晾干，在1~2天内整理出来即可。但如果要制作孢子印，则同样需要用当天的新鲜标本进行。

（4）孢子印的制作法　各种真菌的孢子，在形态、大小、颜色等方面都有很大差异，这些是真菌鉴定中的重要特征之一，所以一般均应制作孢子印。孢子印就是把菌褶或菌管上的子实层所产的担孢子接收在白纸或黑纸上。其制作方法也有几种：其一是用刀片将新鲜的子实体齐菌褶处切断菌柄，然后将菌盖扣在白纸上（有色孢子）或黑纸上（白色孢子），也可以把一半白纸和一半黑纸粘成一张纸而将菌盖扣在上面，再用玻璃罩罩上。经过2~4h，担孢子就散落在纸上，从而得到一张与菌褶或菌管排列方式相同的孢子印。另一种方法是将用来接收孢子的纸折叠起来，在中央剪出一个适合的圆洞，再把菌柄插入洞中，使菌褶紧贴纸上。然后再将子实体连同纸一起放在盛有半杯水的小口杯上，此法可加速孢子印的接收。

当获得孢子印后，应及时记录新鲜孢子印的颜色，并将其编上和标本相同的号，一起保存或分别保存，以备鉴定时查用。注意不要用手或其他东西擦抹孢子印，以免破坏。

(5) 干制标本的制作和保存 标本的保存有干制法和浸制法。如果天气干燥，小型标本放在通风处不久即自然干燥。大的标本要放在阳光下晒干或用烤箱烤干。干标本可以长久保存。有的干标本浸在温水中可渐渐恢复自然状态。

干制标本制作好以后，要及时收藏保存。可把标本连同调查记录表、编号一起放入盒内，并在盒内放干燥剂和樟脑等防虫药品。在盒上贴上标签，写上名称、产地和日期等，然后把纸盒按分类系统放在标本柜中保存。

(6) 浸制标本的制作

① 一般保存液的配制：在1000mL 70％的酒精中加入6mL的甲醛即成。将标本清理干净后，直接投入该固定液中保存。如果子实体在固定液中漂浮，可以把标本拴在长玻璃条或玻璃棒上，使其沉入保存液中。然后再用蜡将标本瓶口密封，贴上标签，入柜保存。

② 白、灰、浅黄或淡褐色标本，可用下列溶液保存：

a. 甲醛10mL，硫酸锌2.5g，水1000mL。

b. 50％酒精300mL，水2000mL。

除②中的各色标本外，其他标本可以保存在下面的防腐液中。其配方如下：

A液：2％～10％的硫酸铜溶液；

B液：无水亚硫酸钠21g，浓硫酸1mL，溶于10mL水中，再加水至1000mL。

先将标本在A液中浸泡24h，取出，用清水浸泡24h，然后取出，再浸入B液中，密封，并保存在暗处。

③ 真菌色素不溶于水者，可用下列两种溶液保存：

a. 硫酸锌25g，甲醛10mL，水1000mL。

b. 醋酸汞1g，冰醋酸5mL，水1000mL。

④ 真菌色素溶于水者，可用下列溶液保存：醋酸汞1g、醋酸铅10g、冰醋酸10mL、95％的酒精1000mL。

(7) 立体保存 在干燥空气下，采集健壮的新鲜标本，用针刺菌盖和菌柄，浸入Magnisky液内2～6h，取出放在玻璃板上，于暗处干燥1.5h。然后在一只玻璃瓶的底部安放一根平放的螺旋状弯绕的铁丝（铁丝的顶端位于落下环的中央，并向上直立），将菌柄插于其上。然后在瓶内充入二氧化碳。瓶口盖上磨砂玻璃盖，涂以凡士林，盖紧，亦可很好的保色。

Magnisky液的配制：硼酸5g，5％的硫酸锌10mL，10％的甲醛200mL，蔗糖30g，蒸馏水10mL。

(8) 切片保存法 用薄而锋利的刀片，将新鲜标本的子实体纵切成三片，这三片基本上可以将子实体的形态、结构和附属物保存齐全。然后把切好的菌片放在标本夹内的吸水纸上吸干压平。注意勤换吸水纸，待菌片干后即可长期保存。

三、地衣植物标本制作

（一）采集用具

采集刀（大号的电工刀即可），枝剪，锤子，钻子，钢卷尺，包装纸（旧报纸或旧信封），小纸盒，放大镜，变色铅笔（遇水不褪色），采集记录本（应有采集号、采集地点、日期、生境、海拔高度、采集人、名称等），标签，标本夹，采集袋或背包，水壶，等等。

（二）采集方法

地衣可全年采集，而且除有些通常不产生子实体的种类外，一般均可全年采到子实体和得到子囊孢子。采集时应注意各种生境和不同基质上生长的种类。采集方法应根据具体情况而有所不同。

① 石生壳状地衣需用锤子和钻子敲下石块，注意沿岩石的纹理选择适当的角度就会较容易敲下石块，尽量敲下带有完整地衣形态的石片。

② 土生壳状地衣，应用刀连同一部分土壤铲起，并放入小纸盒中以免散碎。

③ 树皮上的壳状地衣可用刀连同树皮一起割下，有些需剪折一段树枝以保持标本的完整性。

④ 在藓类或草丛中生长的叶状地衣可用手或刀连同苔藓或杂草一同采集。

⑤ 枝状地衣可用刀连同一部分基质（如树皮、树枝等）采下。

⑥ 石生或附生树皮上的叶状地衣，有的附着很紧，最好不直接用手摘，要用刀削离，采集时应将岩石和树皮一起带回，以保存标本的完整。

⑦ 有些地衣在晴天干燥时易失水变脆，很易破碎，可用随身带的水壶将地衣体喷湿使其变软时再采集。

采集地衣标本时还应注意以下事项：

第一，先观察并测量其尺寸大小，做好记录编号，并将签上的号码包于纸袋中。

第二，根据标本质地和特点的不同，应分别包装。如易碎和土生壳状地衣装入纸盒；叶状地衣应视体积大小选用适当的纸袋，不要将地衣体折叠，以免破碎，也可趁其湿润时放在标本夹中压制；叶状地衣呈叶片状，枝状地衣（如石蕊、松萝等）为树枝状，它们都可以制成蜡叶标本，将它们上台纸或装入袋内，加樟脑防虫。

第三，如需制片，则可用 F. A. A.（50%或70%酒精配制）固定。切片厚度以 $10\mu m$ 为宜，可用快绿和番红染色。

（三）标本的整理和保存

（1）标本的整理　要打开纸包通风晾干，如包装纸袋已湿，可另换一个，注意不要搞乱了标签。标本风干后可包好装入塑料袋或箱中以便运回。对于叶状、枝状地衣可用水沾湿，除去泥土，按原来形态夹于标本夹中，注意换纸，2～3d后标本即干，然后分别装入牛皮纸袋中保存或贴在台纸上。

（2）标本的保存　把压干的标本用衬有硬纸片的牛皮纸袋包装起来，也可将标本用胶水粘贴到硬纸片上。但应注意标本正反面，以观察各特征。也可连同基质（如树皮）

黏附到硬卡片上，再包入牛皮纸袋中。

由于地衣体积各不同，纸袋可分为三种规格：

大号：长 26cm，宽 18cm；

中号：长 18cm，宽 13cm；

小号：长 14cm，宽 10cm。

凡是对某种地衣进行研究的各种材料均应装入袋中。对于过厚的石块标本或松散的土壤标本，宜用硬纸盒保存。

最后，要强调的是，不可用酒精或液体杀菌剂处理标本，以免改变标本的颜色和化学性质，从而影响鉴定。

所有的地衣标本均可按系统入柜保存在干燥通风处。

四、苔藓植物标本制作

（一）采集工具

旧报纸或牛皮纸制成的采集袋（12cm×10cm），旧信封，采集刀（大号的电工刀即可），镊子或夹子，塑料袋，塑料瓶，曲别针或大头针，铅笔，采集记录本（应有采集号、采集地点、日期、生境、海拔高度、采集人、名称等），标签，标本夹，采集袋或背包，水壶等。

（二）采集方法

苔藓植物分布很广，寒带、温带、热带都有。喜生于阴暗潮湿的地方，如山野岩石、林中树干、墙上、墙角、土坡、山洞、林下都有生长。苔藓植物的采集需要注意三点：一是注意采集时要成片连泥挖起，不要单株拔起，要特别注意收集有生殖器官和孢子体的植株；二是注意它们的生态分布和生活型；三是注意它们的生长季节和生活史的发育各期。这样才能在某一地区选择最恰当的时期更多更完全地采集所需的标本。当然，如果作为分类的目的，则应在一年内分不同季节采集。下面需要介绍几种常见的采集方法：

（1）水生苔藓植物的采集 对生在水中石棉或沼泽中的苔藓植物，可用手直接采集。如水藓、水灰藓、薄网藓、柳叶藓、泥炭藓等。采集后可将标本装入瓶中，也可将水甩去或晾一会儿，装入采集袋中。对于漂浮水面的植物如浮苔、叉钱苔，则可用纱布或尼龙纱制成的小纱网捞取，然后将标本装入瓶中。

（2）石生和树生苔藓植物的采集 对固着生长在石面的植物可用采集刀刮取，如泽藓、黑藓、紫萼藓等。对生长在树皮上的植物，可用采集刀连同一部分树皮削下。生于小树枝或树叶上的植物，则可采集一段枝条连同叶片一起装入采集袋中，如森林中的扁枝藓、木衣藓、白齿藓、平藓和许多苔类等。一般说来，树生的种类主要分布在热带雨林和亚热带常绿阔叶林地区。我国南方的苔藓属种较多，大、小兴安岭一带也较多，而华北地区则很少。

（3）土生苔藓类植物的采集 各种土壤生长的苔藓植物种类很多。如角苔科、地钱科、丛藓科、葫芦藓科、金发藓科等全为土生。对于这类植物，在松软土上生长者，可直接用手采集；稍硬的土壤上生长的种类，则要用采集刀连一层土铲起，然后小心去掉泥土，但要注意不要丢掉易落部分（如藓类的蒴帽等）。再将标本装入采集袋中。

（4）墙缝和石缝中苔藓植物的采集　如小墙藓，多生于石灰墙缝中，亦可用刀采集。

采集标本的基本原则是尽量保持植物的完整性，还要尽量采集到配子体和寄生其上的孢子体，这对鉴定是有意义的。

对于所采集的标本，必须详细记录其生境、生活型、颜色、植物群落。若是树生种类，还要记录树木的名称等，并在纸袋上编号（切记要与记录本的编号一致），用曲别针或大头针别好袋口，装入塑料袋中带回。

（三）标本制作和保存

苔藓植物标本的制作和保存较简单，一般可用以下几种方法：

（1）晾干入袋保存　苔藓植物体较小，一般不易发霉腐烂，颜色也能保持较久。最常见的方法，是将标本先放在通风处晾干，尽量去掉所带泥土，然后将标本装入用牛皮纸折叠的纸袋中，入柜箱长期保存。注意在标签上填好名称、产地、生境、坡向，名称未鉴定出来可先空着，其他各项需及时填好，统一编好号码。但是注上采集号、采集人、采集时间等，以便查对。这种方法保存的标本占时少，简便，观察方便。只要在观察前将标本浸泡在清水中几分钟至十几分钟，标本就可以恢复原型原色。

（2）浸制标本的制作　有些苔类和藓类标本，如地钱、浮苔、叉钱苔、角苔、泥炭藓等，亦可用固定液保存。其方法是先将标本上的泥土冲洗干净，然后装入磨口标本瓶中，加入5%的福尔马林液中保存即可。这个方法的缺点是时间长了易褪色。也可进行保绿处理，即选用饱和的硫酸铜水溶液，把标本浸泡一昼夜，取出，用清水冲洗，然后再保存在5%的福尔马林水溶液中。

（3）压制蜡叶标本　一般来说，对于水生种类或附生在树叶上的种类，可用标本夹压制蜡叶标本。其方法和制作高等植物标本相同，但要在标本上盖一层纱布，以防止有些苔类粘在纸上。苔藓植物都可制作蜡叶标本，但由于较麻烦，所以一般用得较少。如制作陈列标本时，此法较好，比较美观。

五、蕨类植物标本制作

（一）采集工具

掘根器或小镐，塑料袋（大、小、各种型号），标签，铅笔，标本夹，记录本等。

（二）采集方法

蕨类植物标本的采集方法基本上与种子植物相同，但有几点必须注意：

① 采集蕨类植物应多在阴坡、山沟及溪旁。它们主要生活在阴湿处，但也要注意少数旱生型。

② 采集时，应首先观察记录其生态型和生活环境，不要盲目乱采，这对识别和鉴定植物是必要的。

③ 标本需采集完整。由于地下根状茎是蕨类植物分类的重要依据，故应用小镐或掘根器挖出地下的根状茎。根茎长而大的种类，可挖出一段，切忌仅揪一片叶。尽量采集带有孢子囊的植株。特别要注意二型叶的种类，应采集营养叶和孢子叶。

④ 植物挖出后，应立即拴标签、编号，并和记录本的编号一致。然后装入塑料袋中以防叶子萎缩。还应注意将一些柔弱的蕨类植物单独装入大小适合的塑料袋中，以免被挤坏和丢失。标本在塑料袋中可保存 2～3h 不萎蔫，但不可放置时间太长，应及时放于标本夹中压平和吸干水分。

（三）标本的制作

陆生蕨类分为小型叶类如石松、卷柏、木贼等和大型叶类如蕨、贯众、海金沙等，二者在压制时也稍有区别。石松、卷松、木贼等采到后压制或不压制均可。卷柏干时全株卷缩，湿时又恢复原状。蕨、贯众等采回后需要压制，否则叶面皱缩。上台纸时要把有孢子囊群的一部分叶片向上，因孢子囊群的形状、大小，排列方法和部位在分类上是鉴定的重要依据。上台纸后，贴上标签，写上科名、种名、采集日期、地点、采集人和鉴定人等入柜保存。水生种类如槐叶苹和满江红等可制成浸制标本和将标本浸入 5% 的福尔马林中即成，如欲保持绿色，可先将标本在 5% 的硫酸铜溶液中浸泡一天，再取出放入 5% 福尔马林液中，或在福尔马林液内加适量的硫酸铜。蕨类的原叶体可以在野外采得，但机会较少，故可用孢子在室内培养：在瓦缸或玻璃缸内盛半缸水，将瓦片放入水中使凸面向上；缸水用量使瓦片两边浸在水中，凸起部分露出水面以上，这样瓦片凸起部分始终保持潮湿而又不浸没水中；将孢子撒布在瓦片上，缸口盖上盖子以保湿保温；培养缸放在阴暗温暖地方，2～3 周后即可生长出小的叶状体即蕨类植物的原叶体。原叶体可以液浸制，可以制成玻片标本保存。

第二节　种子植物的器官标本制作

一、采集前的准备工作

1. 搜集文献资料

在采集出发前，要做好一切准备工作，并应了解所去之处的地理、地形、气候、交通、伙食、住宿等情况以及查找应阅读的有关资料。

2. 采集植物标本的器具

① 掘铲：用以挖掘草本植物或短小的灌木。

② 小锄头：用以挖掘具有深根、块根、鳞茎、球茎、根状茎或石缝中的草本或灌木。

③ 枝剪与高枝剪：用于采集木本植物的枝条。其中高枝剪用 3～4m 长、直径中等的竹竿作柄，插在高枝剪一侧把柄的管筒内，另一侧把柄系好一根长 4m 左右的绳子，用以剪断木本或有刺植物。剪高枝时，拉动绳子即可。

④ 标本夹：用木条做成，压制标本和采集标本之用，分为大夹板和小夹板两种。用于把吸湿草纸和标本放在夹内压紧，以免标本的花和叶萎蔫并保持枝的平坦，以便干燥后订装在台纸上。标本台纸的规格是 38cm×26cm，所以，标本夹的尺寸最好比台纸大一些，吸湿纸则应跟标本夹的大小相等。标本夹最好用轻韧的木材制作，一般长约 43cm，宽约 30cm，以宽约 2.5cm、厚约 5cm 的木条钉成，横直每隔 2.5～3cm 一条，用小钉钉

牢，四周用较厚的木条镶嵌结实。在产竹地区，也可改用竹条制成。由于每一副标本夹只能夹持约 60cm 高度的内容，所以长期在外从事采集工作的人员，须准备多套标本夹（如图 1-1 所示）。

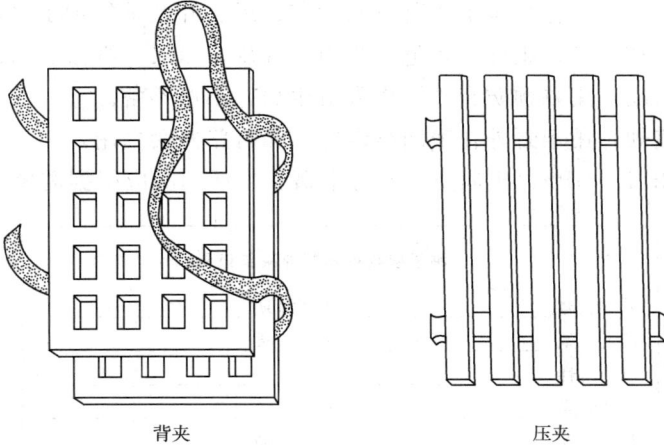

背夹　　　　　　　　　　　　压夹

图 1-1　标本夹

⑤ 采集袋：用手提式尼龙编织袋或大号黑色厚塑料袋均可。编织袋较结实，耐刮擦，但是保湿性不太好，天气炎热干燥时标本容易萎蔫；塑料袋保湿性较好，但不耐刮擦。最好两者配合使用。

⑥ 采集箱：用白铁皮制成，两端装有一条帆布带子，以便背挂。用于装放新鲜瓜果、易碎枝叶、小型标本及预备带回栽培的活标本等。

⑦ 草纸：用以压制标本吸收植物标本水分之用，一般火纸均可。采得新鲜标本后，夹在草纸里面，然后放在标本夹里夹起来。没有草纸的地方，也可用其他纸代替。若纸太薄不足以吸收植物水分时，可两三张合用。标本全干后，可以将干燥的标本转夹在旧报纸内，每若干份为一束，用小绳扎紧，置于通风干燥的地方。

⑧ 粗细绳和塑料布：粗绳用于捆大夹板时用，细绳和塑料布用于捆干后的标本及零星物品之用。

⑨ 小锯：用于锯木材或较大的树枝。最好选用小型的钢板锯。

⑩ 手持放大镜：用于在野外采集标本时，观察植物体各部分之用。

⑪ 气压表（高度表）：用于测量山的高度，可知各种植物的垂直分布的界限。此表在远途高山采集时，十分必要。

⑫ 指北针：用于深山辨别方向之用。

⑬ 标本号牌：用于挂在每个标本之上。此种号牌用硬纸制成，一端穿上白线，一般是 2cm×1cm 大小，用来写采集号、采集人、采集日期等（如图 1-2）。

⑭ 野外标本记录册：采集记录本事先印好并装订

采集号：_____

日期：_____

采集人：_____

图 1-2

成小本，用于记载植物各部分的应记事项，其内容格式如图1-3所示。

⑮ 工作日记本：记载一切有关采集事项及访问材料之用。

⑯ 广口瓶：用于浸泡植物的花、果标本。

⑰ 大小纸袋：用于保存标本上脱落下来的花、果、叶及采集种子之用。

⑱ 文具用品：如毛笔、墨汁、铅笔、小刀、橡皮、米尺、纸张、信封、邮票等。

⑲ 一般普通药品：用以预防野外工作人员生病，不可不备。

⑳ 手电筒及蜡烛：用于野外在晚间整理标本和行路照明之用。

㉑ 其他：照相机、GPS、望远镜，参考书籍。生活用品应根据需要而定。

种子植物标本野外采集记录

采 集 号 ＿＿＿＿＿＿＿＿＿ 采集日期 ＿＿＿＿＿＿＿＿＿

产 地 ＿＿＿＿＿＿＿＿＿ 海 拔 ＿＿＿＿＿＿＿＿＿

习 性 ＿＿＿＿＿＿＿＿＿＿＿＿＿＿＿＿＿＿＿＿＿＿＿＿＿

植株高 ＿＿＿＿＿＿＿＿＿ 胸 径 ＿＿＿＿＿＿＿＿＿

花 期 ＿＿＿＿＿＿＿＿＿ 果 期 ＿＿＿＿＿＿＿＿＿

树 皮 ＿＿＿＿＿＿＿＿＿＿＿＿＿＿＿＿＿＿＿＿＿＿＿＿＿

芽 ＿＿＿＿＿＿＿＿＿＿＿＿＿＿＿＿＿＿＿＿＿＿＿＿＿

叶 ＿＿＿＿＿＿＿＿＿＿＿＿＿＿＿＿＿＿＿＿＿＿＿＿＿

花 ＿＿＿＿＿＿＿＿＿＿＿＿＿＿＿＿＿＿＿＿＿＿＿＿＿

果 ＿＿＿＿＿＿＿＿＿＿＿＿＿＿＿＿＿＿＿＿＿＿＿＿＿

木 材 ＿＿＿＿＿＿＿＿＿＿＿＿＿＿＿＿＿＿＿＿＿＿＿＿＿

附 注 ＿＿＿＿＿＿＿＿＿＿＿＿＿＿＿＿＿＿＿＿＿＿＿＿＿

中 名 ＿＿＿＿＿＿＿＿＿ 科 名 ＿＿＿＿＿＿＿＿＿

学 名 ＿＿＿＿＿＿＿＿＿＿＿＿＿＿＿＿＿＿＿＿＿＿＿＿＿

图1-3 野外标本记录

二、采集时的注意事项

1. 一般注意事项

作为标本，要求有根、茎、叶、花、果，即所谓的完全标本，因此必须根据各种植物生长季节的不同进行采集。枝、叶标本是比较容易采到的，但分类上大多以花、果为依据，这就必须在花期采花、果期采果。在北方地区春秋季节是采集标本的黄金季节。采集植物标本，一般是在晴天进行，最好在上午九时以后，因为受雨水或露水淋湿的植物水分比较多，不利压干，而且会使标本变黑甚至霉烂。另外，由于植物的花、叶在夜间闭合，早晨还没有完全展开，也不利于制作标本。

① 注意不同产地的植物。在同高度、同气候地带内采集植物，不必多走路，避免虚耗时间和精力，只需就地尽力搜集。但在不同的气候、不同的环境中，生长不同的植物：在高山地域，因气候、雨量、环境等不同，山顶和山麓的植物显然有不同的植物群落；向阳坡与背阴处或山谷阴湿处的植物不同；平原与高山的植物不同；沙漠地带与沼泽区

域的植物不同；高山草原与平地草原的植物不同。因此，要注意观察不同产地的植物。

②　缜密搜寻，勿使遗漏。同科、同属的植物，在外形和构造上，往往很难分辨，因此在采集时，对某一种植物稍有疑问时，即予以采集，以免遗漏，这一点甚为重要。

③　采集编号。每个人或每个队的采集号和每年或每次的采集号，必须按顺序编排，切不可有重号或空号。在同时同地所采集同种植物，应编为同一号数。每一号标本的份数，应根据需要而定，但最少应采集3～5份，以备应用或交换之用。若遇稀少或奇异的以及有重大经济用途的植物，还可多采。在每份标本上都要挂一同号的号牌。号牌必须紧系标本的中间部位，以防脱落或损坏标本。同一种植物，但在不同地区、不同环境和不同季节采的，应另编一号。

雌雄异株的植物，应分别进行编号，并应注明两号的关系。

采集样方标本时，除填写各种表格外，应先将样方编号，每一号样方内的标本，再按顺序编号，但在号牌上必须注明某号样方的某号标本。例如：1号样方、第×号，2号样方、第×号，等等。以防不同样方的标本因同号而分辨不清，造成混乱。

采集经济植物的分析样品时，在样品内，必须挂上与样品同种的蜡叶标本相同的号牌，以便识别和鉴定学名之用，不要另编样品号。

采集种子时，必须同时采集制作蜡叶标本两份，以备鉴定学名之用。种子上亦应有与标本同号的号牌，并做好野外记录。根据种子的类别，采取各种方法，把种子处理干后收起。其方法有水洗法、风干法、晒干法等。

④　采完整的标本。高等植物大都是根据花、果、叶和种子的构造及地下茎或根的形态和类别而分类。因此采集的标本若缺少以上部分，在鉴定学名时，有时甚感困难，无法鉴定。所以必须采集花、果、叶等齐备的完整标本。如果不能同时采得，应以后设法补采，使之完整，但必须确知为同一种植物方可补采。如不能确知为同一种植物时，可采取挂木牌的方法采之，即在原采花的植物上挂或钉一个和采花同号的木牌，等果实成熟后，再补采。此外不可采带有病菌的标本。

⑤　大小植物标本的采压法，不满40cm高的小草本植物，应连根整株采集，如遇更小的植物，还要多采，使同一号中每份标本都布满全纸。若遇较大的草本植物，可将其反复折成"N"字形或"W"字形或在同一株上选其形态上有代表性的上中下三段压制，并注意是否有基生叶和不同的叶型及不定根或卷须，若有，应一并采集，压在纸内。至于木本植物，应选取有花、果的枝端采集，若全树上叶片的形状大小差别很大或具刺时，也应一并采集，必要时要采树皮，配在一起。

若遇有巨大叶片的植物，如牛蒡（*Arctium lappa* L.）的基生叶，或棕榈科（Palmaceae）中一些植物巨大叶片，在一张纸上压不下时，可以将一片叶子分成二至三段分别压之，但在每段上要系一个注有甲、乙、丙或A、B、C等字样的同一号牌；或者可以将叶剪去一半，不可剪去叶尖。若是羽状裂叶或羽状复叶，可以将叶轴一侧的小叶或裂片剪短，但在小叶或裂片的基部，留一小段，以便表明小叶或裂片附着的情形；复叶顶端的小叶或顶端裂片，永远不可剪掉。若是叶片的大小仅较压标本纸大一倍时，可以不必将其分开或剪掉一部分，只需将全叶反复折叠起来，当中垫上标本纸压制即可，但注意在每日换纸时应一起更换干纸一次，直至标本全干为止。每个标本的尺寸，以不超过 $25 \times 35cm$ 为适度。

⑥ 幼苗植物与有花有果的成年植物配合识别。例如，做生态调查时，样方中的幼苗植物必须计算。对这些幼苗植物，要在其生育地周围进行详细观察与搜寻，常不难找到同一种成年植物。所以在野外识别幼苗植物，比在室内识别容易得多。除了在野外识别幼苗植物，累积自己的知识外，还要尽可能地将幼苗植物与同种有花果的成年植物，结合在一起，制成标本，编作一号。如果对幼苗的种尚有疑问时，则可另编一号，但应在采集册上注明该号标本近于某号成年植物。

⑦ 注意植物与生长环境的关系。环境对植物的生长和演变有一定的作用，相反植物也可以改变外界的环境。各种植物对外界的环境条件，如日光、空气、水分、土壤等的需要，也各有不同，所以就形成各种不同的植物群落。所以在采集调查时，除采集标本外，对各种植物群落以及各种植物的各种环境，都应在可能范围内，做初步的了解和记载。

⑧ 注意观察。在野外观察新鲜的植物花和果各部分的颜色、形状及构造，比在室内观察蜡叶标本容易得多，所以在野外应尽力进行解剖、观察和记载。同时还要尽可能的在野外观察并记载各科植物的开花期和结果期以及成熟期，因为有许多种是蜜源植物，注意果熟期，可以使我们能够按时采到想要引种的有经济价值和有用的植物种子。

⑨ 调查植物在当地的土名和用途。同种植物在不同的地区，有时有不同的土名，为了使其中文名称能够统一和利用当地群众寻找之方便，因此在采集时，必须调查土名。另外，采集和研究植物的主要目的是要了解植物、利用植物，因此在采集时也要调查各种植物的经济用途和加工方法，以便为进一步研究植物在利用上的参考价值。

⑩ 水生植物的采集。水生植物不论在分类上或植物资源利用上，都占有很重要的位置，采集时应特别注意，不可忽略。有些种类具有地下茎，有些种类的叶柄和花柄是随着水的深度而增长，因此有地下茎的应采集地下茎，这样才能显示出花柄和叶柄着生的位置。有些水生植物全株都柔软而脆弱，一提出水面它的枝叶即彼此粘贴重叠，因此采集这类植物时最好整株捞取，用塑料袋包好，放在采集箱内，带回室内马上将其放入水盆中，等到植物的枝叶恢复原来的形状时，用一张旧报纸，放在浮水的标本下，轻轻将标本提出，立即放在干燥的草纸上压制。在采集水生植物时，若水太深，可用采集杖或长绳设法采之，以防发生危险。

⑪ 标本鉴定。一般均在标本上好台纸后，方可鉴定。如果标本请其他单位或专家鉴定标本学名时，每一个标本上必须有一个同号标本的号牌，并连同这一号的野外记录夹在一起送出。这份送请鉴定的标本，照例留在鉴定的单位或专家处，不再退还。这是鉴定单位对该标本学名负责的表示，以作将来复查之用。鉴定者仅在各标本的号码下，抄写一个学名单，寄还原单位或本人查收即可。

⑫ 其他注意事项。有些植物列入国家公告禁采，应注意加以保护，以防绝种。未列入的稀少或奇异的植物，亦应保护。在山区采集时，要注意预防毒蛇，因此应携带双腿的保护物品，如长筒鞋等，再带一副绑腿，缠在鞋上至膝盖这段小腿部分。另外，还要

备带蛇药以及打草惊蛇用的棍棒等必要的物品。

2. **区别重要科属特征的注意事项**

雌雄异株、雌雄异花或雌雄异花序的植物，应分别设法在同时同地或在不同时期，采其异性标本。亦可采取挂木牌的方法采之，并附以记载，说明彼此之间关系。

雌雄同株而异花或异花序的植物，如胡桃科（Juglandaceae）、松科（Pinaceae）、桦木科（Betulaceae）、壳斗科（Fagaceae）、榆科（Ulmaceae）、桑科（Moraceae）的一部分。

百合科（Liliaceae）、兰科（Orchidaceae）、天南星科（Araceae）、石蒜科（Amaryllidaceae）、莎草科（Cyperaceae）、茄科（Solanaceae）、旋花科（Convolvulaceae）、桔梗科（Campanulaceae）等科中的一些植物，其地下部分的球茎、块茎、鳞茎、块根、圆锥根以及鸢尾科（Iridaceae）和蕨类植物的根状茎等都是分类上重要的特征，均应连同地上部分一并挖掘。又如百合科等的一些植物，具有鳞茎，可能鳞茎深入地下1～2尺深，采集时应注意挖深采集。

沙参属（Adenophora）、蒿属（Artemisia）、益母草属（Leonurus）以及伞形科（Cruciferae）和其他一些植物的基部叶片和茎上叶片的形状变异极大。木本植物如悬钩子属（Rubus）、桑科桑属（Morus）的一些种类以及杨柳科（Salicaceae）植物的幼枝条上和老枝条上不同形状的叶片，都应特别注意采之。

十字花科（Cruciferae）、伞形科（Umbelliferae）、槭树科（Aceraceae）、紫草科（Boraginaceae）等的果实为分类上重要的特征，应特别注意设法采到。

有些乔木种类如皂角属（Gleditsia）等在主干或枝上有棘刺，除在记录本上记载外，应将其棘刺一并采下，压在标本中。

兰科的植物和杜鹃属（Rhododendron）的植物仅有果实的标本很难鉴定，应同时采集有花标本。同时，兰科的花构造异常复杂，如标本中花稍坏，即不易解剖和观察，因此在压制时应特别注意将花的正面铺平外，并应将花泡在福尔马林、酒精溶液的广口瓶内，记明花与标本同号的号牌或标签木牌。

蕨类植物必须采到具有孢子囊群和孢子的标本，如荚果蕨属（Matteuccia）的一些种类，具生孢子囊群的孢子叶和不生孢子囊群的营养叶全然不同，应尽力采集具有孢子叶的标本。蕨类植物的孢子囊群、孢子囊、孢子和地下部分以及营养叶等，均为重要的分类特征，都必须采到。

寄生植物如百蕊草（Thesium chinense）、槲寄生（Visum coloratum）、菟丝子（Cuscuta chinensis）等都应当将它们的寄主记明，最好将寄主植物采一些，与标本压在一起，注明关系。

有些植物具有匍匐茎，茎细而长，如蛇莓（Duchesnea indica），在采集时都应注意将匍匐茎和新生的植株一并采集。

3. **野外记录的填写**

有经验的采集者，除能搜集标本，识别植物的种类外，还必须擅长于野外记录的填写。因为标本的压制无论如何精细，总与它在生活状态时有些改变。如乔木、灌木、高大草本的植物，其未采到部分的生长形成，植物体的大小外形，各部分有没有乳汁或有色浆汁；叶的正反面的颜色，有没有白粉或光泽；全花或花的某部分的颜色和香味，如兰科植物的唇瓣，有没有杂色、斑点和条纹，花药和花丝的颜色和形状。果实的形状、颜色，有无缝痕和蜡质白粉；全株植物各部分毛的生法和形状以及地下部分的情形等，都是在采集后不易保存的或无法看出来的。因此在野外采集时，都应详细观察，填写在野外记录册上。

野外记录应在采集标本时填写，编入采集册内。最迟亦应在当日晚间整理标本时填写。不可迟到次日或日后，以免忘记应记的事项。

三、根的标本制作

1. 根系标本

植物的根系有直根系和须根系两种。制作根系标本时，应选择比较常见的、具有典型根系特征的上述两种类型的植物，为便于比较，将它们放在一起，用干制法保存。

直根系标本可以选择大豆或棉花的根。制作时，先把选好的植物在土壤上方 3～5cm 处将茎剪断，然后用锹挖出。最好选择质地松软的沙质土壤上的植物，挖掘前适当浇水减少对根的损伤，同时注意与主根的距离，太近会伤害侧根，太远不易挖出，尽可能挖取完整的根系。挖出后，将根系连同所带泥土放在水中充分浸泡，使附着的泥土脱离根部落入水中。然后把根系轻轻提起，再用清水反复冲洗直至完全干净为止。大豆的根具有根瘤，各环节操作要更加小心，以防根瘤脱落。接着，将根放到吸水纸上，把附着的水晾干，并对侧根加以整理，再用粗线或细绳绑缚所留下的茎，把根悬挂起来进行自然干燥。干燥后，从所留下的一段茎上或主根上部把根系固附在标本盒中。上述根系标本也可以用浸制法处理。方法是将根洗净后，先放在 5% 的甲醛溶液中固定 3～5d，然后移入盛有 5%～7% 的甲醛溶液中保存。

2. 变态根的标本

变态根的种类不少，分下列几种：

① 块根。如甘薯和大丽菊的块根，每株可生出许多膨大的肉质根，内贮丰富的营养物质。

② 肥大直根。常见的有萝卜、甜菜、胡萝卜等，是由主根发育膨大形成的，贮有营养物质。块根和肥大直根也称为贮藏根。

③ 气生根（气根）。这种根生长于空气中，由于作用的差异，又分为支柱根、攀缘根、呼吸根和吸器。常见的支柱根为玉米茎的下部靠近地面的茎节间生长的支柱根；攀缘根有常春藤、络石等茎上的一些不定根，它具有攀缘作用，借以把柱体固附于其他物体或植物体上；呼吸根有在海滨生长的红树和水边生长的水松，有一部分根向上生长于空气中，借助其通气组织贮藏气体和通气；吸器，常见的为菟丝子茎上的吸器，这种吸器是一种不定根，可伸入寄主（如大豆）茎等组织中，吸收寄主的水分和养料。

上述这些变态根，由于其形态等不同，所以标本的制作方法也不完全一样。

萝卜、胡萝卜、甜菜等肥大直根和甘薯、大丽菊等块根，可以用 7%～10% 的福尔马林和 70% 酒精（1∶1）的混合液固定，固定时间可以材料大小而定，一般需 15～20d，时间长些亦无妨碍，但中间必须更换 2～3 次固定液。固定后直接放在大小适当的标本缸处理（参见本章有关部分）；另外还可以在洗净后直接用 95％以上的甘油（加少许麝香草酚）保存。

玉米的支柱根标本的制作法是先选择支柱根比较多的植株，并且将根全部从土壤中挖出，然后从生长多数支柱的节间往上 2～3 寸处将茎切断，再放在水中浸泡，并反复数次把下部根上的泥土洗净。洗净后，用风干法或烘干法（40℃～50℃）使之脱水干燥，最后放在标本盒或透明塑料袋中干燥保存。玉米的支柱根也可用浸泡处理，即洗净后放在 5％～7％的福尔马林中固定 7～10d，然后用 7％～10％福尔马林保存。

对常春藤等一些攀缘根，最好用干燥法处理、保存。另外，也可用与玉米支柱根的同样方法浸制保存。红树、水杉等的呼吸根，在一般地方，其材料不易获得，如果获得材料，应把它制成显微玻片标本。制作菟丝子缠绕茎的标本对理解吸器很有帮助。制作时，先把菟丝子连同吸器所缠绕的大豆等寄主的茎一起取下，一般可取大豆的整株（可以带根或不带根）或部分株体，这样可减少整个标本的体积。然后把根上泥土用水浸泡洗掉（40℃以内）。干燥后放在透明塑料袋中或长形标本盒中保存。菟丝子同样可以用浸泡法处理和保存，即可用 5％～7％的福尔马林固定 5～7d，然后用 7％的福尔马林保存。对菟丝子材料的采集，应在其生长旺盛的时期进行。

四、芽、茎的标本制作

1. 芽的标本

芽的类型很多，按着生的位置可分为顶芽、腋芽、不定芽；根据芽鳞的有无分为鳞芽、裸芽；按将形成的器官性质分为花芽、叶芽、混合芽；根据生理状态分活动芽、休眠芽。芽的材料大都可以在春季萌发前采集，这时芽已经生长膨大，有利于观察。花芽和叶芽的顶芽可以选用丁香的芽，混合芽可以选用苹果、海棠、梨等植物的芽；腋芽在木本植物每一叶腋处都有。上述各种芽，一般都适于浸制法保存，即将带芽的枝进行适当的修剪，修剪的结果应该是既便于装瓶，又能保证足够的芽数，以便于观察。修剪后，将材料放入 5％的甲醛溶液中固定 2～3d，然后用同浓度的甲醛溶液保存。

采集时，有的芽已变成绿色，可以直接用 95％以上的甘油（加少量的麝香草酚）保存或用其他绿色保存法处理（参见原色标本制作部分内容）都可以收到较好效果。

2. 茎的标本

根据生长方向的不同，茎可分为以下几种：

① 直立茎。茎垂直于地面，为常见的茎。

② 平卧茎。茎平卧地上而生长，枝间不再生根，称平卧茎，如酢浆草、蒺藜等植物的茎。

③ 匍匐茎。茎长而平卧地面，茎节和分枝处生根，称匍匐茎，如积雪草、委陵菜等植物的茎。

④ 攀缘茎。用卷须、小根、吸盘或其他特殊的卷附器官攀缘于他物上，称攀缘茎，如黄瓜、葡萄等植物的茎。

⑤ 缠绕茎。螺旋状缠绕他物而上的茎称缠绕茎，旋花科植物几乎都是缠绕茎。缠绕茎从生长方向观看有左旋与右旋之分，如紫藤为左旋缠绕茎，北五味子为右旋缠绕茎。

⑥ 斜升茎。茎最初偏斜，后变直立，如山麻黄、鹅不食草的茎等。

制作茎的类型标本，应分别取各种茎1～2种，最后做成一套标本。制作方法有以下三种：一种是剪取一部分茎（不包括支持物）按照常规方法压制成蜡叶标本保存；另一种是整株或将其一部分风干后干燥保存，此时有的可以连带支持物一起保存；还有一种是普通浸制法保存和原色浸制法保存（参见本书相关内容）。普通浸制法，先是用5％的福尔马林固定溶液3～5d，然后移到加少量甘油的5％～7％的福尔马林中保存。

无论用上述哪种方法保存，材料都必须带有足够数量的叶，特别是攀缘器官必须完整无损。

3. 茎的分枝标本

制作茎的分枝标本，应各取每一种类型1～2种，做成一套标本保存。制作时应根据所选植物枝型的大小和特点采用不同的方法处理。一种是用压制的方法，最后制成蜡叶标本保存；另一种是用5％～7％的甲醛溶液固定3～5d，然后移入相同浓度的加有少量甘油的甲醛溶液中保存。茎的分枝标本，材料不一定要求带有叶片，但是有的种类应连同叶一起处理、保存。连同叶一起保存的材料，也可以用原色保存法处理（参见本书相关内容）

分枝标本的材料，还应根据材料的情况，或选整株，或剪取部分枝条，但是不论哪种材料，选择时都应重视典型，并且选定后也要进行一番整理，枯干变性的去掉，整理后，大小要适宜，以便于压制或装瓶保存。

禾木本植物，如水稻和小麦的分蘖，也是一种分枝类型，它的分枝是从茎的基部节上生出的腋芽形成的。材料可用整株，应在生长后期，即待许多分蘖形成后采集。制作方法同上述一样，都可以用压制法、干燥法或浸制法。

4. 变态茎的标本

植物的变态茎很多，比较重要的有以下几种：

① 块茎。马铃薯的茎，是地下茎变态的重要例子。

② 鳞茎。常见的有洋葱、蒜和百合等。

③ 球茎。如荸荠、慈菇等。

④ 根状茎。具有这种茎的植物很多，如白茅、莲、黄精、竹、薯蓣等。

马铃薯的块茎、洋葱、蒜、百合等的鳞茎，以及荸荠、慈菇等的球茎，均可用7％～10％的福尔马林3份和70％酒精1份的混合液固定，固定时间为15～20d，大型材料的固定时间还要延长，然后用7％～10％的福尔马林3份，70％的酒精1份和少量甘油的新混合液保存。根状茎除莲（藕）等粗大的变态茎可用与上述同样的方法处理和保存外，其他含水量少的瘦小种类既可以用自然干燥法或烘干法（40℃）进行处理，然后放在标本盒内干燥保存，一般也可以压制处理，干燥后上台纸保存。

上述各种类型的变态茎均为地下茎，而地上茎的变态常见的有枝刺、茎卷须和肉质茎等。山楂和皂角均具有枝刺；球茎甘蓝、榨菜和仙人掌等茎均肉质化，已变成肉质茎；

葡萄、南瓜的卷须，也是一种变态茎，特称为茎卷须。这些变态茎可根据其形态、性质的不同，采用不同的方法进行处理和保存。

　　枝刺一般多采用自然干燥法进行处理，干燥后直接放在标本盒内；另外也可以压制处理后，上台纸保存。枝刺也可以用浸制法处理，即先将材料适当修剪整理，使其方便装瓶，然后放在5％～7％的福尔马林中固定5～7d，最后用该浓度的溶液保存。

　　茎卷须可以连同一段枝一起压制标本并上台纸外，也可以用浸制法处理并保存，方法与枝刺浸制法相同。

　　肉质茎最好用浸制法处理，方法是先把材料冲洗干净，然后放在7％～10％的福尔马林3份和70％酒精1份的混合液固定，固定时间为15～20d，然后用相同浓度的新溶液保存。绿色的肉质茎还可以用原色保存法处理和保存（参见本书相关内容）。

　　其次还有的植物具有叶状枝，如竹节蓼和假叶树等，也是一种地上茎的变态。其材料的压制方法与前述标本压制方法相同。一般的浸制处理是先用5％～7％的福尔马林固定5～7d，然后用同浓度的溶液保存，也可以用原色浸制法处理后保存。

附：年轮标本的制作

年轮是温带木本植物茎横切面上的同心环，每个环就是一个年轮。年轮的形成与形成层的活动有关。春季气候温和，水和养料丰富，形成层活动旺盛，形成的木质部细胞大，细胞壁薄，导管也粗而多，致使形成的材质疏松，一般称为早材或春材。到了秋季气温逐渐降低，养料水分条件不如春季，形成层活动减弱，所产生的木质部细胞变小，细胞壁厚，导管细且少，致使形成的材质紧密，一般称为晚材或秋材。翌年形成层又照样进行活动，又产生早材或晚材。因当年产生的早材和晚材之间是逐渐转变的，所以两者间的界限不够明显；但第一年的晚材与第二年的早材之间却有着明显的界限，这样每次所形成的木质部便很明显地成为一个环层，这就是年轮。

制作年轮的标本，首先要选好材料，一般要求：

① 树龄越大越好，甚至上百年的树干更好。

② 树干圆形、整齐、直立。

③ 树皮整齐无损，干燥后不脱落的。

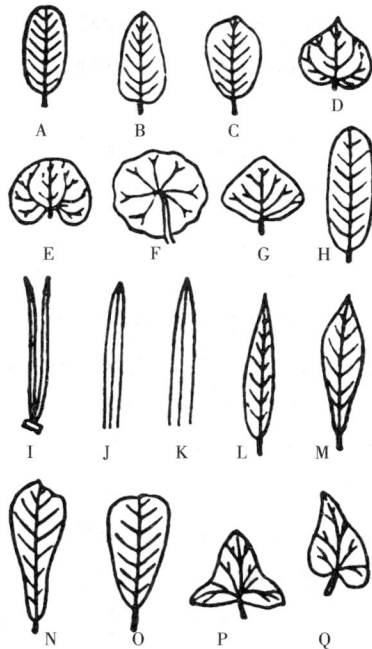

图1-4　叶的形状

A. 椭圆形；B. 卵形；C. 倒卵形；D. 心形；
E. 肾形；F. 圆形；G. 菱形；H. 长椭圆形；
I. 针形；J. 线形；K. 剑形；L. 披针形；
M. 倒披针形；N. 匙形；O. 楔形；
P. 三角形；Q. 斜形

④ 木质部干燥后不开裂的。

这些条件应先进行调查，然后再决定选择哪一树种。制作时，将树干（干材或湿材均可）锯成 1/3～2/3 米高的木墩，然后用刨子把断面刨平，立着或断面朝上放在专用的支架上干燥保存。为了使学生更有兴趣了解年轮知识，不妨把历史大事件及其发生的年代写在纸条上，然后将纸条的一端用钉整齐地固定于同龄的年轮上，例如辛亥革命、抗日战争、中华人民共和国成立等都可以标在纸条上面，这样看后容易留下深刻的记忆和印象。

五、叶的标本制作

1. 叶片的形状标本

叶片的形状有许多种，由于其长度和宽度的不同，所以可分成阔卵形、卵形、披针形、圆形、阔椭圆形、长椭圆形、倒阔卵形、倒卵形、倒披针形、线形、剑形等十多种（如图 1－4）。这些形状的叶子，一般都容易采集，但采集时应注意下列几点：

① 木本植物应连同一部分枝条采集，草本植物株体小的可采集整株。无论哪一类植物，采到后都要及时放在采集箱中，带回后再选取合格的制作标本。

② 作为教学用的标本，对同类形状的叶片来说，应选择大小适宜的。因为叶片太小，看起来不方便；叶片太大，往往一张台纸贴附不下。

③ 要在植物生长繁茂或稍晚一点的时候采集，因这时的叶片不老不嫩，形状典型，尤其含有丰富的叶绿素，可以制作成颜色更接近原色的标本。

叶片标本制作首选的方法是压制，最后制成蜡叶标本保存。十几种形状的叶片，既可根据形状类属把其中不同植物的同形叶片贴附在一张台纸上，如正卵形的放在一张台纸上，倒卵形的放在一张台纸上等；也可将每种形状的叶各取一枚，共同贴附在一张或两张台纸上。对细长的叶片，可以将其折成"V"字形贴附于台纸上。

叶片也可以制作成浸制标本保存，即按形状类属，并参考其大小，把其贴附在玻璃片上。每张玻璃片上贴附几种，然后用几个标本瓶分别盛装，作为一套标本保存。

2. 叶缘和叶尖的形状标本

叶缘分全缘、细锯齿、粗锯齿、钝锯齿、波状、深裂和全裂等各种形状。叶尖的形状也分多种，如锐尖、渐尖、尾尖、钝尖和凹尖形等。

叶缘和叶尖的材料，无论采自哪种植物，均需取其整枚叶片。另外，也和上述叶片标本一样，要重视完整、大小和典型性。

叶缘和叶尖形状标本的制作方法主要是压制。叶缘和叶尖要分别压制，分别上台纸，作为两套标本保存。

3. 脉序类型的标本

脉序一般分为网状脉序和平行脉序，而网状脉序又分为掌状脉序和羽状脉序。网状脉序主要为双子叶植物的脉序，平行脉序为大多数单子叶植物的脉序。平行脉序根据侧脉自中脉分枝的位置和形状的不同，又分为直出脉、侧出脉、弧形脉和射出脉等。银杏的脉序又有不同，是叉状脉序。

可以采集各种类型脉序的叶子，然后分别制作成套的标本。例如，网状脉序中的掌状脉序，可选取葡萄、棉花、槭树和蓖麻的叶；羽状脉序可用夹竹桃、苹果和枇杷等植物的叶，平行脉序中的直出脉可用小麦、玉米或竹的叶；侧出脉序可用芭蕉的叶；弧形脉序用车前或玉簪的叶；射出脉序用棕榈的叶。

脉序标本制作方法有两种：一种是经过压制，制成蜡叶标本。对于大型的叶，如芭蕉和棕榈叶的压制，可选其小型的叶片，同时也可以折叠成"V"字形压制，或取一部分叶片压制，并根据情况最后固附于大幅的台纸上。二是把叶肉腐蚀掉，单独地制作叶脉标本。制作通常使用煮制法和水浸法。

（1）煮制法　多用于叶片较硬、叶肉较厚的叶片。将4g氢氧化钠和3g的碳酸钠放入100g的水中配制成腐蚀液。把叶片放入溶液中烧煮40min左右，当叶片发黄、叶肉酥烂时，捞出漂洗，去黏液，摊平，用软毛刷刷去叶肉。不能刷净时，可再煮一下再刷。除净了叶肉，用10％的漂白粉水溶液或过氧化氢漂白，再染上颜色，压干即可。

（2）水浸法　此法多用于叶肉较薄的叶片。选择叶片，将其浸没在水中，放在温暖处，以使水中细菌获得繁殖的适宜温度，能使叶片的叶肉逐渐腐烂。当水开始变臭时，应进行换水。当稍稍震动叶片，它的叶肉就大部分脱落在水中时即可取出，用软毛刷将残留的叶肉轻轻刷掉，等到叶片仅剩叶脉时，进行漂白、染色、压干即可。

4．单叶和复叶标本

具有一个叶柄和一个叶片的叶子，叫做单叶。具有单叶的植物随处可见，如木兰、樟树、棉花、小麦、油菜等。从一个叶柄上着生许多小叶的，称为复叶。复叶依据小叶的不同排列状态而分为羽状复叶、掌状复叶和三出复叶。掌状复叶是指是指小叶都生长在叶轴的顶端，排列如掌状，如鹅掌柴、七叶树等。三出复叶是指每个叶轴上生三个小叶，如果三个小叶柄等长，称为三出掌状复叶，如橡胶树；如果顶端小叶柄较长，就称为三出羽状复叶，如苜蓿。羽状复叶是指小叶排列在叶轴的左右两侧，类似羽毛状，如枫杨、月季、紫藤。羽状复叶又因叶轴分枝与否，及其分枝情况，分为一回、两回、三回和数回羽状复叶。总叶柄分枝一次，其上着生小叶的是二回羽状复叶，如合欢；总叶柄分枝两次，其上着生小叶的叫做三回羽状复叶，如南天竹。有根据羽状复叶小叶的数目，分为奇数羽状复叶，如紫藤；偶数羽状复叶，如花生。

这类标本在教学上很有用，可多制几套：一是将常见植物的单叶收集起来做一套标本，二是各种复叶收集起来做一套标本，三是把一定数量的单叶和一定数量的复叶放在一起进行比较的做一套标本。制作方法是先压制，然后上台纸保存。为了更多地保持叶片的绿色，也可以用硅胶干燥或烘烤的方法制作其蜡叶标本。

5．叶序类型标本

叶在茎上着生，有一定的排列次序，叫做叶序。叶序有几个基本类型：茎的每节只有一个叶的为互生叶序，如小麦、玉米、苹果等都是互生叶序；茎的每节有两个叶相互对生，叫做对生叶序，如薄荷、丁香等；茎的一个节上轮生着三个或三个以上的叶，是为轮生叶序，如金鱼藻、夹竹桃等。

叶序标本也是应该制作成套的，方法有压制和浸制。用压制方法处理时，每种叶序可选用一两种带叶的植物枝或整株，然后把几种叶序的材料放在一张大幅的台纸上，或分别上台纸后装在一个塑料袋或标本盒里作为一套标本保存。压制最好也用硅胶粉吸水烘烤法（参见本章有关部分）。对互生叶序，如果材料选用玉米、小麦等禾本科作物，则可选用整株用压制法处理保存。用浸制法处理时，一般是先把材料放在 5％～7％ 的福尔马林中固定 3～5d，然后用同浓度的福尔马林保存；对于叶枝柔嫩的材料，保存液中应加少量甘油。用原色保存浸制法处理可以得到更好的标本（参见本章有关部分）。制作叶序标本是为了观察叶在茎上的排列次序，所以无论整株还是部分材料，都必须有足够的叶片数。

6. 变态叶的标本

植物的变态叶也有多种。叶刺呈针状，如洋槐的叶刺；洋葱、蒜的鳞叶为肥厚的鳞片，包在茎的外面，含有丰富的营养物质；玉米雌穗的外面，包裹着数层苞叶，苞叶也是变态的叶；菊科植物花序的外面也有一些苞叶形成的总苞；豌豆复叶顶端的叶卷须是小叶的变态；生活在水中的槐叶萍叶片变态为根状。此外还有捕虫叶，也是一种叶的变态，如茅膏菜、猪笼草、狸藻等。

这些变态的叶中，鳞叶一般只能用浸制法处理，即用 7％～10％ 的福尔马林 3 份和70％酒精 1 份的混合液固定，固定时间为 15～20d，中间更换 1～2 次固定液，然后用相同浓度的新溶液保存；其他几种变态叶可以用压制法制成蜡叶标本保存；叶卷须、根状叶和捕虫叶可以用固定液和保存液固定后保存，方法同鳞叶的保存，并还可用原色浸制法处理；洋槐的叶刺和玉米的苞叶也可以用自然干燥法处理保存。

上述变态叶标本的制作，不论用哪种方法，都应制成一套，以便观察比较。

六、花序的标本制作

花序的类型可分为有限花序和无限花序。

1. 无限花序

总状花序：多数具柄的两性花排列在一个不分枝的花序轴上，小花花柄等长，如白菜。

伞房花序：在一个总的花序轴上，排列着许多花柄极不相等的花，越靠下的花柄越长，致使整个花序的顶部近似一个平面，如花楸树。

伞形花序：由许多花柄近相等的花集生于花序轴的顶端，如人参。

穗状花序：多数无柄花（常为两性花）排列在一个不分枝的花序轴上，如车前。

葇荑花序：多数无柄的单性花排列在一个不分枝的柔软下垂的花序轴上，落时整个花序一起脱落，如毛白杨。

肉穗花序：近似穗状花序，其不同点是花序轴肉质膨大，如玉米的雌花序。

头状花序：由多数无柄的花着生在花序轴顶端，或着生在扁平的总花托上，开花顺序一般是由外向内，如向日葵。

隐头花序：花序轴顶端膨大，中央的部分凹陷成囊状，花着生在囊状体的内壁。通常雄花着生在内壁的上部，雌花着生在内壁的下部。雄花和雌花以及虫瘿花完全隐藏在膨大的花序轴内，故叫隐头花序，如无花果。

另有由以上花序构成的复合花序，如复总状花序（圆锥花序）、复穗状花序、复伞形花序、复头状花序等。

2. 有限花序

单歧聚伞花序：花序分枝是有限的。当顶端第一朵花开后，主轴便停止伸展，而侧枝只在一边伸展；如侧枝的伸展是交替进行的，便形成了蝎尾状聚伞花序，如唐菖蒲。如侧枝只固定在一侧伸展，便形成了螺状花序。如附地菜。

二歧聚伞花序：花序的分枝是二歧式的。当主轴顶端的第一朵花开后，主轴便停止伸展，在顶端花的下面生一对侧枝，侧枝的顶端再各生一花；在侧枝顶端花的下面，再各自生一对侧枝，而该侧枝的顶端再各自生一朵花，如接骨木。

多歧聚伞花序：花序的分枝是多歧式的。当主轴顶端的第一朵花开后，主轴便停止伸展，在顶端花的下面产生多个侧枝，侧枝的顶端再各生一花，以次类推。此种花序发生于轮生叶序植物。

制作花序的标本，材料的采集和选择是非常重要的，上述的白菜、油菜、甘蓝、紫藤、杨柳、榛、胡桃、樱桃、苹果、梨、丁香、胡萝卜、茴香、花椒等可剪取一部分能充分显示花穗的枝来制作，而荠菜、车前、玉米、香蒲、葱、蒜、人参、蒲公英、三叶草、高粱、水稻、栗、大麦、小麦、萎陵菜、勿忘草、石竹、大戟、泽漆以及某些菊等，一般可采取整株或部分完整的花序来制作。

花序标本的制作方法除压制成蜡叶标本外，一般都可用浸制法处理保存。浸制是先用5％～10％的福尔马林（加少量甘油）固定。在固定过程中，要根据材料的大小和固定的数量，适当更换几次新的固定液，而且固定时间宁短勿长，这样在保存中可防止或减少保存液变浊。

不言而喻，花序的标本必须要有一定数量的花或花蕾，但迄今尚缺乏完全保持花原色的浸制方法。对于一些小型的材料，不妨用95％的甘油加少量防腐剂（麝香草粉等）直接保存，一般可收到效果良好的保色效果。用甘油保存，其缺点是因甘油具有脱水能力，所以一些花可能出现一定程度的收缩，但作为对花序的观察而不是对花结构的观察，似乎也无大妨碍。

附：干花标本的制作

干花标本通常用两种方式来制作。

（1）包埋干燥法　首先选定干燥剂和包埋花的容器。干燥剂可购买新出厂的颗粒较小的珍珠岩。珍珠岩不但轻，包埋植物时，叶、花不易变形，且吸水能力强，是较理想的干燥剂。也可用沙子代替，但沙子要反复清洗，冲去土粒，晒干备用。包埋花的容器体积应比标本大，并具有较好的透气性，如带孔的纸箱（一般纸箱用针扎些小孔）和带有网眼的塑料容器等。

制作方法（以月季花为例）：选择天气晴朗的日子，在10：00～17：00时，剪取花朵较好，颜色艳丽，未彻底开放，叶片、花瓣上没有露水，带2～3片复叶的月季花。先在包埋容器的底部放一层珍珠岩或沙子，将花插入，然后向容器内慢慢注入珍珠岩或沙子，包埋月季花。在包埋的过程中，注意保持花的本来姿态。完全包埋后，将其放在通风干燥处，自然风干2周左右。干燥后，倒出珍珠岩或沙子。若个别花瓣脱落，可用解剖器蘸少量乳胶黏合。在盛放月季花容器的底部，放一块泡沫塑料板，贴上标签，选择干燥后的叶片以及花朵颜色较好、形态自然的月季花，插入容器的泡沫塑料板内，将其固定好，放入干燥剂，密封即成。

（2）急速脱水法　将采集来的鲜花，清理干净，放在瓷板上，放入恒温箱或微波炉内急速脱水，也可制成干花。

七、果实的标本制作

（一）单果

1. 肉果

肉果的主要特征是具有肉质化的果皮，可分为下列几种：

（1）浆果　外果皮薄，中果皮和内果皮肉质，并含丰富的汁液，内有数个种子。如葡萄、番茄、柿子等。柑橘类果实也称柑果；各种瓜类，如西瓜、南瓜、冬瓜、黄瓜等葫芦科的种类，又特称瓠果。

（2）核果　具一种子的肉质果，外果皮薄，中果皮肉质，内果皮骨质，如桃、李、梅、杏、樱桃等。

2. 干果

其特征是成熟后果皮干燥。又根据成熟后果皮裂开或不裂开，裂果和闭果两类。

（1）裂果　成熟后果皮裂开的均属此类。但也有例外，如花生、含羞草的荚果成熟后不裂开。裂果可以分为以下几种。

① 荚果：一心皮形成的两面开裂干果，如大豆、蚕豆等。

② 蓇葖果：通常是由离生心皮形成，成熟时只有一个缝裂开的果。常见的有牡丹、芍药、玉兰、梧桐、八角茴香（大料）等，成熟后只沿腹缝或背缝裂开。

③ 蒴果：由两个以上的合生心皮形成的果实，成熟后开裂，牵牛花、百合、棉花、亚麻、烟草和罂粟、马齿苋等。裂开方式有四种，即瓣裂、齿裂、孔裂和盖裂。

④ 角果：分长角果和短角果。由两个合生心皮形成，中间具假隔膜，成熟时两个缝都开裂。长超过宽的2倍以上的叫长角果；长和宽近似相等的叫短角果。前者如油菜、白菜等；后者如荠菜等。

（2）闭果　成熟后果皮不裂开。这类果实又分下列几种。

① 瘦果：由离生心皮或合生心皮形成一室一胚珠的果，种皮和果皮能开裂，如向日葵的果实。

② 颖果：果皮与种皮愈合，不分离，由合生心皮形成一室一胚珠的果。是禾本科植物的果实，如玉米、水稻、小麦等的果实。

③ 翅果：为果皮的一部分往外发育成翅状的果实，如榆、槭等果实。

④ 坚果：由合生心皮形成一室一胚珠的果。果皮是一层硬质的壳，内有一粒种子。

如板栗和橡子（栎实）。

⑤ 双悬果：由合生心皮的下位子房形成的果实，果实成熟后心皮相互分离，是伞状科植物果实的特征，如茴香、胡萝卜等，都属于此类果实。

（二）聚合果

草莓、莲等都属于这类果实，这是每个花上的单雌蕊，各形成一个单果，多数单果聚在一个花托（果托）上，即成为聚合果。

（三）聚花果

凤梨、桑葚等均属于这类果实，它是由整个花序所形成的，花序上的每朵花形成一个果，这些小果聚生在花序轴上。

上述各种果实，最好能按类属制作成套保存。

标本的制作方法依果实的性质而异。凡肉质多汁的果实，应一律用普通浸制法处理保存；而其他干性果实，经干燥处理后直接保存。

用普通浸制法保存，是先用水把果实洗净，像葡萄这样的果实应剪取一束来处理，然后放在5％～10％的福尔马林中固定，固定时间根据材料大小和多少而定，一般需要5～15d，时间延长也无妨碍。固定后移在盛有7％～10％的福尔马林中（加少量甘油）保存。此外，用原色保存浸制法处理，有的常可得到更好的效果（具体方法参见本章原色保存一节）。

有的干果在采集时就已经是干燥的，可直接保存；有的在采集时是半干的，这就需要进一步干燥处理，一般是放置听其自然干燥，或放干燥箱中缓缓烘干（35℃～40℃）。干燥后，可根据果实的大小、形状及每种一次应取的数量，装入适当大小的普通标本瓶、广口瓶或种子瓶中干燥保存。

（四）果实和种子的传播方式标本

果实和种子的传播方式有数种，即靠风传播的，靠水传播的，靠动物或人传播的，靠果实开裂时的弹力传播的。每种传播方式的果实和种子，都应分别制作一套标本保存，因为这在教学上是很有用的。

（1）靠风传播　常见的有蒲公英等菊科植物、杨、柳、棉花、榆等，它们的传播是借助其特有的毛、翅等构造，由风吹动飘扬而进行的。

（2）靠水传播　常见的为莲等水生植物。莲蓬具有水中漂泛的结构，可被水运载而传播。

（3）靠动物或人传播　如鬼针草、窃衣、猪殃殃等植物的果实具有钩毛，动物或人接触时，便钩挂于动物的毛上或人的衣服和鞋上，随着动物或人的活动而得到传播。另外有不少果实，果色鲜艳，果味甜香，动物或人吃了以后，种子随粪便排出，而得到传播。

（4）靠果实开裂弹力传播　如凤仙花、酢浆草、老鹳草等，果实开裂时可把种子弹出，传播到一定距离的地方。

上述各种传播方式的果实和种子，多数应用干制法保存，少数可用浸制法保存。具体方法如下：

靠风传播的杨柳、棉花、蒲公英的种子和果实，可黏附于一张较厚的色纸上（如蓝色的纸），然后插固在玻璃标本盒的木底板上，上覆玻璃罩，干燥保存。这些材料，有的如榆钱可以用 3～5 个，集中摆在一起；有的则可用更多个，甚至可以附带全部或一部分花序集中一列摆放在一起，如蒲公英便可这样在色纸上的一定位置进行摆放。采集这些材料，应趁刚刚成熟或近于成熟而尚未飞散进行。

靠水传播的果实，应采取成熟或即将成熟的莲蓬（留一段果柄），用水洗净，然后放在 70％ 的酒精中浸渍，半月后，换同浓度的新酒精保存。另外也可在洗净后，用浓氯化钠水溶液（浓食盐水）直接保存。

靠果实开裂弹力而传播的凤仙花的种子，可选取已开裂的果实和未开裂的果实各一两个，黏附或缚附于同一块玻璃片上，然后用 5％～7％ 的福尔马林固定 3～4d，最后用加少量的 5％ 的福尔马林保存于玻璃标本瓶中。另外对已开裂的果实，应选取开裂卷曲后果皮上仍保留着几粒种子的材料；如果开裂后种子已全部脱出，不妨人工粘附几粒种子于开裂的果皮内面。在保存液中，也应投放几粒种子，以示弹出。

（五）种子标本保存法

一般的种子是比较干燥的，如为浆果，可用清水先将果浆洗去晾干，然后再放在干燥的地方，放上一段时间，就可以保存了。可以把种子按植物分类进行自然系统排列，放入有玻璃盖的盒中或瓶子内，加上标签，即可保存。遇到极小的种子，如罂粟科的种子，就先将种子用玻璃纸包好，放在棉花垫上，装入盒中，做成盒装存放。若收集种子较多时，可将干燥的种子装入厚纸袋内，袋外写明该种子的学名，按分类系统科、属、种的顺序排列，在每一科、属的开始处，可加插一张科、属名指示卡片，然后放在专业种子标本柜的抽屉内保存。每一抽屉外面均标出所存的科、属、种名签，以便查阅。

制作农作物的种子标本，在教学上常具有更重要的意义。农作物的种类很多，种子包括多种类型，有的是单一的种子，有的则是果皮与种子愈合一起所成的果实，如一般所说的禾谷类的种子，实际也是果实。

不同作物的种子应单独处理保存，同种作物的种子，要重视品种特征，也要单独处理保存。作物种子，要根据种类和品种制作成套的标本。所用的种子材料必须是完整的和干燥的。如果种子含有较多的水分就进行保存，那么将有发霉变质的可能。所以获得种子后，应先晾晒，使之自然干燥，或放在干燥器中缓缓烘干（35℃～40℃），然后装入广口瓶中或种子瓶中保存。每瓶装入的数量，一般以满瓶为准。装入后广口瓶的磨口要盖严，种子瓶的底口要塞紧，最后在瓶壁上粘贴种子名称（包括品种名）标签。

第三节　种子植物的分类标本制作

植物标本是研究植物必不可少的实物资料，根据植物标本的制作与保存方式，大致可将标本分为干制标本和浸制标本两大类，干制标本又可分为蜡叶标本和原色标本两种。

一、干制标本的制作

制作干制标本的方法，有烙干法、沙干法、硅胶法和压干法。

1. 蜡叶标本

制作蜡叶标本，主要是采用压干法。

（1）压干法

压干法是一种最普通的标本制作方法，即把每日在野外采的标本，在当日晚间回来时，用干纸压在夹板内，并整理一次，整理时要使花、叶展平，姿势美观，不使多数叶片重叠，既要压正面叶片，也要压反面叶片。落下来的花、果或叶片，要用纸袋装起，袋外写上该标本的采集号，然后和标本放在一起。标本与标本之间，须隔数页吸水纸（水分多的植物，应多加隔纸），夹在标本夹内，并加适当的较重压力，用粗绳将大夹板捆起，放在通风之处。次日换干纸时，须再仔细加工整理标本，以后每日均要换干纸最少一次，并应随时加以整理。在第三日换干纸后，可增压力（大约夹有 250～300 份标本一夹的夹板，可施压力 125～150kg），捆紧夹板，放在直射的日光中，使水分迅速蒸发，如此可防标本过度变色或发霉。通常在北方干燥地区，约换干纸 7～8d 后标本即可制干。若遇阴雨之日，可用微火或热炕烘烤。每日换下的湿纸，须放在日光中晒干或用火烤干，以备换纸时使用。有少数多浆肥厚的植物或有球根、鳞茎植物，必须切开压制。切开时以不失原来形态为原则，并须继续换纸，至全干为止。在南方多雨地区，每天应换纸两次，并可放在微火上烘烤，大约三至四天即可制干。已干的标本要及时提成单纸，即每隔一张单纸放一支标本，并应将同号标本放在一起，外用一个单纸夹起，并在夹子纸的右下角写上该号标本的采集号。在提单纸时，应特别注意，使上下两支标本错开放置，尽量避免粗枝与粗枝或叶片花果重叠，以免损坏标本。最后将每包标本用细绳捆好，放在干燥通风的地方，勿使受潮。

（2）几种特殊植物标本的采集与压制技术

① 肉质多汁植物标本的采集与压制：肉质多汁植物的采集比较容易，一般株型较矮，只需选择有花有果的植株用掘根器连同根系一起挖出即可，但压制标本却很困难。如垂盆草（*Sedums armentosum*）、瓦松（*Orostachys fimbriatus*）及其他肉质多汁植物，压制前首先要将其营养器官杀死，因为它们的营养器官不易干制，若不迅速杀死，压制数日后不但不干，而且在标本纸内还会继续发芽生长。其次，这类标本在压制过程中，叶片容易变黑，2～3d 后叶片开始脱落，一周左右几乎全部落光。对于这类植物必须将采集的标本在压制前用开水烫一会儿（沸水中加适量碱或盐，但不要煮），破坏其组织结构，杀死外部细胞，这样可以保存原有颜色和叶片，此种处理方法对云杉、冷杉等裸子植物都适用。此外，也可将这类标本浸入 5% 的酒精溶液里浸泡 30～40min（花不可浸入酒精或沸水中，浸泡前可将花剪掉），然后将标本捞出放在大块吸水纸上，吸去表面的浮水，再换标本纸或吸水纸，把标本连同花果置于标本夹内进行压制，6～7h 后，换干标本纸并进行整形，用拔针或镊子把合拢曲缩的叶片摆布均匀，这样压制的标本色泽艳丽而美观。压制这类标本时，标本夹要放在干燥通风的地方，施以适当的压力，但不宜压力过大，否则标本容易破碎和粘在标本纸上。在压制过程中，至少每天换一次干吸水纸。

② 鳞茎、块茎、块根或根状茎等植物的采集与压制：在野外采集标本，常采到一年

生或多年生的草本植物，它们常具有鳞茎、块茎、块根和根状茎，如百合科（Liliaceae）、灯心草科（Juncaceae）、兰科（Orchidaceae）、石蒜科（Amaryllidaceae）、桔梗科（Campanulaceae）、薯蓣科（Dioscoreaceae）、莎草科（Cyperaceae）、天南星科（Araceae）等。这些科的植物，下部分一般多具有球茎、块茎、鳞茎和根状茎，有的还具有块根及圆锥根，它们在分类上占有很重要的位置。所以在采集这些植物标本时，一定要用掘根器深挖地下部分，然后轻轻去掉泥土，保存好植株的形态，装入采集桶或塑料袋中，带回驻地进行整形。整形时将变态的根或茎切去1/2或2/3的厚度，方能把标本放在标本夹内进行压制，同时，必须附有此类植物的详细记录及活体照片。另外，还有一些特殊植物，如含羞草（Mimosa pudica）敏感性很强，稍有触动，叶片即刻闭合下垂。这种植物非常难采，要采到理想的标本，须掌握好时间和方法。实践证明，采集时间最好在每天早晨和雾天，此时空气湿度大、温度低，适合采集。其方法是选好植株后，用厚一点的杂志或书本迅速将其整个植株夹住，使叶片不易合拢，然后将根挖下，压制1d后换纸整形。对一些寄生植物的采集，必须连同寄主一起采集，并在记录本上作详细记录。如肉苁蓉（Cistanche salsa）寄生于梭梭（Haloxylon ammodendron）的根部，应连同寄主根一并采集。

③ 秆箨的制作：采集新秆任意部位已脱落的秆箨，在箨鞘的背腹面均标上采集编号，尽量保持采集时的自然状态（通常边缘波皱或席卷状），先端可用纸宽松包扎，以防部分器官振落或损坏，然后放入采集袋（箱）内带回备用。注意最好采集脱落不久且完好无损的半干秆箨，已开始腐烂霉变或有破损者均不适宜。为便于室内种名的鉴定，倘若季节相符，可以同时采集新秆上、中、下三个（至少两个）部位之秆箨并给予相同编号。采集袋内不宜装得太多，也不能剧烈颠簸晃动，以免相互挤压碰撞造成损坏。制作标本时，在操作台上预先垫上几层较宽的吸水纸，将采集的秆箨平放在吸水纸上，一般应使秆箨的背面朝下腹面朝上，此时，取普通衣用调温电熨斗一只，使其通电预热后，用手轻轻掰开顺手一侧的箨鞘边缘自下而上小幅度来回移动熨斗进行熨烫，随着熨斗的推进，部分水分散入空气，部分水分渗入其下的吸水纸中，直到整个秆箨充分干燥平整为止。将熨过后的秆箨放入标本夹中的吸水纸间再行短期压制，中间无需换纸也不松夹，一月之后即可定形。以此处理的秆箨一般不再走形，可与同号已干枝叶或秆段合理组合于台纸之上，经细致装订，便成为一份形态美观、质量较高的标本。不同的竹子其秆箨的质地不尽相同，总的看来，产于热带、南亚热带的合轴丛生型、复轴混生型竹种其秆箨多为革质且硬脆，脱落后不卷或微卷，但易破碎；较耐寒的刚竹属（Phyllostachys）、倭竹属（Shibataea）植物之箨多为纸质，脱落后易卷，多不破碎，其余竹种之箨介于二者之间。不同质地的秆箨在熨烫时所要求的温度各不相同，温度过低往往效果不佳，过高则焦煳变质，能否准确掌握熨烫温度则是本法操作中至关重要的环节。

（3）消毒和装订

野外采集回的植物标本，往往带有虫卵或霉菌孢子，存放太久会被虫蛀蚀而遭受破坏。故在存入标本室之前，必须消毒。消毒的方法是通常采用升汞（$HgCl_2$）和95%的酒精配成0.2%~0.5%的升汞酒精溶液，先将消毒溶液放在大瓷盘中，将标本放入溶液中浸泡 5min，然后将标本夹起，放在于吸水纸上吸干。消毒操作过程中，应注意防止升汞中毒，切忌用手直接操作，必须带上橡胶手套和口罩，操作完后应立即用肥皂洗手。一切用具忌用金属制品，尽量采用瓷器、玻璃器皿或搪瓷器皿，夹标本可用竹制镊子。若标本已上台纸或标本不多时，可采用药熏的方法进行消毒，如用二硫化碳、磷化铝等进行消毒。有条件也可放入−40℃的低温冰箱中用冷冻法消毒。如果是上台纸后消毒，现多用溴甲烷熏蒸的方法。

（4）上台纸

标本经过消毒后，要选择好的标本上台纸，以作为长期保存。具体方法是：先准备好台纸，台纸的规格是 40cm×29cm 或 38.5cm×27cm。以厚卡片纸为佳（一般用 250～300g 的纸为宜），然后将标本放在适当的位置上，再用胶粘装订法（常用植物胶，该方法所需用具较多，装订速度快，是国际上较流行的蜡叶标本装订方法）或纸条装订法（常用纸条或细线，该方法所需用具少，装订成本低廉，装订的标本牢固，是国内外广泛使用的蜡叶标本装订法）将标本固定于台纸上，但要留出右下角和左上角，将野外采集记录签贴在台纸的左上角，将标本馆标签贴在台纸的右下角。在装订标本时应注意：要使标本的花、果等重要部分暴露在外，并把所有叶片调配合适，使叶片具有正反两面；标本上掉下的花、果实、叶片等，必须收集装入纸袋内，附贴在原标本台纸上，并在纸袋上注明采集人的采集号；特别小的标本，不必粘在台纸上，可用纸袋包装，然后粘在台纸上；特别大的标本，在一张台纸上容纳不下，可分贴于两张或多张台纸上，但必须在每张台纸上都注明同一采集人及同一采集号，使查阅者便于认识此数张标本为同株植物；很大的果实或者植物的其他部位，不能牢固地装订在台纸上，可以将它们取下装入果实袋里，存储在标本馆中。果实袋可以开闭、便于观察，袋面盖上标本馆章，粘好与原标本上内容相同的各种标签，并在原标本上注明果实已经取下、收藏在何处等内容。

2. 原色标本

制作干制原色标本的方法，大致可以分为烙干法、沙干法和硅胶法。

（1）烙干法

此种方法的优点是能保持花的颜色不变，使其迅速干燥。具体做法是将采回的新鲜标本整理好，放在标本加内压 1～2d，然后取出放在纸的中间，从纸的上面用热烙铁熨烫。这样干燥的花，颜色便能保存良好，可供展览使用。

（2）沙干法

此种方法的优点是能保持植物各部体积的比例和姿态。具体做法是：取细而匀的河沙，清除沙中的杂质，将河沙用水洗净并烘干。如不使用洗净的河沙，会使干后的标本上紧紧粘附上土颗粒，弄脏标本。制干工作是在做好的厚纸盒中进行。先将植物的全株或花枝放在做好的厚纸盒内，用沙小心地进行填满，应注意不要使标本在沙的重力影响下变形。然后可放在阳光处或炉子旁边。大而多汁的标本，可用 7～8d，小植物则 1～2d 即可干燥。干燥后植物标本，必须小心地取出，以防损坏。用毛笔刷去黏着的纸沙，而后用喷雾器，喷洒 5%的石蜡甘油溶液，使标本鲜艳生动。再把植物放在有玻璃盖的盒中（盒的大小尺寸，可根据植物体积大小而制作）。盒底部最好用插门，盒面镶有玻璃，在放标本时，可把盒子倒放，玻璃面向下，然后将标本放入盒内玻璃上，加上标签，用棉花把盒内空处垫满，放些樟脑，加上几层报纸，将门插上，即可供展览使用。此种方法，使用于少量标本制作。

此外，一般农作物有如水稻、小麦、棉花等大型植物体，如果需要看它的整体或作展览用，可把该植物晾干后，装订在厚纸板上，放入盒中，盒内放些樟脑，即可供使用。

（3）硅胶法

此种方法的优点是能让一棵完整的或带有茎、叶、花部分器官的植物，经过脱水干燥后，仍然保持原来生活姿态和色泽，即为立体原色标本。此种立体原色植物标本，可以作直观教具，而且有些植物的花冠艳丽，还可点缀美化环境，也可用于科研和充当工艺品。

此法原理：一种植物在一定的恒温下，迅速脱水，植物体的叶绿素和花冠的花青素不发生质的变化。

立体原色植物标本制作方法：将硅胶粉碎，过 40 目筛，经 100℃～105℃干燥，呈蓝色后放凉备用。将选好的标本各部分舒展，使其形态自然，置于器皿中，用干燥硅胶粉包埋，当硅胶粉因吸水变红色时需更换干燥硅胶粉，直至标本干透为止。

下面介绍立体原色植物标本的具体制作过程。

准备设备：

恒温干燥箱一台，恒温脱水用；真空泵一台，抽气用；真空干燥器，埋植物用；温度计一支，测量温度用；以及汤磁盘、勺子、毛刷、大小镊子各一把；硅胶，脱水用；凡士林，密封干燥器口用。

制作过程：

① 定温。在标本制作前，先将干燥箱定温在 41℃～42℃（有的植物如月季定在 37℃～38℃）。

② 植物体固定和埋藏。恒温箱定温后，再将干燥器底部铺一层硅胶或沙子，大约一寸（3.3 厘米）厚，然后把选择好的植物立在干燥器内，这时可以将硅胶或沙子用茶杯慢慢倒入干燥器内，边倒边用镊子整理植物形态，防止叶、花变形，直到整个植物埋藏起来为止。要求埋藏在硅胶里的植物和自然界的形态一样。

③ 干燥器封闭。植物体埋藏后，用毛刷将干燥器边缘的硅胶刷净，再用布将干燥器边缘擦一遍，然后涂上一层凡士林，再把盖子盖上，上下两层夹紧。

④ 恒温和抽真空时间。把盖上盖子的干燥器，放置在事先定温的干燥箱里，接上抽气机的橡皮管，抽气三个小时后，将真空干燥器的阀门关上，停止抽气。恒温时间 4～5h，然后把恒温箱电源切断，使恒温箱自行降温 15～17h 后，就可以取出植物标本。

⑤ 取出植物标本。植物干燥后，变得很脆，叶子和花瓣很容易碰掉，所以在取标本时，一定要特别小心，要慢慢地将标本倒出来（因为植物体各部分都是向上生长的），这样倒出来的标本，花瓣和叶子不易脱落。

⑥ 标本保存。取出的标本，要放在玻璃罩式的标本瓶内，其中还要放一些硅胶或无

水氯化钙并封闭。如硅胶吸水潮解，可把硅胶脱水后，再放到标本瓶内，这样标本便可长期保存。

注意事项：

① 制作立体原色植物标本，要注意选择标本大小适中，花冠完好的植物，最好在花盛开时采。但月季花在盛开前采为宜，因为这时没有形成离层。

② 埋藏用的硅胶，应事先将硅胶粉碎成小米粒大小，如太大时，制成的标本，花瓣或叶片不平展。

③ 干燥器最好抽至接近绝对真空。

④ 从干燥器内取标本时，要先把阀门打开，让空气进入，否则盖子打不开。另外用布将干燥器边缘上的凡士林擦干净后，再取出标本。

二、浸制标本的制作

浸制标本克服了传统方法制作的植物蜡叶标本在教学中存在的欠真实、不耐用以及不易保存等问题。浸制标本是利用一定的溶剂浸泡标本，它分一般标本浸制法和原色标本浸制法。一般浸制标本保存法最常用的是 5％的福尔马林液，其配比为福尔马林 5mL、水 95mL。对于较好的标本用 70％酒精液浸制，其配比为 95％酒精 70mL、蒸馏水 30mL。原色标本制作时，常希望使用保色溶液使浸制的材料脱色慢一些。保色溶液的配方较多，但到目前除绿色外，其余的颜色多不太稳定。

浸制标本的采集：鲜花要采集刚开一两天且未全开的，连同两片叶子一齐剪下；水果要采集刚熟但并未熟透且果皮完好的，最好要成束的连叶一并剪下。这样的标本制作时虽然麻烦，但制成后显得好看，不单调枯燥。采集后用清水洗净晾干备用。

按照植物标本的性质和用途，浸制标本的方法大体可分四种：整体浸制标本（如有花植物、菌类、苔藓和藻类的植物体），解剖浸制标本（把植物体解剖开，显示其内部构造，如花、果实的解剖），个体发育的浸制标本（某种植物从生命开始到产生后代以致死亡的全部过程即为某植物的个体发育，如木贼、蕨类生活史），比较用的浸制标本（如主根、侧根、水生根、气生根等的比较）。

1. 整体浸制标本

无论高等植物或低等植物，均可把它泡在浸制液中，作成浸制标本。在作植物体浸泡标本时，最好用新鲜材料立即浸泡，如果花、叶萎缩了再泡起来，很容易失去它的原形。现在介绍几种保色的方法。

（1）植物体绿色保存法

植物体绿色的保存，是利用醋酸作用把叶绿素分子中的镁分离出来，使它成为没有镁的叶绿素——植物黑素。然后使另一种金属（醋酸铜中的铜）进入植物黑素中，使叶绿素分子中心核的结构恢复有机金属络合状态。根据这种原理，我们先把植物浸在醋酸铜溶液中煮一下，这时绿色植物变成褐色，这就说明叶绿素已经转变为植物黑素，但过片刻，植物体又恢复了绿色。那就是铜原子已经代替了镁，这种由铜原子作核心的叶绿素，是不溶解在福尔马林液中也不溶解于 70％酒精中的，同时这种络合物很稳定，不容易被分解破坏。因此经过这种处理过的植物绿色，就可以保存比较长久。

下面介绍该方法的试剂配法、处理方法与步骤：

绿色第一法：把醋酸铜的粉末徐徐加入50％的醋酸溶液中，直到不能溶解成为饱和溶液为止。此溶液为母液，然后再加入清水稀释，其比例是1∶4（即1份母液加4份水）。用火加热煮到85℃时，把被处理的植物放进去，少时标本变黄绿色或褐色，继续煮之标本又变绿色，至原有色泽重现时，停止加热。这时取出标本用清水尽量冲洗之。冲洗后的标本，即可浸入5％福尔马林溶液中保存。用此法可保存标本长久不坏。

如果植物比较薄弱，不能加热或表面有蜡叶不易浸渍着色的植物，可用下面几种绿色保存方法浸制。

绿色第二法：饱和的硫酸铜溶液750mL加40％福尔马林500mL加水250mL，混合之。标本浸入8～14d，取出标本用清水洗后，再浸入5％福尔马林中保存。

绿色第三法：50％酒精90mL，福尔马林5mL，甘油2.5mL，冰醋酸2.5mL，氯化铜10g。将植物浸入此溶液中使其着色，可根据植物情况而决定浸入时间。一般1～5d即可着色。总之使硫酸铜能浸入植物标本中，能保持绿色为原则。标本取出后，放在5％福尔马林溶液中保存。

（2）浸制黑色标本溶液配置法

黑色第一法：福尔马林450mL加酒精2800mL加蒸馏水20000mL，静置沉淀后，过滤使用。

黑色第二法：福尔马林450mL加酒精540mL加蒸馏水18100mL，静置沉淀后，过滤使用。

黑色第三法：福尔马林500mL加饱和的氯化钠溶液1000mL加蒸馏水8700mL，静置沉淀后，过滤使用。

以上三法效果均很好，尤以第三法为最好，对黑色、紫色、红紫色葡萄，可保持天然色3～5年。

（3）浸制红色标本溶液配置法

红色第一法：硼酸粉末450g于200～400mL水中，全溶后加入75％～90％酒精2800mL，静置沉淀后，过滤使用。

红色第二法：硼酸粉末450g溶于200～400mL水中，全溶后加入75％～90％酒精2000mL，亦可加入福尔马林300mL，过滤使用。此法对保存粉红色番茄有特效。

（4）浸渍水果、蔬菜

绿色第一法：适用于绿色的果蔬、果树幼苗、绿色植物，例如绿色桃、苹果、梨以及一切病害标本的叶、茎等。

绿色第二、三、四法：适用于绿色菠菜、苹果、梨及病害标本等。

黑色第一法：适用于草莓、深褐色梨、黑紫色葡萄等。

黑色第二、三法：适用于红紫色葡萄等。

红色第一法：适用于红色苹果、葡萄、梨橙红色杏、柿子等。

红色第二法：适用于鲜红番茄、粉红番茄、苹果、枣等。

（5）漂白标本的浸制法

有时因为在色泽的保存上不容易，也可以把采来的标本，泡在95%酒精里，放在强的日光下漂白。在漂白的过程中，要多换几次酒精，一直到植物体漂白而较坚硬为止。这时可以把这一植株放在标本瓶中封好。然后在瓶子后面用黑色油漆涂黑，把白色的植株衬托得更加美丽了。在标本的前面上端或下端涂一块黑色油漆，干了后写上白字代替标签（或用纸质标签亦可）就显得醒目了。

（6）菌类、苔藓和藻类标本的浸制法

关于菌类、苔藓的处理，也是把采集来的新鲜材料整体浸放在5%福尔马林液中，换两次保存液后，即可把它保存在标本瓶中，瓶外要封口和贴标签。

苔藓、小型的蕨类、木贼、石松、卷柏等类似的植物，也可用前面所讲的，植物体绿色保存法的方法处理，保存它的绿色。

至于藻类植物，可在采集回来后，稍去一下水分，用纱布把它吸干一下，然后放在水、酒精、福尔马林为3∶3∶1浸制液中保存。

2. 解剖浸制标本

有时把采集来的鲜花加以解剖，制成浸制标本，便于研究它内部的构造。以牵牛花为例，把它的花萼和花冠筒解剖开，露出子房，显示它的雌雄长在花冠上，用线把它绑在玻璃片上；同时把它的子房作一横切，也把它绑在玻璃片上；再衬上一片叶子，即为很好的一份牵牛花的解剖标本。把它放在盛有浸制液的标本瓶里，用蜡封严，贴上标签即可。

比较名贵的果实，也可整个作横切或纵切，然后绑在玻璃片上，放在盛有浸制液的标本瓶里，用蜡封严，贴上标签。

浸制液的配方如下：

① 红色花带绿叶标本处理液：按2mL甲醛（40%）、2g硼酸、200mL蒸馏水的比例配制，然后加处理液总量5%的硫酸铜晶体溶解后待用。保存液：按100mL 1%的亚硫酸、2g硼酸、5g硫酸铜晶体、10mL甘油、10mL 95%的酒精比例配制。

② 绿色果实的保存：醋酸50mL，蒸馏水50mL，另加醋酸铜或硫酸铜5g，加热至沸点，使醋酸铜或硫酸铜溶解至饱和状态，将标本放入，煮20～30min，待其由原色变为淡黄色又变为深绿色时取出水洗，置于酒精30mL、福尔马林5mL与蒸馏水200mL的混合溶液中保存。

③ 黄色花带绿叶标本：处理液是5%的硫酸铜。保存液按10mL 10%的亚硫酸，10mL甘油，10mL酒精，300mL水的比例配制。

④ 白色花带绿叶标本：处理液是把10g氯化锌放入300mL水中，静置沉淀后，取澄清液，再放入40mL酒精、5mL甲醛、1g硫酸铜。保存液是把10g氯化锌放入300mL水中，静置沉淀后，取澄清液，再放入40mL酒精、5mL甘油、2g硫酸铜。

⑤ 黄色果实的保存：6%的亚硫酸268mL、80%～90%的酒精568mL和水50mL。直接把要浸泡的植物材料浸泡在此溶液中，便可长期保存。

⑥ 紫色花朵（浆果）带绿叶标本：处理液按5mL 40%的甲醛，6mL酒精加水

400mL 的比例配制；然后加入 5g 硫酸铜。浆果按 12mL 甲醛、24mL 12％食盐水、200mL 水配制，带叶的需加入 5g 硫酸铜。保存液是 2％的甲醛溶液。

⑦ 红色果实的保存：处理液是将福尔马林 4mL、硼酸 3g 和水 400mL 制成混合溶液。保存液是将亚硫酸 3mL、冰醋酸 1mL、甘油 3mL、水 100mL 和氯化钠 50g 混合。以上处理液与保存液的量可根据需要成比例放大或缩小，溶液 pH 约为 5.8。

3. 个体发育浸制标本

如木贼的生活史，可将它的雌雄原叶体分别绑在玻璃片上，再把它的幼孢子体和长成了的植株，都按着次序绑在玻璃片上。这便是一套木贼的个体发育标本，将其放在盛有水、酒精、福尔马林为 3：3：1 浸制液的瓶里保存。

其他如卷柏等蕨类植物均可这样制作。

4. 比较用浸制标本

不同类型的植物根有直根、须根、球形根、圆锥根等，均可浸制起来，观察各种根的类型。同样，水生根、陆生根、旱生根和气生根等，也可按照不同的生态环境或种类的关系，放在盛有水、酒精、福尔马林为 3：3：1 浸制液的标本瓶里，陈列起来，作为比较。

5. 浸制标本的制作

（1）浸泡处理　把采集的标本清洗干净后甩干，用线绳固定在玻璃片上，并用橡胶塞固定在标本瓶内。然后根据不同颜色分别倒入处理液直到浸没 2cm 为止。用玻璃棒把标本整形，做到既美观又没有堆积压挤。盖上盖封蜡放在阴凉避光处存放。

（2）浸泡时间　根据标本湿度不同，浸泡时间也不同，一般需要 3～7d。看标本颜色是否恢复到原来颜色，视情况酌情而定，如葡萄等浆果需要 2～3 个月。

（3）保存处理　将浸制好的标本（连同玻璃片一起）从处理液中取出，经过清水漂洗，剪去坏叶、坏果，放入标本瓶中固定好，浸泡在保存液里。整理好造型，盖上盖，贴上标签，写好采集时间、地点、采集人，做好分类，注上品名，然后用蜡封好标本瓶口。一个栩栩如的标本就制作好了。

（4）标本的保存　放在阴凉避光的标本橱内，隔一段时间要观察一次，如发现保存液变色，则应照原来的配方更换保存液，再把标本瓶封闭好，换一次保存液后基本上能保存很多年。

（5）浸制标本的封瓶方法

① 石蜡封瓶法：当浸制标本装瓶后，特别是用标本瓶，先把瓶口和玻璃瓶塞擦干，加点热，然后把瓶塞浸到热石蜡中，瓶口也涂上热石蜡，塞紧。再用一块纱布浸在热石蜡中，浸透。然后把纱布紧紧包着瓶口，用细绳绑结实。等蜡凝固后，把瓶子倒放，浸入溶化的石蜡中，这时的石蜡无须太热。待等蜡稍凉，用手抹平。冷后，标本便封好了。

② 赛璐珞封瓶法：瓶口先用蜡封好，用一张薄纸将瓶口包好，然后把瓶子倒过来，浸入溶于丙酮或喷漆稀料的赛璐珞黏稠液中。如果带丝扣的瓶盖，把瓶盖扣紧后，倒插入赛璐珞黏稠液中。大瓶多插几次，封厚些较好。

三、化石标本的制作

植物化石是指那些在岩石上保存下来的各地质时期的植物的遗体或遗迹。死去的植物被风和地表径流搬运到河流、湖泊和海滨地带，在那里，这些植物的遗体下沉到底部并被泥沙等沉积物所掩盖，有的就被永久地保存了起来，还有的植物极完整地保存在沼泽泥炭中，或保存在火山灰的覆盖层下面，或被从矿泉里出来的石灰质沉淀物覆盖了起来。在漫长的地质年代中，只要岩石中的温度压力等条件达到要求，这些植物体就会形成化石。采集化石时，如发现破裂，要就地将其黏合，以免混淆。采集后的化石标本应及时附上标签，标签上面写明初步定名及采集时间、地点及岩石的名称。

第二章　无脊椎动物的采集和标本制作

第一节　概　述

一、无脊椎动物采集所需工具和常用药品

1. 采集工具

昆虫网、水网、扫网、托泥网、诱虫灯、铁锹、铲子、广口瓶、镊子、手术剪、毒瓶、铁桶等。

2. 玻璃器皿

培养缸、量筒、培养皿、烧杯、载玻片等。

3. 标本制作工具

标本瓶、标本缸、展翅板、三级板、标本盒、石蜡切片机、天平、电炉、解剖器械、蜡盘、酒精灯、玻璃刀、离心机等。

4. 常用药品

甲醛、甲醇、乙醚、乙醇、龙胆紫、曙红、苏木精、卡红、明矾、樟脑、高锰酸钾、甘油等。

二、无脊椎动物的处理方法和标本种类

生物标本是经过一定方法和手段处理后，能反映生物的某些特征，可较长时间保存的生物个体或局部。标本按制作方法可分为浸制标本和干制标本；按大小可分为宏观标本和显微标本。

1. 浸制标本

浸制标本是采用保存液来防腐的标本，如果保藏得好，这种标本可以长期保存下来。它能清晰地显示生物体的外部形态和内部构造，还能长期保持生物体的本来色泽。

许多生物的躯体和器官的水分多，干燥后容易变形，通常是采用酒精、福尔马林等试剂配制成保存液将其固定保存。这种保存液主要适用于鱼类、两栖类和爬行类的整体，以及动物所解剖的内脏器官等。无脊椎动物中个体较大和哺乳类中小型个体都可以浸制。标本浸制可分为：

① 动物整体标本浸制。如无脊椎动物（如水螅、海绵、海月水母、姜片虫、绦虫、蛔虫、蜈蚣、蚯蚓等）标本浸制，鱼标本浸制，蝾螈标本浸制，蛙标本浸制，鼠标本浸制。

② 动物解剖标本浸制。如蝗虫、蚯蚓解剖标本浸制，鱼类、两栖类、爬行类、鸟类、哺乳类显示血管注射标本和保持脏器原色标本浸制。

③ 生长发育（生活史）标本浸制。如昆虫生活史标本浸制、青蛙发育标本浸制。

2. 干制标本

适应于脱水后不变形或不大变形的个体器官干制标本包括剥制标本，骨骼标本，玻片标本，螺、贝类干制标本，棘皮动物干制标本，昆虫针插法标本，鸟巢及卵标本等。

螺、贝类的种类甚多，壳的结构和壳色等是种类鉴别的重要依据。因此，取其外壳来保存制作标本，无论在教学上，还是科研上都具有重要的意义。

对昆虫干制标本来说，小型的昆虫可以做整体装片，中型的昆虫通常是用昆虫针、展翅板、整肢板、烘烤器等工具，经处死整理，然后置于昆虫盒内保存。

玻片标本是一类特殊的干制标本，利用载玻片和盖玻片封固起来制成，属于微观标本。它是取小生物的整体或生物的一部分组织器官，经过固定、脱水、透明等程序制成的装片或经过包埋后用切片机制成的切片。

三、浸制标本封瓶法

（一）几种常用的保存液和固定液

配方一：40％福尔马林 50mL，水 950mL。

配方二：40％福尔马林 50mL，乙二醇 330mL，水 620mL。

配方三：95％酒精 70mL，水 25mL。

配方四：（波因氏液）40％福尔马林 25mL，苦味酸饱和水溶液 75mL，冰醋酸 5mL。

配方五：（秦克氏液）重铬酸钾 2.5g，升汞 5.0g，硫酸钠 1.0g，醋酸 5mL，水（蒸馏水）100mL。

配方六：（巴氏液）福尔马林 3mL，生理盐水 97mL。

其中，配方二具有防冻性能，适于北方保存标本用，配方四、配方五为固定液。

对于所需不同浓度的酒精，一般都是用95％的市售酒精配制。需要多大浓度的液体，就取多少毫升95％酒精，然后加水至95mL即可。具体配制如下：

所需酒精浓度	35％	50％	70％	80％	90％
市售95％酒精用量（mL）	35	50	70	80	90
加水量（mL）	60	45	25	15	5

对于福尔马林可用同样方法配制。一般市售福尔马林含甲醛 36％～40％，我们把这种市售福尔马林当作百分之百看。如果需 5％福尔马林，配制时取 5mL 市售福尔马林加水 95mL 即可；同样配制 10％福尔马林，取 10mL 市售福尔马林加 90mL 水即可。

（二）封瓶

浸制标本，如果不需经常取出来观察或供实习鉴别用，均应封口。圆柱形标本瓶的瓶盖经过磨砂加工，能盖紧；而方形标本缸的盖是一块边缘磨砂的玻璃，不能盖紧，所以封口的方法是不一样的。

1. 标本缸封口

首先配制胶粘剂。有两种配方：一种是 10 份 618 或 634 环氧树脂加 2 份苯二甲酸二丁酯（增塑剂），充分搅拌，最后加入 0.5 份乙二胺（破化剂），再充分搅拌即可使用；另一种配方是在 10 份聚氨酯中加 1 份异氯酸醋，充分搅拌以后就可以应用。

封口时先用 95％酒精将标本缸口沿边和盖板四周揩挣。一般胶粘剂加入硬化剂后，热天两小时、冷天四小时就开始变稠，难以涂胶，所以应随用随配，用多少配多少，以免浪费；如果胶粘的标本不多，就在玻璃板上调配。将配好的黏接剂均匀涂布在缸口沿边和盖板四周，要涂得薄而匀，然后把盖板胶粘上，用绳缚牢，或用重物压在瓶盖上，室温下 2～3d 就固定了。

2. 标本瓶封口

封口蜡配方是在 30％（52℃～58℃）石蜡内加 66％～69％蜂蜡和 1％～4％丹麦树胶。将配好的封口蜡，放入小铝锅或搪瓷盆内加热熔化。将瓶盖放在酒精灯上加温，注意要离火焰远些。用右手拿着瓶塞圆球把，转动瓶盖加热，然后用大毛笔蘸足熔化的蜡涂在瓶盖上。由于盖被加热，所以涂上的蜡应是透明的。将瓶盖盖在瓶口上，再用蘸足蜡的毛笔将蜡填入瓶口隙缝中，直到填平为止。

3. 包口

用一层纱布盖在瓶口上，再用聚氯乙烯塑料薄膜（要用一种软而不透明的薄膜），在酒精灯下加温变软后盖在纱布上，用蜡线围绕标本瓶口缚扎，然后用两手使劲向下拉薄膜，一直拉到瓶盖周围薄膜皱纹消失为止，最后离瓶口 1cm 处扎线，剪去纱布和薄膜，贴上标签。

第二节 原生动物的采集和标本制作

一、原生动物的采集

原生动物是动物界中最原始的类群。在各种原生动物中，比较常见的有眼虫、草履虫和变形虫。原生动物大都生活在有机质丰富、水质腐败且不大流动的污水中。不同的水质，生活着不同种类的原生动物。在稻田、鱼塘以及城市郊区、平房居民区和下水井外面的排水沟中，有机质丰富，是采集原生动物的理想场所。寻找水源、观察水质是采集的关键。

① 污水沟液面上有一层白色膜状覆盖物，这样的污水沟草履虫一般比较多。

② 有绿眼虫的污水沟，沟两侧呈绿色，沟底是黑色的污泥，发出一种腐败的臭味，采集时舀取污水、水底黑色污物和两侧绿色污物。

③ 在绿眼虫的采集地同样可采集变形虫。

1. 绿眼虫 (*Euglena*)

绿眼虫是一种常见的鞭毛虫，广布于有机质丰富的小水体中，在有机质较多的池塘，水沟或雨后的临时积水中以及弃用的水缸、粪池（含少量粪尿）中，于春、夏、秋三季常见。其水色为鲜绿色，旺盛生长时呈绿色水华，也是水质污染的指标。绿眼虫的采集比较简单，一般用长柄水舀把发绿的上层池水取回来放入玻璃缸中就可以了。

绿眼虫还可以用以下培养液培养：

（1）土壤浸出液培养　将富含腐殖质的土壤少许置于试管中，加水至试管的 2/3，并以棉花塞住试管口，煮沸 15min，24h 后，将采集到的绿眼虫接入该培养液，置于向阳处，一周左右，可得到大量眼虫。采回后如果不立刻使用，应放在阴凉见光处，隔一定时间加数粒饭来培养。

（2）克氏（Kleb's）培养液培养　培养液配方为硝酸钾 0.25g，硫酸镁 0.25g，磷酸二氢钾 0.25g，硝酸钙 1.0g，色氨酸 0.01g。先将 500mL 水倒入 1000mL 的容量瓶中，把各种盐类和色氨酸一一放入瓶中，充分震荡，使之溶解，最后稀释到刻度。使用时将克氏培养液 100mL 放入 1000mL 容量的烧杯中，然后加水 900mL，再加麦粒 40 粒，煮沸5min，冷却后倒入玻璃缸，静置 7～10d，即可接种培养。

2. 草履虫（*Paramecium*）

草履虫属于原生动物门纤毛纲，是一类体型较大的原生动物，在自然界广泛分布，容易采集和培养，是观察研究原生动物的好材料。草履虫种类很多，其中体型最大和最常见的是大草履虫。

（1）采集

草履虫通常生活在水流速度不大、没有污染的水沟、池塘和稻田中，大多聚集在有机质丰富和光线充足的水面附近。当水温在 14℃～22℃ 时，繁殖最旺盛，数目最多。草履虫的这些习性，是确定采集地点和方法的重要依据。为了更有把握，可在不同地点多采几瓶。

① 到稻田采集草履虫。在稻田灌水期间，寻找田中的旧稻茬，用广口瓶在稻茬附近取水，随后放进几根旧稻草。这样的水中往往会有草履虫。返回实验室后，放在温暖明亮处，三五天后，用显微镜检查是否有草履虫存在。

② 从新鲜稻草上采集草履虫。当环境变得干旱或寒冷时，草履虫能向身体表面分泌一层蛋白质的薄膜，虫体不吃不动，进入休眠状态，这种状态叫做包囊。在稻田水抽干时，草履虫便形成许多包囊，附着在稻草近根部的几节茎上。因此，可选取靠近根部的几节新鲜稻草，剪成 3～4cm 长的小段，放入广口瓶中，注入清水。放在明亮温暖处，一周以后，用显微镜检查是否有草履虫。

采集草履虫用的容器，最好是透明度较好的广口瓶，这样较容易观察到所采集的池水中是否有草履虫和数量有多少。如果看见瓶里的池水中有一些小白点在移动，这很可能是草履虫。采集后，广口瓶内要放置少许水草，瓶口不要加盖，以免草履虫因缺氧而窒息死亡。

（2）培养

草履虫的食物主要是细菌。为了培养繁殖草履虫，必须配制含有大量细菌的培养液。培养液的配制方法通常有以下两种：

① 稻草培养液：取新鲜洁净的稻草，去掉上端和基部的几节，将中部稻茎剪成 3～4cm 长的小段，按 1g 稻草加清水 100mL 的比例，将其放入大烧杯中，加热煮沸 10～15min，当液体呈现黄褐色时停止加热。为了防止空气中其他原生动物的包囊落入和蚊虫

产卵，烧杯口要用双层纱布包严，然后放置在温暖明亮处进行细菌繁殖。经过3～4d，稻草中枯草杆菌的芽孢开始萌发，并依靠稻草液中的丰富养料迅速繁殖，液体逐渐混浊，等到大量细菌在液体表面形成了一层灰白色薄膜时，稻草培养液便制成了。由于草履虫喜欢微碱性环境，如果培养液呈酸性，可用1%碳酸氢钠调至微碱性，但pH值不能大于7.5。

② 麦粒培养液：将5g麦粒（大麦、小麦均可）放入1000mL清水中，加热煮沸，煮到麦粒胀大裂开为止。然后在温暖明亮处放置3～4d，便制成了麦粒培养液，此时培养液中已繁殖有大量的细菌。

准备好培养液就可以接种了。接种是指将采集来的草履虫转移到培养液的过程。接种草履虫时必须提纯，否则会混入其他小动物，影响草履虫的纯度。

如果要培养纯系的草履虫，在显微镜或解剖镜下，从表面皿中吸出一个草履虫，放入盛有少量培养液的凹玻片中，上面再覆盖一片凹玻片，用以防止培养液干燥。待草履虫经过横分裂达到20～30个个体时，移到培养液的广口瓶中进行繁殖。

培养时，将接种有草履虫培养液的广口瓶，放在温暖明亮处进行培养，培养液的容器口要用纱布包严。大约一周后，就会有大量草履虫出现。如果是长期培养，就要定期（约每隔3d）更新培养液。

① 交配状态的草履虫的培养：取含有大量草履虫的培养液2～3mL，放在玻璃管中用离心机沉积于管底，然后加20～30mL清水（放置数日的自来水），在小玻璃瓶里放置12～24h，最后离心沉集，染色装片。

② 分裂状态的草履虫的培养：取含有草履虫的培养液放在一个较大的烧杯中，然后投入一小块发腐的面包或馒头，24h后从这些食物的周围吸取少量的培养液，按上述方法加水稀释，分离，染色，装片。

3. 变形虫（*Amoeba*）

变形虫属于原生动物门的肉足纲，种类很多，在淡水中常见的种类主要有大变形虫（*Amoeba proteus*）。变形虫生活在长有水草、有机质较丰富、水质比较清以及藻类和细菌比较多的浅池、沟渠、水田等环境里。变形虫生活的最适水温为18℃～22℃，春秋两季更易采得。

（1）采集

① 从水中腐烂植物上采集。夏秋之际，在浅池、沟渠中，常有许多腐烂植物。它们或浮于水面，或沉落在水中。这些腐烂植物的表面是变形虫生活繁殖的好场所，常常有许多体形较大的变形虫。采集这种腐烂植物放入广口瓶中，注入适当池水，带回实验室。从腐烂植物表面刮取黏稠物，制作临时装片，放在显微镜下检查。如果在视野中看到一些半透明、半流动、四周界限分明、像油滴似的颗粒状东西，这就是变形虫。

② 根据变形虫常以包囊形式存在于潮湿土壤中的习性，可用人工简易培养法获取变形虫。方法是从野外连根拔起狗尾草（根上带少量土为好）带回室内，把根、茎、叶剪成15～20mm长的小段，再将其揉松软后，浸入玻璃缸清水中，用玻璃棒搅拌。接着，把玻璃缸移到温暖、明亮的地方。经过一周左右，狗尾草培养液表面有一层淡黄色浮膜，

在浮膜中就有大量变形虫。

③ 到含有硅藻的池水里采集。变形虫喜食硅藻，含有硅藻的池水常呈黄褐色，并且靠近岸边水的表面常有许多黄褐色泡沫，其中除硅藻外，往往有许多正在吞噬硅藻的变形虫。可以用广口瓶盛取带有泡沫的池水，带回室内进行镜检。

④ 从新鲜稻草或野草上采集。变形虫在环境恶劣时，能形成休眠的包囊。因此在新鲜稻草和一些水边野草茎的下部，常附有变形虫的包囊。将这种稻草或野草，浸在盛有池水的培养缸中，放在温暖光亮地方，1～2 星期后，水面上会形成一层由枯草杆菌密集而成的焦黄色薄膜，其中就有由包囊萌成的变形虫，而且数量往往很多。

（2）分离

变形虫在环境突然改变的时候，有牢牢附在物体上的习性。利用这一习性，在显微镜下找到变形虫以后，将载有变形虫的载玻片稍微振动一下。然后使载玻片倾斜，用水缓缓冲洗几分钟，再放回显微镜下观察，可以看到其他水生动物都已被冲走，只有变形虫一动不动地紧贴在载玻片上，从而达到了分离变形虫的目的。

（3）配制培养液

变形虫的培养液有稻草培养液、麦粒培养液和大米培养液等。前两种培养液的配制原理和方法，与草履虫培养液的配制相同。大米培养液是按 100mL 水加入 3～4 粒大米的比例配制而成的，这种培养液常能产生大量的无色鞭毛虫，供变形虫食用。

将上述经过分离后，只有变形虫的载玻片放入培养液里，盛装培养液的容器口要用纱布包严，放在温暖明亮处，大约经过半个月的培养，就会繁殖出大量的变形虫来。

4. 应注意的问题

草履虫一般可长期培养、保种。但眼虫、变形虫保种很困难。培养成功后的草履虫培养液在 4d 内使用为好。如果在 4d 内不使用，那就要进行分批培养，或将瓶内稻草除去，加等量冷开水冲淡草履虫培养液。也可用浮游生物网（或双层纱布）过滤，用冷开水稀释后，再加培养液培养。

采集眼虫、变形虫应在实验前一周进行。将采集到的培养液于 24h 后镜检，对镜检有眼虫的培养液应放在阳光充足的地方培养。若培养时间较长，发现培养液面及瓶壁绿色物脱入瓶底，这时说明培养液中眼虫已很少或不存在了。

二、变形虫、草履虫、眼虫标本的制作

变形虫、草履虫、眼虫等单细胞原生动物适合制作装片，现简要说明装片制作的过程。

（一）草履虫装片制作

① 用吸管将含有草履虫的培养液吸 2～3mL 放在玻璃管内，用离心机把草履虫沉积于管底，轻轻地把上清液倾去或用吸管吸除，然后换入蒸馏水 3～4mL，再离心沉集。如此反复进行数次，便可把草履虫洗净。在最后一次洗液倾去后，加肖丁氏固定液 2～3mL，固定 2～3h，再用离心机沉集，倾去上清液。

② 加 50％的酒精 3～4mL，5min 后用离心机沉集，倾去酒精。

③ 加稀碘酒（50％酒精 100mL，加碘 0.1g）3～4mL，5～10min 后沉集，倾去稀碘酒。

④ 加 70％的酒精 3～4mL，浸渍 5 分钟后沉集，倾去酒精。

⑤ 加入苏木素染液 1mL，浸染 1h 后，加入 50％的酒精 3～4mL，离心沉集，倾去上清液。

⑥ 加入 50％的酒精 4～5mL，1～2min 后，离心沉集，倾去酒精。

⑦ 加入 0.5％的盐酸酒精（70％）1～2mL 进行分色，0.3min 后离心沉集，将盐酸酒精吸除。

⑧ 加入 70％的酒精 3～4mL，1min 后离心沉集，倾去酒精。

⑨ 加入碱酒精（70％酒精加氨水 0.5mL）2～3mL，分色 1min，离心沉集，倾去碱酒精。

⑩ 加入 90％的酒精 3～4mL，2min 后离心沉集，倾去或吸除酒精。

⑪ 加入纯酒精 3～4mL，2min 后离心沉集，倾去或吸出 2.5～3.5mL，管内只留下 0.5mL 酒精。

⑫ 用吸管吸取，滴一小滴于载玻片上，涂开，放置干燥（约 1h）。

⑬ 用加拿大树胶封固。

用上述方法制成的玻片标本，视野中可以有较多的草履虫。另外，草履虫也可用其他染剂染色，如甲基绿、曙红等都可以把草履虫染上美丽的颜色。最好参照上述方法把草履虫分别染上几种颜色，然后混在一起进行装片。由于染剂不同，对草履虫构造的染色效果不一样，所以分别染色可以更好地显示草履虫的构造，有利于对草履虫形态结构进行观察。

对于分裂状态和交配状态的草履虫，均可按上述方法制成装片。但制作前应单独培养这两种状态的草履虫，因为在一般的培养液中，分裂状态的草履虫虽然存在，但在一个装片的视野中不一定能看到。至于交配状态的草履虫，在一般的培养液中基本找不到，只有在营养等生活条件极差的时候才易出现。

（二）眼虫装片制作

① 取含有眼虫的培养液 1～2mL，加蒸馏水 2～3mL，在玻璃管中用离心机沉积于管底，然后倾去或吸去大部分水液，再加 2～3mL 蒸馏水，再离心沉集，最后倾去或吸去大部分水液，使管中只剩留 0.5mL 材料。

② 用吸管吸取上述洗后的材料，滴一小滴于涂有粘片液的载玻片上。涂开后，放在空气中或温箱中（35℃～40℃）干燥。

③ 在干燥至水液已蒸发，但材料尚未完全干燥时加基尔荪氏液 5～6 滴，固定 30min；也可以将载玻片放在固定液中固定。

④ 水洗 1～2min（浸洗）。

⑤ 用 50％的酒精处理 1～2min。

⑥ 用 70％的酒精（加少许的碘）处理 2min。

⑦ 用 50％的酒精处理 1min。

⑧ 放入 2.5％铁明矾水溶液中浸 2h。

⑨ 水洗 1～2min。

⑩ 放入海登汉氏苏木素染液中浸染 2h。

⑪ 放入 2.5％铁明矾水溶液中分色（用显微镜检查控制）。

⑬ 放入 50％、70％、90％、100％的酒精中依次脱水，每级为 2～3min。

⑬ 放入二甲苯和纯酒精的混合液（1∶1）中处理 1～2min。

⑭ 用二甲苯透明 2～3min。

⑮ 用加拿大胶封固。

（三）变形虫装片制作

实验室常用的方法有直接涂片法、直接沉淀法、离心沉淀法、碘液染色法和苏木素染色法，具体制片过程可以参考草履虫的装片制作。

（四）草履虫分裂生殖装片制作

① 草履虫分裂虫体的培养。将培养的虫体液用致密的布料过滤，然后放入过夜的 1％稻草水液中，并加入适量的酵母水溶液以丰富食料，静置培养。酵母水溶液制作方法为：取适量食用酵母粉，加少许白糖和食盐，用适量温开水溶解后，放置 20min 即成。待培养数小时后，镜检，发现有分裂虫体出现时，作下一步处理。

② 虫液澄清。按每 100mL 培养液加入 4％明矾水溶液 0.4～0.6mL 搅匀静置，待虫液中的杂质或溶解态的胶状物沉淀下来。

③ 固定、脱汞。将澄清后的虫液慢慢倒出，然后每 100mL 虫液加入预固定液 10mL，静置数分钟（预固定液配置如下：质量分数 30％冰醋酸 90mL、质量分数 8％～9％氯化钠水溶液 10mL）。预固定后的虫体处于半死状态，既不活动又无变形，有利于进一步固定。

将预固定的虫液用 250 目的过滤筛过滤，以除去水分，取下筛底，用镊子夹着于固定液中反复抖动或用滴管冲洗，使虫体落入固定液中，固定数小时至 24h（固定液配置方法：体积分数 95％酒精 70mL、饱和氯化汞水溶液 20mL、冰醋酸 10mL）。将固定好的虫体液倒入 250 目或 300 目的小型滤筛中，置于盛有体积分数 95％酒精的大型称量瓶中，滴入碘液数滴以脱汞，当碘液失去颜色后再适当滴入，当碘液不再褪色时，脱汞完毕。

④ 制片。染色、脱水、透明和浸胶等程序均用上述小型滤筛操作。

a. 核染色。虫体用体积分数 70％酒精浸洗 10min，再用蒸馏水浸洗 10min，然后采用孚尔根反应作核染色，即在 60℃恒温的 1mol 盐酸中解离 10min，在席夫试剂中染色数小时，在漂洗液中漂洗一至数小时。

b. 脱水及胞质复染。脱水逐级进行，每级 10min，从体积分数 50％酒精开始，每级增加酒精浓度 10％，脱水到体积分数 95％酒精时，换用 95％酒精配制的质量分数为 0.2％～0.5％的固绿复染液中复染数秒钟，接着用无水酒精脱水 2 次，每次 10min。

c. 透明及浸胶。先用等量无水酒精和二甲苯混合液透明 10min，再用二甲苯透明 2 次，各 10min。然后用滴管吸去二甲苯，再加入由二甲苯溶好的光学树胶，约 30min 后，树胶便完全浸入虫体。至此虫体可以长期保存备用。

d. 排队。吸取适量虫体胶滴入小培养皿中，加上适量二甲苯适度稀释之。在解剖镜下，用微细吸管选择吸取单个分裂的虫体于载玻片上，用解剖针拨动虫体慢慢移位的办法，按分裂程度进行排队。分裂程度是将连续的分裂过程分为如下几个阶段：无分裂迹象；开始分裂即胞核开始拉长；胞核继续拉长，虫体中部出现缢痕；胞核基本拉断，缢痕明显加深；缢痕处将要断开，基本上已形成 2 个虫体。一张排好队的玻片，包含有 4 个或 5 个不同分裂阶段的虫体。

e. 封片。待虫体充分干涸后，在解剖镜下用微细滴管细心地在虫体旁滴上微量较稀的树胶，以粘牢虫体，再待充分干涸后再滴上适量浓胶，迅速加上盖玻片封存，平放待慢慢干涸。

第三节　腔肠动物的采集和标本制作

一、腔肠动物的采集

腔肠动物是原生动物的原始类群，在动物界的系统发生上占有重要地位。观察和研究腔肠动物，对了解原生动物的起源和演化具有重要意义。水螅是生物教学中必需的实验材料，但在自然条件下，水螅数量较少，加上受季节的限制，不易采到，因而掌握采集和培养方法很有必要。

1. 水螅（*Hydra*）

水螅属于腔肠动物门的水螅纲，种类很多，水螅一般生活在水质清洁、无污染的池沼、水田、水沟和缓流中。

（1）采集

① 采集时间和地点：水螅生活在水流缓慢、水质清洁、水草茂盛的池塘和溪流中，大多栖息在水草和其他物体上，靠用触手捕捉游过身旁的小动物为食，18℃～20℃的水温最适于它的生存。因此，采集水螅时，应该在春秋两季，选择天气晴好的日子，到上述水螅生活的环境中去寻找。夏冬季节，被污染的水域和水流湍急的地方，很难采到它们。

② 采集方法：水螅体长仅有 5mm，直径只有 1mm 左右，体形微小，又栖息于水草丛中，很难被人发现。采集时，要站在水边仔细寻找。寻找时，不能拨动水草，更不能涉入水中。因为水螅稍受惊扰，身体马上缩成小米粒大小，而且迟迟不舒展，这就会增加采集的困难。

如果发现水草上有水螅，可以先用广口瓶在远处舀取池水，再用镊子轻轻夹取附有水螅的水草，放入瓶内。通常情况下，如果发现了一条水螅，附近水草上就会有几条甚至几十条水螅，因此可从水中捞出水草，放入广口瓶或塑料桶中带回。盛放水螅的广口瓶或塑料桶，不要加盖，瓶或桶里的水也不要装满，以免因缺氧而使水螅窒息死亡。

（2）培养

养水螅的玻璃缸上面要盖玻璃盖或纱布，以防落入灰尘或昆虫。每隔两天向缸水中用吸耳球吹些空气进去，或用玻璃棒轻轻搅拌几下缸内的水，以保持水内有一定量的氧气。玻璃缸应放在距窗台一定距离的台子上，使其既能见到阳光，又避免阳光直射。

水螅喜清洁、好氧，如发现多数水螅漂浮于水面或水面有层灰或气泡时，或缸壁挂很多绿藻时（出现此种情况大约在 30d 左右，夏季时间短），必须将水螅换缸饲养，即把水螅用吸管一个个移入新缸中。移时注意：①事先不要触动水螅以免水螅受刺激而收缩，致使基盘用力附着缸壁而难于移动它；②用吸管推动基盘时不要用力过大，免得伤害螅体；③附在水草上的水螅可连同水草一起放入新缸中。

水螅吃活着的水蚤、剑水蚤等，人们把这些小动物通称为鱼虫。鱼虫可在不流动和不清洁的水池、水沟中用细布网捞取，养在室内的玻璃缸中。

培养水螅如果不得法，常常使水螅萎缩死亡。水螅死亡的过程：开始是停止捕食，继而触手缩短，全身缩成一团，最后死亡分解，满缸水螅很快就消失得无影无踪。究其原因，主要是水质、水温和喂食量有问题。培养水螅如果做到了及时换水，控制水温和严格限制喂食量，就不会发生大批死亡的现象。下面介绍两种培养方法。

藻类培养法：①用大玻璃缸装自来水放置 24h 以上。②取池塘、沟渠中带有绿藻的水，用离心机把绿藻收集成团，加入玻璃缸中。③将瘦牛肉或蚌肉、螺肉用水煮沸 10min，用冷水清洗数次后加入玻璃缸中。④把鱼虫加入玻璃缸中。（注意：肉类放置 15d 要取出来，以防水质变臭，等过 7d 左右再重新放入；如果藻类长满缸壁可用刀刮下，搅和打碎后再投入缸中。）

马粪水培养法：按马粪 1kg、泥土 2kg、水 15000mL 的比例，先在容器内放泥土，加入马粪，再加水 15000mL，保持在 15℃～18℃，放置 15d 左右，用细筛或细纱布过滤 2 次，滤液静置一夜后取其上清液，煮沸 10min，冷却后备用。同时取马粪水一份，加水 5～10 倍（若用自来水时，需放置 24h 后方可使用），然后加入鱼虫。采用此种培养液时，应注意：①及时换水。水螅对水质要求很严，如果水中代谢废物或者食物残渣过多，水质腐败，就会引起水螅大批死亡。因此，长期培养水螅，首先要注意保持饲养缸和水质的清洁，及时用吸管吸出缸底的死水蚤和其他杂物，并且每隔一周换一半水量。换水最好用洁净的池水，如用自来水或井水，就要养水。养水的方法是在自来水或井水中放入水草，然使水在阳光下照晒 4～5d。②控制水温。培养水螅，还应注意培养缸中水温变化。水温过低，水螅生长和活动缓慢，低于 0℃时水螅就会死亡；水温过高也不利于摄食和生长，高于 30℃时，水螅也会萎缩死亡。③限制喂食量。水螅最喜吃的食物是甲壳类的水蚤（*Dap-hnia*）和剑水蚤（*Cyclops*）而且特别贪食，如果培养缸中水蚤、剑中蚤的数量较多，任其自由捕食的话，那么水螅往往吃得体态异常臃肿，仍然捕捉不停。但是水螅过量捕食，常会萎缩死亡，所以水中饵料不能过多。在水温 14℃～20℃时，每条水螅一天喂给 2～3 个水蚤或剑水蚤就能满足其生长发育的需要。

如果冬季不能保证有 10℃以上的水温，饵料又不充分，则可采用以下方法保存水螅：在初冬，将培养缸中水温保持在 18℃～20℃，待水螅生长健壮以后，突然使水温下降到 8℃～10℃，并且使水螅饥饿，不见阳光。两三天以后，水螅身体上便会长出精巢和卵巢，进行有性生殖。再过三四天，在培养缸上盖上玻璃，防止水分蒸发，将培养缸放在室内不结冰处，此时水螅的精子与卵细胞已结合成受精卵，受精卵沉入培养缸底层，休眠过冬，成体不久陆续死亡。到了来年春天，将培养缸底层全部物体，倒入另一盛有新鲜水的培养缸中，半个月后，受精卵就会发育成水螅。

2. 海葵（*Sagartia*）

海葵属于腔肠动物门的珊瑚纲，种类很多，全部生活在海水中，我国沿海各地多有分布。它们大多附着在海滨岩石上，营固着生活，一遇惊扰，身体马上缩成一团。

（1）采集　海葵身体基部的附着力极强，由于和岩石粘贴牢固，徒手很难采到完整的标本，因此采集时须用尖头凿刀将它连同其固着的一部分岩石一起凿下来，用这种办法可以得到完整的标本。凿下的海葵应放入盛有海水的小桶中带回住地。

（2）观察　将海葵采回后，放入玻璃缸中，静置一段时间，只要其身体没有受伤，就会舒展躯干，伸展触手。此时，观察它的身体形态，可以看到，海葵的躯干呈圆柱形，躯干上端有口，口的周围生有很多触手，躯干下端有基盘紧紧粘贴在岩石上。不同种类的海葵，体色常不相同，有橙色、绿色和橘红色等，颜色都很鲜艳，当触手伸展时，很像一朵盛开的菊花，有"花虫"之称。

二、水螅、水母、海葵标本的制作

1. 水螅浸制标本制作

水螅体型很小，浸在小标本瓶里会沉入瓶底，无法观察。又不能用线缚在玻片上，因此，制作这种小动物的标本只能用小指管瓶。

先将水螅用滴管移在表面皿或培养皿内，待触手伸出后，将加热的波因氏液（BOU-JNIS）从水螅后端向前端迅速喷射，把水螅杀死，然后把水螅移至50%的酒精中固定12~24h，接着用70%的酒精固定6h，最后移到盛有70%酒精的瓶中，瓶口可用橡皮塞或软木塞塞紧，再用石蜡加以密封。

2. 水母浸制标本制作

水母的种类很多，在一些沿海地带容易采到，而教学上比较有用的是海月水母。海月水母多在八月份的北方沿海地带出现。

采回的水母，一般是一个容器内放一至两个。容器内装满海水，使水母能够伸展活动，恢复自然状态，然后用包有硫酸镁或氯化锰的纱布包放在容器里，每隔10min放一次，放时勿触及水母，以免引起触手、口腕收缩，影响处理质量。

硫酸镁一包一包地放入后，2~3h后，水母便被麻醉，此时可用小木杆触动检查，若没有反应，说明其已被麻痹。及时将水母取出来，然后在适当大小的标本瓶中用7%~10%的福尔马林保存。

3. 海产腔肠动物的标本制作

（1）水螅类　大多营群居生活，附在浮木、海藻等物上。用刀片沿基部刮下或连同附着物采下。首先用海水培养，待触手完全伸展后，用泻盐或薄荷脑麻醉。每隔十多分钟加一次麻醉剂，随时观察，待触手不再收缩时，用甲醛杀死，最后用5%甲醛液保存。

为了观察水螅用刺细胞捕食的情况，可以制作一个装置。就是在载玻片上用热蜡汁做成和盖玻片等大的围墙，围墙高度要略超过水螅身体长度，以便在盖上盖玻片后，水螅能够活动。围墙制好后，注入池水，并移入 1 条水螅，再放入几个水蚤或剑水蚤，盖上盖玻片，放在低倍显微镜或双筒解剖镜下，观察触手射出刺丝捕捉食物的过程，并观察触手上刺细胞和刺丝的形态。

（2）海葵类　采集后放入新鲜海水中，静置于不受振动且光线较暗的地方。待触手完全展开呈自然状态时，把薄荷脑球（用纱布包成直径为 1cm 的小球）轻轻放入水中。同时向触手基部投入泻盐，逐渐增加剂量，及时观察。待触动触手完全不动时，取出薄荷脑球。向水中加入纯甲醛至浓度为 7％即可杀死，后移入 5％的甲醛液中保存。

海葵浸制标本制作：①麻醉。海葵既有强力收缩的肌肉，又有敏感的神经，一遇到刺激马上全身收缩。所以在放入固定液以前，必须乘其身体处于舒展状态时，进行麻醉，否则，一旦身体收缩，就会使标本失去价值。麻醉海葵常用薄荷脑晶—硫酸镁法。具体做法是：将薄荷脑晶放入盛有海葵的玻璃缸水面上，并用玻璃盖严封缸口，约 1～2h 以后，随着薄荷脑晶逐渐溶解，海葵已呈半麻醉状态。此时，再用硫酸镁饱和水溶液徐徐注入缸中各处，尽量不使水产生波动，以防触手收缩。1h 后，用针轻触海葵的触手，如果触手不动，用吸管吸取硫酸镁溶液，自海葵的口处向体内缓缓注入，使其完全麻醉。必须注意，最后这次麻醉，务必耐心。如果麻醉剂注入体内的速度过快，由于刺激强烈，仍会引起身体收缩，如果此时收缩，再想使其复展就会非常困难。②固定。将完全麻醉的海葵移入盛有 5％的福尔马林标本瓶中，经过 2～3h，海葵就会被杀死固定。在标本瓶上贴好标签、长期保存。

（3）水母类　营浮游生活，七八月间成群地浮在海面。采集时可乘船用小盆连同海水捞取或用手捧起，以防伞缘损坏。海蜇采集方法同上。采后放入较大的盛海水的容器中，不要拥挤。待恢复自然状态后，用泻盐饱和溶液麻醉，每隔 10min 加一次麻醉剂。触手不收缩时用甲醛固定 12h，最后移入 5％的甲醛中保存。

（4）海仙人掌　柄埋于泥沙中固着生活，退潮后身体收缩，上端留在外边，容易采到。以大头针弯成小钩，钩住柄端，倒挂在标本瓶内，用薄荷脑麻醉 24h，用 5％的甲醛杀死保存。

4. 水螅整体装片制作

水螅可以制作整体装片，也可以制作纵切片、横切片（过精巢、过卵巢），其制作过程基本相同，只不过整体装片不需要石蜡包埋，而切片需要固定、脱水、透明处理后，经包埋、切片、脱蜡，再进行染色封片。整体装片制作步骤如下：

① 将培养的水螅取 1～2 个及一部分培养液移于玻璃培养皿中静置。待完全伸展后，用粗吸管吸取热的波因氏液从其身体基部向口端急速浇射，将水螅快速杀死。

② 移入新的波因氏液中固定 2～3h。

③ 放入 30％、50％的酒精中各浸 5min。

④ 用硼砂洋红染剂染 3～4h（在表面皿中）。

⑤ 放在 50％的酒精中 0.5min，过染时用 0.25％盐酸酒精（70％）分色（在显微镜

下）。

　　⑥ 放入 70％、90％的酒精中各浸 2～3min。

　　⑦ 放入 100％的酒精中 5～10min。

　　⑧ 用 100％的酒精和二甲苯的混合液（1：1）处理 1～2min。

　　⑨ 把材料移在载玻片上，加二甲苯 1 滴，5～10min 后，用加拿大树胶封固。

第四节　扁形动物的采集和标本制作

一、扁形动物的采集

　　扁形动物是两侧对称、三胚层、无体腔、背腹面扁平的动物。扁形动物在动物界的系统发生上具有重要地位，其典型代表种类是涡虫纲的涡虫（*Planaria*）。

　　1. 三角涡虫

　　（1）采集　涡虫营淡水生活，特别喜欢生活在阴凉的溪流中。常常隐蔽在水底石块或树叶下面，以捕食水中的小型甲壳类、轮虫、线虫和昆虫幼虫为主。

　　采集时，应选择有树叶的林下或背阴处的溪流，翻动树叶和水底石块，常常可以找到涡虫。由于涡虫身体背部具有黑褐色的保护色，采集时要仔细寻找。如果寻找不到，可选择鱼鳃、鱼肠和牛肉等动物性食物作为诱饵，放在水中，用石块压好，过几小时或半天以后，检查诱饵，往往可以见到有涡虫在诱饵上取食。这时，可用毛笔将诱饵上的涡虫刷下，放到盛有溪水的容器中。重新压好诱饵，继续进行诱捕。

　　（2）培养　培养涡虫可以用玻璃缸作为培养容器。将玻璃缸洗刷干净后，在缸底铺上一层洁净的砂和一些可供涡虫藏身的大、小石块，并放入一些水草，然后再将涡虫放入培养。涡虫喜阴凉环境，在夏季应将饲养缸放在阴凉处。培养用的水最好用泉水，如果用自来水，则须放置 2～3d 后才能使用。涡虫是肉食性动物，食料可用煮熟的蛋黄、猪肝、猪肉和螺肉等。喂食时，将食料投入水中，任其自由取食，半天以后，取出剩余食料，并进行换水。换水时应同时刷洗培养缸，以保持水质清洁。喂食次数不宜过勤，每星期 2～3 次，完全可以满足涡虫生长发育的需要。

　　2. 吸虫

　　吸虫现在较难采集，可以根据各种吸虫的寄主特性和寄生部位，到肉联厂或寻找病死畜禽，进行剖检，在各个脏器的洗涤物中如发现有吸虫，要用解剖针或毛笔仔细地将虫体挑出（注意：不应采用镊子夹取，否则镊子夹住的部位，会使虫体损坏变形，影响以后的观察），把虫体放入生理盐水中，用毛笔轻轻洗去虫体上的粪渣或粘膜等物。如果是小的吸虫，要先将虫体放入盛有生理盐水的小试管中，充分轻轻的振荡，把虫体上的杂物洗掉。当虫体含有大量的食物时，可将虫体置生理盐水中过夜，使虫体将食物消化、排出。

　　经以上方法处理的虫体，要放在清水中，使虫体渐渐死亡，待虫体自然死亡并完全伸展后方可固定。

二、涡虫、吸虫标本的制作

1. 平角涡虫及其他海产扁虫

主要生活在退潮后的石块下面，翻动石块即可找到。用小刀或薄竹片逆动物爬行方向轻轻挑入盛有海水的瓶中。因身体柔软易损，采集时要小心。

回室内后，放入盛新鲜海水的大培养皿中，待动物伸展后，可用少量薄荷脑麻醉 3h，再用 7％的甲醛杀死，数分钟后已死未硬化时取出放平展开，加几片载玻片压住，经 12h 可得到扁平的标本，最后用 5％的甲醛保存。

2. 吸虫标本制作

（1）浸制

吸虫被水洗洁净后，如已自然死亡，即可用固定液固定。但如果虫体没有死亡，为了加快工作，可用薄荷脑溶液处理，使虫体尽快地松弛并死亡。

薄荷脑溶液的配制方法：取薄荷脑 24g，溶于 10mL 95％酒精中即成为薄荷脑饱和酒精溶液。使用时取此液一滴加入 100mL 水中即可。

常用的吸虫固定液有：

① 70％酒精。

② 巴氏液（福尔马林 3 份加生理盐水 97 份而成）。

③ 酒精——福尔马林——醋酸固定液（95％酒精 50 份，福尔马林 10 份，醋酸 2 份，水 38 份）。

④ 劳氏（Looss）固定液（饱和升汞水溶液 100mL 加冰醋酸 2mL）。

⑤ 福尔马林固定液（福尔马林 1 份与水 9 份混合即成）。

虫体固定保存时，应根据虫体大小和种类等选用以上不同的固定液，同时将虫体放入适宜的标本瓶内。有时对大型的虫体，为了以后制片用，可以用载片夹住，两片端用细线结扎，同时放入瓶内封闭保存。在瓶内必须放入记录标签，其上用铅笔写明宿主动物种类、性别、年龄、编号、寄生部位、采集虫体数量、动物来源、日期及采集人。

（2）装片制作

① 苏木素染色法：其染液配方为苏木素 4g，95％酒精 25mL，饱和铵明矾液 400mL，甘油 100mL，甲醇 100mL。

先将苏木素溶于酒精中，再向其中加入饱和铵明矾液（即硫酸铝铵的饱和溶液），将此液暴露于日光及空气中 3～7d，等其充分氧化成熟后，再加入甘油和甲醇的混合液，待其颜色充分变暗，然后滤纸过滤，装入密闭瓶中备用。

将保存在福尔马林中的虫体取出用流水冲洗（如保存在 70％酒精中需要经过 50％、30％酒精各 1h，再移入水中）。配好的苏木素染液加水 10～15 倍，然后染色过夜。取出染色后的虫体，用水冲洗，再依次经过 30％、50％、70％酒精各 0.5～1h。将虫体移入酸酒精中褪色（80％酒精 100mL 加盐酸 2mL），待虫体变成淡红色，再将虫体移回 80％酒精中，经过 90％、95％、100％酒精中各 0.5～1h。将虫体从 100％酒精中移入到二甲苯中，透明 0.5～1h。将透明好的虫体放于载玻片上，用中性树胶封片，待干，即成。

② 卡红染色法：常用的染液有盐酸卡红和硼砂卡红。

盐酸卡红的配制是以蒸馏水 15mL 加盐酸 2mL，煮沸，趁热加入卡红 4g，再加入 85％酒精 95mL，滴加浓氨水中和，待出现沉淀，过滤即可。

硼砂卡红是以 4％硼砂溶液 100mL 加入卡红 1g，加热溶解，再加入 70％酒精 100mL，过滤即可。

染色时，对保存在 70％酒精中的标本可直接染色；保存在福尔马林中的虫体取出后需用流水冲洗，再经过 30％、50％、70％酒精各 0.5～1h，然后染色过夜。取出染色后的虫体，用水冲洗，再依次经过 30％、50％、70％酒精各 0.5～1h。将虫体移入酸酒精中褪色（80％酒精 100mL 加盐酸 2mL），待虫体变成淡红色，再将虫体移回 80％酒精中，经过 90％、95％、100％酒精中各 0.5～1h。将虫体从 100％酒精中移入到二甲苯中，透明 0.5～1h。将透明好的虫体放于载玻片上，用中性树胶封片，待干，即成。

4. 绦虫的采集、固定和保存法

(1) 绦虫的采集法　绦虫多寄生于家畜的肠管内，多数绦虫有吸盘及钩，牢固地固着在肠壁上，如果强行拉取，往往使头节断落失去完整性，况且有的绦虫很长，如不注意，往往被剪断。所以在采集绦虫时，应在寄生的肠管内注入 45℃的温水，并使温水在肠内滞留 20min，这样可使肠管松弛便于虫体在肠壁上脱落，使虫体保持完整性。采到的虫体要用清水洗净，放置 5～6h（夏季）或过夜（冬季），以保证虫体自然死亡而充分伸展开。

(2) 绦虫的固定法　将完全洗净并充分展开的虫体，逐条的挑出放入盛有固定液的广口瓶内，为了制片的需要，也可将所需部分剪成小块用，载片夹住并用线结扎好，在瓶内加入标签即可长期保存。

绦虫固定时常用的固定液有：①70％酒精；②5％的福尔马林水溶液；③绦虫固定液（福尔马林 15％，冰醋酸 5％，甘油 10％，95％酒精 24％，水 46％）。

第五节　线形动物的采集和标本制作

一、线形动物的采集

线虫动物包括蛔虫、蛲虫、钩虫、线虫、丝虫、鞭虫等许多种类。其中有不少是营寄生生活，寄生于人体、动物体或植物体，也有一部分在土中或水中营寄生自由生活。现将几种重要的人体寄生种类的标本制作方法介绍如下。

1. 蛔虫

寄生于人体的蛔虫比较容易找到，一般可通过医院或直接与驱蛔患者联系来取得活材料。取得蛔虫后，应放在温和（36℃左右）的 0.5％的食盐水中洗涤，然后再用清水清洗；洗后放在 70％的酒精中杀死、固定。固定需要 2～3d，时间长些也无关系。固定完毕，把蛔虫顺着放在玻璃片上，用白丝线绑缚数道，最后放在盛有80%酒精的细长标本瓶中保存。最后每一玻璃片上绑缚两条蛔虫，即一条雌蛔虫和一条雄蛔虫。

2. 蛲虫

蛲虫也是常见的一种寄生虫。有些儿童常患有蛲虫症。获取蛲虫的方法与上述获取蛔虫的方法相同。由于蛲虫的形体细小，体壁薄软，所以找到后不要用镊子夹取，以免损伤。最好的方法是用牙签或火柴杆一类的细杆从粪便上轻轻挑取，然后放在温和的0.5%的食盐水轻轻洗涤，随之用吸管将之移在70%的酒精10mL、5%的福尔马林5mL、醋酸0.5mL、蒸馏水15mL的混合液中杀死并固定，24h后移在盛有70%酒精的指形管中。指形管口要加塞。最后将指形管缚于深蓝色玻璃片上，放在盛有70%酒精的小型标本中瓶中保存。观察时如辅以放大镜，则显示得更加清楚。

为了对蛲虫进行更细致的观察，应把它制成装片。制作装片，应在固定后转入制片过程。

3. 钩虫

钩虫也是寄生于人肠中的一种线形动物，形态和蛲虫相似。获取钩虫的方法与上述获取蛔虫、蛲虫的方法相同。取到后，先用温和的0.5%食盐水洗涤，然后用醋酸酒精（70%的酒精15份和醋酸1份的混合液）杀死并固定。固定需要24h。固定后，移入新的70%的酒精中保存。保存的具体方法与蛲虫相同。观察时也是辅以放大镜。

制作钩虫装片，也是从固定后开始进行。

4. 线虫

线虫的种类比较多，除寄生于人体、动物体和植物体的种类以外，也有些分布于沟渠、池沼和湿土中，甚至在潮湿的花盆土中偶尔也可发现。

线虫的分布虽广，但往往一次不可能采集很多，所以欲获得较多的线虫材料，应单独地进行培养繁殖。培养的方法比较简单，即把含有线虫的淡水接种在琼脂培养基上（将琼脂放在水中煮沸融化，倒入培养基中，冷却后即可应用；制法与培养细菌的琼脂培养基相同），盖上盖，在25℃的温度下培养一个星期左右，便可能有较多的线虫繁殖出来。

对于湿土中线虫的培养，是将含有线虫的一定量的湿土，用适量清水稀释，静置数小时后，倾去上层水，然后在贴近泥土的部位吸取少量泥水接种于上述培养基上，盖上盖，在25℃的温度下培养一个星期左右，便能繁殖出来很多线虫。

取到线虫后，可直接用70%的酒精（可加少许醋酸）杀死并固定。固定需要24~30h。固定后，可移在盛有70%酒精的指形管中，管口要加盖，最后放在小型标本瓶中保存。观察时可辅以放大镜。此外，还可把固定好的材料用70%的酒精直接保存于小标本瓶或直管中，以便随时取用。用时先放在氯仿或二甲苯中浸渍20~25min，使材料增加透明，然后放在立体镜下观察。如欲制作装片，可在固定后转入制片过程。

二、蛔虫标本的制作

1. 蛔虫内脏解剖浸制标本

取大型雌蛔虫放在清水中洗净，然后放在 70% 的酒精中杀死，如果是已死的材料，亦需要放在 70% 的酒精中片刻，然后移在蜡盘上摆直，用锐利的解剖剪尖从肛门稍上端处开始，沿背中线轻轻把体壁剪开，一直剪至头部至口之近处。体壁剪开后，用镊子从一端将剪开的体壁向两侧翻拨，边翻边将与背部体壁粘连的内脏器官和其他组织适当剥离，并每进行一段，都要将翻向两侧的背部体壁用针插固于蜡上。最后对内脏进行位置整理，发达的卵巢应向两侧适当引出一部分，肠要向偏侧移动，使阴道和子宫都要显露，咽头也要显露清楚。在解剖过程中，唇和乳头突切不可剪伤，一定要保持完整。解剖后，将 5% 的福尔马林倒入盘中，将材料浸没，一日后，将材料移于玻璃片上，用针引线，从肠和卵巢等器官下面、体壁上面穿过，缚于玻璃片上，一般须缚 7～8 道线。缚后移到 5%～10% 的福尔马林中固定 2～3 个月，再用新的同浓度的福尔马林保存。为了便于观察，固定后可将材料拿出来放在空气中干燥一定的时间，然后对肠、子宫、阴道、唇等部分进行适当着色，再进行保存。

2. 蛔虫横切片制作

① 取材、固定。取新鲜雌雄蛔虫，截成大小 5mm 左右的几段，最好取中段。所取材料不能挤压、损伤，器械要求锋利。放入 Bouin 固定液，固定时间 12～24h。用 Bouin 液固定的组织，不需经过水洗，可直接进行脱水。

② 脱水、透明。经 Bouin 液固定的组织直接放入 70% 酒精进行脱水。为褪去组织中的黄色，可多换几次 70% 酒精，在 70% 酒精中的时间为 2h 以上（若材料暂时不制片，也可保存于 70% 酒精中）。然后将组织块移入 85% 酒精Ⅰ、Ⅱ，95% 酒精Ⅰ、Ⅱ，100% 酒精Ⅰ、Ⅱ，在各级浓度酒精中各放置 2h。透明用二甲苯，将脱水后的材料经过无水酒精与二甲苯 1∶1 混合液 30min，然后移入二甲苯中 20min。

③ 浸蜡和包埋。将透明的蛔虫组织块移入二甲苯与石蜡各半的混合液中，在 60℃ 温箱中放置 30min，然后移入融化的石蜡Ⅰ、Ⅱ、Ⅲ，每级各置 1h。

将浸蜡后的组织块包埋于石蜡中，并使之凝固成蜡块。

④ 切片。切片前，先将蜡块修整成正方形或长方形，然后将蜡块装在切片机上，切成组织 10μm 左右的蜡片。切下的薄片连成蜡带，用毛笔轻轻取下蜡带，装在盒内。

⑤ 展片与贴片。将切下的组织薄片放入温水皿中或水浴锅内，使其浮在水面上自然展开，然后将涂有蛋白甘油的载玻片，伸入水中；用分离针或镊子将组织片推到载玻片适当位置，从水中取出，倾去载玻片上的余水后，将其放在切片架上，移入 40℃ 左右温箱烤干。

⑥ 脱蜡。将切片放入二甲苯Ⅰ、二甲苯Ⅱ中，各置 5～10min，以溶去切片的石蜡为宜。

⑦ 将脱蜡的切片经各级浓度酒精逐渐下行至水。即将切片从二甲苯Ⅱ中取出移入二甲苯与无水酒精 1∶1 混合液、无水酒精Ⅰ、无水酒精Ⅱ、95% 酒精、85% 酒精、70% 酒

精，在各级中停留 3～5min，最后入水中。

⑧ 染色。

染细胞核：因细胞核内染色质和细胞质内的核蛋白体等物质嗜碱性，易被碱性染料苏木素着色。将切片从水中移入 Hansen 苏木素染液中染 5～10min，至胞核呈紫蓝色，用水洗去切片上残余的染液，然后用 0.5％盐酸溶液分色数秒钟。再将切片放入自来水中15～20min。

染细胞质：由于细胞质内占主要比例的蛋白质是嗜酸性的，故易被酸性染料曙红着色，染成粉红色。因 0.5％曙红是用 95％酒精配制而成，故在入曙红前，须将切片入70％、85％酒精中各置 3～5min，然后入 0.5％曙红酒精溶液染 1～2min，至细胞质呈粉红色。

⑨ 复脱水。切片依次入 95％酒精Ⅰ、95％酒精Ⅱ、无水酒精Ⅰ、无水酒精Ⅱ各级酒精中 3～5min，从而除去切片上水分。

⑩ 复透明。切片入无水酒精与二甲苯 1∶1 混合液、二甲苯Ⅰ、二甲苯Ⅱ，在各级中置 5min。

⑪ 封片。最后将切片从二甲苯Ⅱ中取出，用干净纱布迅速擦去组织周围的二甲苯，在组织中央滴一滴中性树胶。然后，用镊子加盖盖玻片。盖时注意防止产生气泡。切片封好后，放于贴片板上，待树胶干燥，贴上标签，即可用来观察。

三、线虫的固定和保存

剖检线虫时，首先要将收集到的线虫放在生理盐水内，以免虫体腐败解体，要用柔软的毛笔将虫体的口囊、肛门、生殖孔和雄虫尾端交合伞等处的异物或杂质轻轻地刷掉，并用大量的生理盐水或清水将其洗干净，以便于以后的分类鉴定。

对线虫的固定要用热固定法，借助热处理，使虫体急速死亡并使身体伸展均匀，这样才能有利于对其形态结构的详细观察与测量，具体方法是将适量的固定液在坩埚内加热至沸点，将虫体放入，虫体立即伸展，而后就可装入瓶内加标签保存。

线虫常用的固定液为：①70％酒精；②5％的甘油酒精（70％）；③巴氏液。

无论使用哪种固定液，在固定时都必须把固定液加热到沸点，然后再放入虫体，固定后附上详细标签。

装片制作：染色或不染色，均依次经过 70％、80％、90％、100％酒精各 0.5～1h。移入到二甲苯中，透明 0.5～1h。透明好的虫体放于载玻片上，用中性树胶封片，待干，即成。

染色时可以参考上一节吸虫制片方法，用苏木素或卡红染色。

第六节 环节动物的采集和标本制作

环节动物是身体分节的高等蠕虫，其代表种类是蚯蚓。蚯蚓属于环节动物门的寡毛纲，种类很多，以环毛蚓（*Pheretima*）最为常见。各种蚯蚓在学术研究和经济应用上都具有重大价值。本节介绍它们的采集、培养和标本制作方法。

一、环节动物的采集

采集种蚓可通过以下几条途径进行：

① 利用雨后时机采集。当夏季大雨后，蚯蚓多爬出地面，此时去农田附近寻找，很容易找到，尤其在一些石块和烂草、落叶堆下，常有大量蚯蚓聚集，往往一次就能采集到几十条。

② 利用农田翻土时机采集。农田中的蚯蚓，大多生活在耕作层中，一旦农田翻土，常被翻出土外。此时正是采集蚯蚓的好时机。尤其是韭菜畦、油菜地和水稻田中，由于土壤十分肥沃，蚯蚓数量多，采集更容易。

③ 根据蚓粪采集。蚯蚓洞穴上方的土面，常堆集着许多蚓粪，这是地下有蚯蚓生活的标志。如果在蚓粪旁用三齿耙挖取，往往能采到蚯蚓。

不论通过什么途径采集蚯蚓，都应采集体型大、性成熟和没有伤残的个体。蚯蚓性成熟的标志是身体前端部分具有一个深色戒指形的环带（生殖带），采集性成熟的个体作种蚓，能够很快进入繁殖期。

对采集来的蚯蚓，要放到盛有潮湿土壤的容器中，不能在空气中暴露时间过久，更不能在阳光下暴晒，以免因皮肤表面干燥而窒息死亡。

二、蚯蚓的培养

1. 培养容器

培养蚯蚓有坑养、箱养和盆养三种方式。如果不是为家禽饲养提供饲料，可采用箱养或盆养的方式。这就需要准备木箱或陶土盆作为培养容器。培养容器的大小，以能使蚯蚓在容器内自由活动为依据。蚯蚓在土壤中做穴生活，它的洞穴通常是沿着与土壤表面相垂直的方向做成的。一条性成熟的普通环毛蚓，身体最长可达25cm左右。因此，培养容器的高度应不少于30cm。至于木箱的长度和陶土盆上口直径，则可根据蚯蚓的养殖规模考虑决定。

培养容器准备好后，将肥土和烂草、落叶搅拌混合，放入容器内，再把采集的种蚓放入土中。

2. 饵料配制与投喂

为了使蚯蚓迅速生长繁殖，应投喂营养丰富的发酵饵料。发酵饵料可以自己配制。配制时，收集杂草、树叶和家畜家禽粪便，将草料和粪便分层相间堆集，草料层的厚度约为6～7cm，粪便层厚度约为1～2cm。每铺3～5层，浇一次透水。最后将堆料表面拍打严实，以促使堆料发酵分解。大约经过十几天，就能完成发酵，此时堆料呈现咖啡色，达到了腐熟、细碎的程度，且含有丰富的营养。

发酵饵料配制好以后，可陆续向饲养箱（盆）内投放，一次投放量不宜过多，以免腐烂变质，对蚯蚓生长发育不利。

3. 日常管理

土壤是蚯蚓最重要的环境条件，它的温度与湿度直接影响着蚯蚓的生长发育。蚯蚓要求土壤温度的范围是 15℃～30℃之间，最适温度为 25℃左右。如果土温降到 12℃以下，蚯蚓就会停止繁殖，土温超过 35℃，蚯蚓就有热死的危险。因此，冬季应将培养箱（盆）移到室内温暖处，夏季高温季节，应采取降温措施，一般可在背阴地方挖坑，将培养箱（盆）放入坑内，促使土温下降。

蚯蚓喜湿怕干，要求土壤潮湿。对蚯蚓最适的土壤湿度是 30%～40%。因此在日常管理中应经常向培养箱（盆）中喷洒适量的水分。土壤湿度的测定，除了可用仪器测定外，也可使用简易方法估测。方法是用手攥紧土壤，土能成团，虽潮湿但不出水；将土团自由落地，能散碎分开。这样的土壤，含水量一般在 30%～40%之间。

在日常管理中，还应该防止蚯蚓逃走和天敌伤害。因为每当天气闷热或大雨之前，由于气压变化，常迫使蚯蚓钻出土壤逃走。另外，平时还常有老鼠和蚂蚁到培养箱（盆）中捕食蚯蚓。所以应在培养箱（盆）上加盖细铁丝网，以免蚯蚓逃跑和老鼠伤害。不过蚂蚁体型微小，能穿越铁丝网为害，所以还应采用其他方法进行防治。

三、蚯蚓及其他环节动物标本的制作

1. 蚯蚓整体浸制标本制作

蚯蚓多生活在肥沃的潮湿土壤中，材料取出后，先放入盛有清水的玻璃容器里，蚯蚓会异常活泼，附于身上的泥土很容易被水洗去，换适量新水，把 95%的酒精一滴一滴的加入水中，至容器中酒精与水之比为 5∶95 时，经过 10min，蚯蚓就可能被麻痹，将麻痹后的蚯蚓移在玻璃片上整形，用白光线缚于玻片上，然后放在 70%酒精或 5%福尔马林中杀死并固定，2～3 月后，用新液保存。

对培养的蚯蚓，如需要制作标本，留待将来观察内部结构，可以做成浸制标本。标本制作要经过停食、麻醉、固定和保存 4 个步骤。

① 停食。将蚯蚓自培养箱中取出，用水冲洗干净，放在垫有湿草纸的玻璃缸中，停食两天，使它的肠中泥土排尽。然后喂给碎的湿草纸 5～7d，填充肠管，以利于将来观察肠管的形态。

② 麻醉。将上述蚯蚓转入搪瓷盘内，同时放入一定量的清水，再慢慢滴入 95%酒精，直到使盘中的清水变成 10%的酒精溶液为止（事先应量得搪瓷盘中的水量，按比例加入一定量的酒精）。两个小时以后，蚯蚓背孔分泌出大量黏液，说明其已经麻醉死亡。

③ 固定。按以下配方，配制固定液：40%福尔马林 10mL、95%酒精 28mL、冰醋酸 2mL、水 60mL。

取已经麻醉的蚯蚓，平放解剖盘中，从它身体后端侧面，用注射器向体内注射上述固定液，直到使蚯蚓的身体呈饱满状态为止。

④ 保存。将注射后的蚯蚓，平放在纱布上，大约每 20～30 条裹成一卷，使其竖立在标本瓶中，然后加入上述固定液，便可长期保存。要注意每条蚯蚓的身体一定要平直，不能发生扭曲现象，否则将来解剖时就会背腹难辨，给解剖工作带来困难。

2. 蚯蚓的内脏解剖浸制标本

选择大型蚯蚓，放在清水中洗净，然后投在 50%的酒精中杀死，再用 3 根铅笔杆粗

的木条把它夹在中间，用线轻缚木条。这样既可防止蚯蚓弯曲又不至于把蚯蚓压扁。然后把蚯蚓放在5%的福尔马林中浸渍24h，再移在解剖盘上用锐利的解剖剪沿体中线将体壁剪开。剪时，剪尖切勿深插，要紧贴体壁向上轻轻挑剪，以免损伤内脏，特别是背血管切勿剪坏。

接着，用解剖镊把已剪开的体壁向两侧翻拨，为防止卷曲，应边翻拨边用针扦固于蜡盘上，即翻拨一段，扦固一段。扦固后，把一些腔内隔膜去掉，还要剪除一段肠道，以显示腹神经索等内部构造。

每部分器官认清楚以后，把蚯蚓移于玻璃片上，然后用白光线按各器官所占节位把器官隔开，并借以把蚯蚓缚于玻璃片上。例如细长的食道占第6～8节，砂囊占第9节，砂囊后多腺体的胃占第10～14节，自第15节后端为膨大的肠所占的节位，最后端几节为直肠。在肠的背面中间有一凹下的纵沟，称为盲道，可增加消化面积；但盲道的背面为背血管遮盖，所以应剪去一段背血管。

蚯蚓的心脏为四对动脉弧，位于体腔的第7、9、12、13节。蚯蚓为雌雄同体，雄器有两对精巢，每个精巢与其精漏斗同包入精巢囊。每对精巢囊位于第10～11节的后方，各通入大的贮精囊。贮精囊两对，位于第10～12节。雌器有卵巢一对，位于第13节后方；输卵管漏斗在第13、14节隔膜前面。受精囊三对（环毛蚓三对，不同种类数目常不同），占第7～9节。

为了把主要器官显示清楚，一个蚯蚓的内部解剖标本，常需要缚许多道线才能把器官按所占节位显示出来。缚线后，要把标本放在5%～10%的福尔马林中继续固定1～2d，然后把器官贴上代号标签，再移至新的5%～10%的福尔马林中保存；保存液中应加少量甘油。保存前应在玻璃片的适当位置上黏附器官代号的说明标签。

3. 蚯蚓横切片制作

蚯蚓的横切片制作方法同上一节所述的蛔虫横切片制作。

4. 其他环节动物标本制作

环节动物的种类很多。例如，多毛纲的日本沙蚕、锐足沙蚕、吻沙蚕、背鳞沙蚕、巢沙蚕、鳞沙蚕、盘管虫、龙介、沙虫蜀等；寡毛纲的瓢体虫、毛腹虫、尾盘蚓、水丝蚓、带丝蚓、蛭形蚓、杜拉蚓、环毛蚓等，蛭纲多生活在淡水里，少数生活于海水或陆地咸水中。蛭类中有不少是吸血的，吸食其他一些动物的血液。上述各类动物，由于生活习性及身体构造和形体大小的不同，所以采集、处理和标本制作的具体方法也有一定的差别。这里仅以容易采集且具有一定代表性的种类为例，来介绍该类动物浸渍标本的一般制作方法。

(1) 沙蚕　沙蚕常大量地生活于海滨泥滩中，退潮后用锹挖掘，有时可获得很多材料。沙蚕比较活泼，挖到后可用手拣起，或用竹夹轻轻夹取；放在盛有海水的采集桶中携回处理。鳞沙蚕栖息于泥沙中的"U"形管中，在两管口间画一直线，在线一侧挖之，挖到50cm深度时可看到"U"形管，将全管放入盛海水的容器中。

处理方法如下：先把沙蚕用小纱网移到盛有清洁海水的玻璃缸中，然后缓缓地加入95%的酒精（约为缸内海水的1/25），经过一定时间，沙蚕就被麻醉了。随之将沙蚕捞出，放在 70% 的酒精中杀死、固定；2～3d 后，移在新的 70% 的酒精中保存。如果沙蚕数较多，固定时间要适当延长，并且中间要更换一次新的固定液。为了便于观察，最好将两条沙蚕一反一正地缚于玻璃片上，放在盛有 70% 酒精的标本瓶中保存。

对沙蚕的麻醉也可用 5% 的水合氯醛来代替酒精，麻醉后将其放在 5% 的福尔马林中杀死并固定，最后的用浓度 5%～7% 的福尔马林保存。

其他环节动物的处理方法相同：用新鲜海水培养，待恢复正常状态后，用薄荷脑麻醉 3h 后将水吸出，用 7% 的甲醛杀死，经 10h 移入 5% 的甲醛中保存。

(2) 蛭类　最常见的蛭类，是生活于淡水池沼或河流中的蚂蟥。这种蚂蟥常吸附于鱼体或蛙体上，也经常在水中游动。人在池沼、河流中游泳或裸腿在水田中作业，常遇到蚂蟥吸附于腿上吸血。

采集时，见到蚂蟥在水中游动，即可用细纱水网捞取，然后用竹片夹轻轻夹取，放在盛有清水的小采集桶或其他容器中携回处理。

蚂蟥身体柔软，善于伸缩。在极度伸展时，几乎变成线形；在极度收缩时，则几乎近于球状。因此处理时必须注意，切勿使其过度伸缩，以免失去常态。处理前应先将蚂蟥放在盛有清水的广口瓶中静置半小时左右。如果采集来的数量较多，则可分瓶静置。接着往瓶中缓缓投入碳酸钠粉末，使瓶里的水变成 30% 的碳酸钠溶液（事先要计算好应加碳酸钠的数量）。经过一定时间，蚂蟥就被麻醉了。如果发现麻醉得不好，可继续加入一定量的碳酸钠，这样将很快地见到效果。

蚂蟥被麻醉后，将其移入 5% 的福尔马林中杀死并固定 1～2d，然后缚在玻璃片上或直接放在小型标本瓶中，用混有少量甘油的 5% 福尔马林保存。对于蚂蟥的固定和保存，最好不单独使用酒精，因酒精有时会使蚂蟥体表变白，状似被膜，有失本色，影响质量。

第七节　软体动物的采集和标本制作

一、软体动物的采集

软体动物的种类繁多，约有 115000 种，仅次于节肢动物，是动物界的第二大门。本节介绍本门的几种常见动物的采集、培养和标本制作方法。

1. 蜗牛

蜗牛属于软体动物门腹足纲，是一种最常见的陆栖腹足类动物，种类也很多。各种蜗牛都生活在陆地，喜欢阴湿地方，夏季夜晚或阴天雨后出来活动，在一些山坡、草地、农田、菜园等处常可遇到。如堆集时间很长的木材堆下、潮湿林地的败叶下、石堆、砖堆下面都可以采到蜗牛。发现后，可从其所附着的物体上直接取下，放在盛满冷开水的广口瓶中，把瓶盖盖紧，静置 24～36h，使其被窒息而死。

蜗牛的培养：选择一只长方形的金鱼缸作为培养箱，其体积 60cm×30cm×30cm。箱底铺一层 3cm 厚的沙砾，在沙砾上铺一层土，使之一端矮（约 6.5cm）、一端高（约 13cm），做成倾斜土面，然后往土层上洒水，使土面板结，放置干燥后使用。

使用前，先从箱内的一角向沙砾层注水，使沙砾完全浸入水中为止，以使土层保持湿润状态。在土少的一端，取几根小拇指粗的短树枝埋在土中，树枝上放置一些干树叶，做成矮棚，并使棚内外互相通气。另取几块瓦片堆放在矮棚旁，瓦片间要留有空隙。矮棚和瓦片都是用来供蜗牛栖息的场所。在土多的一端放置莴苣菜叶一类的食物，在食物与栖息地之间铺设一块玻璃，上面刻画出尺度，使蜗牛吃食时必须爬过玻璃。

培养箱布置完毕后，放入 20 只左右蜗牛，箱上加盖，稍留缝隙通气，放置在不受阳光照晒的地方。每天使箱内食物更新，注意保持箱内清洁，并注意箱内沙砾层的水位。如有小蜗牛生产出来，则需移入另一培养箱中进行培养。

在培养过程中注意观察：①观察蜗牛运动。蜗牛用腹足缓缓蠕动，滑溜而行，速度非常缓慢，一般每小时只能前进 50cm。要观察蜗牛腹足如何蠕动、速度如何、爬过的地方是否留下一条白色黏液痕迹、此痕迹由何而来、有何意义。②观察蜗牛吃食。蜗牛由口中的齿舌刮食植物茎、叶和果实。应观察蜗牛吃食的状态，植物茎叶被害状态，并计算蜗牛一天的吃食量，以判断它对植物的危害程度。

2. 田螺

田螺生活于淡水池沼或水田中，在水中有时附于其他物体上，有时也在水底缓缓地爬行。采集时应用水网捞取，必要时也可以用手去拿。获取后，先放在清水中静置，待腹足伸出后，把氯酸古柯碱溶液轻轻地滴在水中。经过一定的时间，用细玻璃棒或其他细杆触动检查，如果田螺无任何反应，证明已经麻醉了，这时需要再往水中加入适量的麻醉剂和再等些时间。待麻醉后，移至 70％的酒精或 5％的福尔马林中杀死并固定。固定约需 3～4d。如果一次固定材料较多，中间应更换一次新的固定液。固定后，粘于或缚于玻璃片上，用 70％～80％的酒精或 5％～7％的福尔马林保存。

田螺的浸制标本也可像蜗牛那样，制作成软体与螺壳分开并列以及不分开的两种形式。此外，扁卷螺、锥实螺等其他一些淡水种类，处理和保存方法与田螺相同。但对于形体很小的一些种类，不便使软体与螺壳分离，因此只制作腹足伸出的一种样式的标本就可以了。

所有上述具有完全壳的腹足类动物，都可以单取其壳制作干制标本。

3. 蛞蝓

蛞蝓也叫蜒蚰，有的地方名叫鼻涕虫。蛞蝓没有外壳，身体裸露，仅背前方负一块石灰质板，是残存的退化的内壳。

蛞蝓多生活于阴湿的环境，在一些阴湿处的树丛、草丛和石块下面以及农田等处常被发现，有时也在一些蘑菇上发现。蛞蝓爬行缓慢，爬行路上往往留有黏液痕迹。蛞蝓喜食植物嫩叶，大量出现时会危害作物幼苗。

发现蛞蝓后，用手或竹片夹轻轻地从附着物体上取下，放在瓶子里的湿棉层上，然后用双层纱布盖在瓶口上，扎紧，携回处理。

处理方法如下：先在另一瓶（广口瓶）的瓶底铺敷饱和氯酸古柯碱溶液的棉层，然后把蛞蝓放在棉层上，将瓶盖盖严。经过一段时间，蛞蝓便被麻醉。麻醉后，移于 50％的酒精和 5％的福尔马林各一份的混合液中杀死并固定；2～3d 后取出，用胶粘于玻璃片上；再用新的上述固定液作为保存液，加少量甘油，放在适当的标本瓶中保存。

4. 河蚌

河蚌属于软体动物瓣鳃纲，种类很多，分布极广，大多栖息在江河湖泊和池塘水底泥沙中，营底栖生活。采集河蚌时，应到水流缓慢、泥沙水底、浮游生物丰富的淡水水域中去寻找。如果水质清澈见底，往往能从水底发现它们半埋在泥沙中的身体；如果水质混浊，可用拖网拖取。河蚌离水后，虽然还能生活一段时间，但为了保持它们良好的生活能力，应该将采到的河蚌及时放入盛有河水或池水的容器中带回。

河蚌培养：培养河蚌，应尽量依照其自然生境进行安排。培养容器最好选用瓦盆一类器具，不用或少用玻璃缸，因为瓦盆内的光线较暗，近似水底生境。培养容器选好后，要在盆底铺上一层大约10cm厚的泥沙，为河蚌提供适宜的栖息环境。盆中的水最好是干净的池水或河水，如果用自来水，必须经过充分晾晒。培养盆不要让阳光直射，应放在背阴地方，水温以15℃～16℃为宜。

河蚌主要用斧足在水底爬行，动作非常缓慢，感觉器官也不发达，不能主动捕食，而是以进入体内的水流中的食物作为营养，是一类滤食性动物。其食物主要是一些小型浮游植物和有机碎屑。在培养过程中，应向水中引入衣藻等小型浮游植物，并可向水中投放馒头渣或面包渣，但数量不能多，以免因食物腐败而使水混浊。

二、河蚌、蜗牛等软体动物标本的制作

1. 河蚌

（1）整体浸制标本制作　将取得的河蚌洗去壳上的附泥，放在大型玻璃缸中静置，并注意观察，待壳适当张开，并且斧足也适当伸出时，迅速将木片等物插入壳缝，使两壳不得关闭，接着用解剖刀伸入壳缝，紧贴右壳的内面，切断两闭壳肌，然后取带有肉体的左侧，放在70％酒精中杀死并固定3～7d后，用90％酒精或10％福尔马林保存。

（2）解剖浸制标本制作　取中型河蚌一个，从壳缝伸入解剖刀，贴紧右壳内壁，把闭壳肌切断，使两壳完全张开，肉体留于左壳。接着，用普通医用注射器吸红色注射剂从心耳注入，以显示动脉。注射后放在10％的福尔马林中固定3～4d，然后取出继续解剖。先把鳃的前端一部分鳃瓣剪掉，使被遮盖的器官露出，随之将斧足基部的软组织适当整理，并剪去内脏团表层，使肠、生殖腺等器官均显露出来，同时对某些完全失掉原色的、不仔细看不易认清的器官，要根据其原色适当地进行着色，然后放在10％的福尔马林中浸渍数日，最后用10％的福尔马林4份、95％的酒精1份、少量甘油的混合液保存。另外也可单用10％的福尔马林加少量甘油来保存。

2. 蜗牛

把采到的蜗牛放在盛满冷开水的广口瓶中，把瓶盖盖紧，静置24～36h，使之窒息而死。然后移于50％的酒精中固定1～2d，再转入70％的酒精中固定24h。固定后用小钩将软体从壳中轻轻拖出，用线从腹足基部穿过缚于玻璃片上，也可用胶把软体粘于玻璃片上。另外，把蜗牛壳置于软体上方，用线（穿过壳）或胶把它固附于玻璃片上。最后放在适当大小的标本瓶中，用80％的酒精或5％～7％的福尔马林保存。

蜗牛的两对触角极易收缩，一般用药物麻醉也常收缩；如果用冷开水窒息杀死，触角虽有所伸展，但伸展得仍然不够。为了使触角全部伸出，最好的办法是在杀死后固定前，用细针作小钩，把触角完全拖引出来，并迅速移入浓醋酸中，1～2min后取出，则伸出来的触角便不在缩回了。然后再进行固定和保存。上述方法是把壳和软体分开并排在一起制作成标本，目的是为了观察整个软体的形态构造以及壳的形态特征。另外，也可以不把软体与壳分开制作，即在冷开水里窒息后，腹足已经伸出，这时直接放在70%的酒精中固定，然后将线从壳中穿过把它缚于玻璃片上（腹中贴在玻璃片），最后用80%的酒精或5%～7%的福尔马林保存。这样处理的标本，与其生活中附着于物体上匍匐爬行时的状态颇为相似。同时还可以用一个腹足完全缩回的材料（事先无需用冷开水窒息，可直接投入酒精中固定）或空壳与这个腹足完全伸出的材料并列于玻璃片上保存，以便作对照观察。

3. 海产软体动物

(1) 石鳖　石鳖多附着近岸岩石上，固着力很强，采集时可从一侧迅速推动而使之与岩石脱离。用新鲜海水培养，待身体恢复正常后，用泻盐麻醉3h。取出以两玻片夹住用线扎紧，放在瓷盘中，用7%甲醛或50%乙醇杀死，2h后移入5%甲醛中保存。

(2) 腹足类和双壳类　腹足类和双壳类动物于退潮后在沙岸、泥沙内和岩石上及间隙内均可采到。

牡蛎：以贝壳固定在岩石上，可选择固着不太牢固的个体，用凿子凿取。

魁蚶：退潮后沙面上有长1cm尖端相对的2个葵花籽形状的小孔，有时两孔连在一起，即为魁蚶所在处。因其生活在泥沙表面易采到。

竹蛏：泥沙滩上有长约1cm哑铃形紧密相邻大小相等的两个小孔，即竹蛏的孔穴。用锨速挖50cm即可采到。或先用锨铲去表层泥沙露出较大穴口，在穴口内填少许食盐，不久竹蛏就从穴深处上升到穴外，此法适用于较硬的泥沙滩。

海牛、壳蛞蝓等多爬在海藻上。壳蛞蝓在泥沙滩也可采到。

螺类和其他贝类标本的处理方法大致相同。浸制标本先用清水洗净，后用薄荷脑或40%泻盐麻醉2～3h，用10%的甲醛杀死。10h后贝壳有光泽的种类移入70%乙醇内保存，贝壳较厚无光泽的种类可移入7%的甲醛内保存。

后鳃类的海牛、壳蛞蝓等标本要先用新鲜海水培养，待触角、次生鳃等伸出，身体伸直呈生活状态时，用薄荷脑或泻盐液麻醉，其间要随时观察，待触角不收缩时即可固定。固定时，有壳的用70%乙醇，无壳的用4%甲醛。

(3) 头足类　乌贼、章鱼等自由游泳者，可用网捕之，但近海不易采到大型者。

乌贼：洗净身上的污物，把触腕从触腕囊中拉出，将其放平伸直，直接用5%的甲醛固定保存。

章鱼：放入海水中滴加淡水和甲醛液，待其呈将死状态时，取出放入瓷盘中，将各腕调理顺直，等其死去不收缩时，移入5%的甲醛内保存。

4. 螺类、贝类

螺类、贝类的种类甚多，壳形结构和壳色等是分类的重要依据。因此制作螺类、贝类的标本，无论在教学上还是科研上都具有重要的意义。

螺类材料，可用 70%～90% 的酒精杀死，经浸泡，待软体硬化后，用尖头镊子或小钩将其从壳中拖出弃之，然后把壳的内外用流水冲洗干净，如果仍有些脏物冲洗不掉。可用 2%～3% 的盐酸刷洗，使壳面进一步清洁，盐酸的浓度一定要控制在这个范围内，超过这个浓度，壳面有被腐蚀的可能。用盐酸刷洗后，必须用流水冲洗 10～20min。

螺壳干燥后，要往壳中充塞棉花，然后把厣粘在棉花上堵住壳口，保持完整的自然状态。贝类一般具有两片壳，无论哪一种类，取到后均可用热水浇烫，便两壳张开，此时应用解剖刀将闭壳肌割断，便两壳完全张开，再将软体刮出弃掉，接着用上述与螺类同样的方法洗涤。

螺类、贝类的壳还可以拾现成的，特别是海产螺类，退潮后在海滩上常可拾到。拾取现成的螺壳，应选择形体完整、壳面未被腐蚀、壳色亦保存完好者。

每种螺类、贝类要保存在方形的小盒里，贴上标签，在装盒之前，应用棉花蘸少量甘油擦拭壳面，这样可使壳面显露原来的颜色，更加美丽。

第八节　节肢动物的采集和标本制作

节肢动物是动物界种类最多的一门动物，其中昆虫纲是动物界的第一大纲，它们的种类繁多，占整个动物界的四分之三，已经命名的种类超过 100 万种，而且新种还在不断发现。昆虫不但种类多，而且数量大、分布广，无论天上、地下、两极、赤道、淡水、海水、沙漠、温泉等，自然界中几乎无处没有它们的踪迹，纷繁复杂的昆虫王国给大自然增添了无限生机。

一、昆虫的采集

1. 昆虫挑选的标准

能够做标本的昆虫要完整而无破损，这样才有观察研究的价值。昆虫有变态习性，同一种昆虫有不同形态，各形态和各阶段的昆虫都要采集，以便做生活史标本。

2. 采集方法

昆虫标本的采集是实习工作中最基础性的工作，采集到昆虫的质量优劣、种类多少，关系到实习任务完成与否。因此必须努力做好采集工作。

采集昆虫的方法很多，最常用的方法有以下几种。

（1）网捕法　用捕虫网（如图 2-1 所示）捕捉昆虫，是最常用的方法之一，捕捉有翅会飞的昆虫大多用此法。捕虫网的用法是：两手紧握网柄，将网口对准昆虫飞来的方向，迅速向前移动网柄，昆虫即捕入网中，然后转动网柄，使网袋卷到网圈上，网口被封闭，采到的昆虫则无法逃跑（如图 2-2 所示）。捕到昆虫后，要先隔网看清是哪类昆虫，如果是蜂类，要用镊子摄取放入毒瓶中；如果是蝶类、蛾类，不要用手捏翅，而要用一只手从网外捏住其胸部，并适当用力捏一下，使昆虫窒息，另一只手伸入网内，接住昆虫，从网中将昆虫取出，两对翅向上对叠，放入纸制三角袋中。其他昆虫可用手拿出直接放入毒瓶。

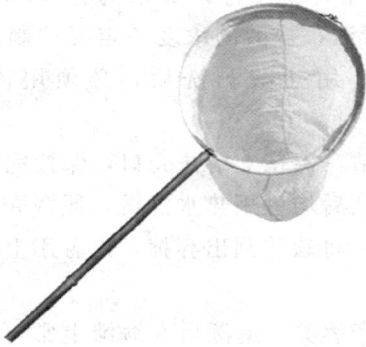

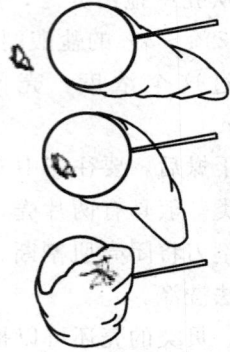

图 2-1 捕虫网　　　　　　　　　　　　图 2-2 捕虫网的使用示意图

（2）**扫捕法**　在大片的草丛或茂密的小灌木丛中，用扫网扫捕昆虫，方便实用。方法是：一手握扫网柄，网口对准扫捕方向，在草丛或灌木丛上方，左右扫捕并画"8"字形，一边扫一边前进。这样网内就会扫进一定数量的昆虫。将扫到的昆虫倒入毒瓶中杀死，再倒在白纸上挑选，将需要的保存下来，不需要的扔掉。

（3）**振落法**　捕捉树上的昆虫，可用此法。将一块白布铺在树下或几个人将白布在树下张开，然后摇动或敲打树枝、树叶，这样佯死的昆虫就会掉落在白布上。将大的昆虫用镊子挟入毒瓶中，对小的昆虫用吸虫管吸取。此法可用于捕捉鞘翅目、脉翅目、半翅目中的许多昆虫和一些小昆虫。有些昆虫一振动就飞，可以用捕虫网追赶捕捉。

（4）**搜捕法**　在野外有时候看不到昆虫，这时要耳眼并用来寻找昆虫，并根据昆虫的生活环境和习性的不同，找到不同的昆虫。如蚜虫生活在植物的嫩芽或叶的下面，使植物的叶卷缩变形，同时由于它们分泌蜜露，因此在同一地方也可以找到蚂蚁、食蚜蝇等昆虫；在枯死或倒下的禾苗基部附近能找到地老虎、金针虫、蛴螬等地下害虫；在腐木或树皮下能找到各种甲虫；在较老的树皮下，可找到木蠹蛾、灯蛾的幼虫及多种鞘翅目昆虫如天牛幼虫、叩头虫幼虫和金花甲等；在石头下面可以找到蝼蛄、蟋蟀等；在土壤中可以找到蛴螬、地老虎等；在积水的树洞中，可以找到双翅目昆虫，如蚊的幼虫；在水中能采到蜉蝣目、蜻蜓目的昆虫及半翅目的水鼋类、鞘翅目的龙虱等；在高山、森林、沼泽、湖泊的沿岸可采到双尾目、原尾目、弹尾目等无翅昆虫。发现这些小昆虫时，要用吸虫管捕捉或用软毛笔刷入瓶中。总之要注意在不同环境中搜索，就可以得到不少稀有种类的昆虫。

（5）**诱集法**　利用昆虫的趋光性、趋化性、食性的不同诱集昆虫，也是采集昆虫的重要方法。

①灯诱法：昆虫有趋光性，利用这一特性，可以设计各种各样的诱灯来诱集昆虫。如手提汽灯、节能灯、黑光灯、煤油灯等。将灯放在野外或房间附近，就会诱集来许多

昆虫，如夜蛾、灯蛾、尺蠖蛾、天社蛾、毒蛾、木蠹蛾、枯叶蛾、卷叶蛾等各种蛾类以及象甲、叩头甲、步行虫、虎甲、萤火虫、金龟子等各种甲虫类和一些膜翅目、直翅目、脉翅目的昆虫等。

② 食诱法：这是利用昆虫的不同食性和趋化性捕捉昆虫的方法。有些昆虫以腐败食物为食，如埋葬虫、步行甲及一些金龟子等。其诱集方法是在广口瓶中放入一些腐肉、鱼骨等腥臭物，埋入地下，瓶口露出地面，用树枝等遮掩，防止其他动物偷食。上述昆虫闻到臭味就会爬来，落入瓶中，第二天将瓶中诱集到的昆虫消毒即可做标本。有些昆虫喜食甜食，如甲虫、蝇类、蝶类等。其诱集方法是：在树干上涂一些糖浆，此法白天可诱集蝶、蝇类，晚间可诱集蛾类、甲虫等。为了防止诱到的昆虫逃跑，可在糖浆中加入少量杀虫剂，使其食后中毒死亡。诱到的昆虫要及时处理，以免被糖浆污染，从而失去做标本价值。

③ 异性诱集：蚕蛾、枯叶蝶等昆虫雌性有性外激素，有特殊气味，可用其诱集雄虫。现在已能人工仿制某些昆虫如棉铃虫的性外激素，可买一些试用。

（6）水栖昆虫的采集　水栖昆虫的采集可用水网捕捉。将水边的藻类等连同泥沙一起捞起，可以采到蜻蜓、蜉蝣的幼虫和半翅目、鞘翅目等昆虫。

3. 采集的季节、时间、地点及环境

（1）季节　每年的晚春、早秋是采集昆虫的最好季节，因为这是昆虫的生长旺盛季节。

（2）时间　采集时间要根据各种昆虫的生活规律而定。白天活动的昆虫在上午十点到下午三点最多；夜间活动的昆虫在傍晚天刚黑时最多。在温暖晴朗的日子采集能有较好收获；而在阴冷天气，昆虫大多蛰伏，不易寻见，收获就小。

（3）地点　依昆虫的种类而定，不同种类的昆虫，地理分布不同。一般在山地、湖泊及植物种类比较复杂的地方昆虫分布多，石块下、土壤中、木堆、杂草烂叶下也生活有许多昆虫。

（4）环境　昆虫栖居的环境多样，如蛀虫生活在植物的茎秆中，树皮下有天牛的幼虫，地下有地老虎、蛴螬、金针虫，仓库里有蠹虫、米虫等。

在采集昆虫前，一定要熟悉昆虫的生活环境和各种昆虫的生活习性，然后有针对性地去采集。

4. 采集昆虫应注意事项

① 采集时要全面、要细心。凡采集到的昆虫不论大小要一律保管好。不能只要大的不要小的或只采漂亮好看的，不采丑陋的；也不要只采会动的，不采不动的。

② 注意采集昆虫不同发育阶段的个体。为了了解昆虫的生活史，对变态的昆虫不同时期的个体都要采集，从卵、幼虫，到蛹、成虫，都要采集和保存。

③ 注意标本的完整性。在采集过程中要尽量不损伤昆虫的各个部分，如附肢、触角、翅等，否则就降低了昆虫标本的价值，给标本的鉴定研究带来困难。

④ 同时、同地所采标本要单独一处存放，不要混放。

⑤ 及时、完整、全面的记录。采到标本一定要及时做好记录，如采集时间、地点、

采集人、采集环境、昆虫大小、体色等。不知名的昆虫，要编好号。若是害虫还要记下危害情况、发生数量等。

二、昆虫标本的制作

采集到的标本要及时处理，以便能长久而完整地保存下来，供作研究和教学使用。标本制作方法如下。

（一）干制标本的制作方法

1. 软化

采到的昆虫如已干硬，需要将虫体软化。软化方法是：①取一堆湿沙，滴几滴甲醛消毒，然后把虫体放在沙上，用玻璃罩罩住，直到虫体软化。②放在纸袋内的虫体，如已干硬，可直接在纸袋外包一层湿布，直到虫体软化。

2. 针插标本

（1）不需展翅的昆虫标本制作

① 针插部位：用昆虫针直接刺入昆虫胸部。甲虫要避开胸足的基节窝，使针穿过右侧中足和后足之间；对半翅目昆虫应从小盾片略偏右方插入；对直翅目昆虫应从前胸背板的后方、背中或偏右侧插针；对膜翅目昆虫和鳞翅目昆虫应从中胸背板的正中插入，由中胸足基节的中间穿出（如图 2-3 所示）。这样做可使同一类昆虫标本制作规格化。

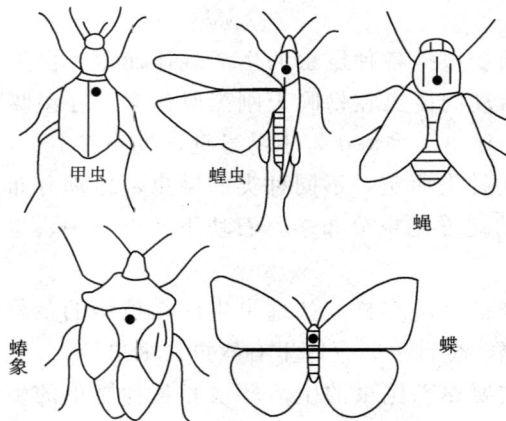

图 2-3　昆虫的针插部位

通用的昆虫针有七种，即 00、0、1、2、3、4、5 号（如图 2-4 所示）。0 至 5 号针的长度为 39mm；0 号针最细，直径 0.3mm。每增加一号其直径增粗 0.1mm。另外还有一种没有针帽，很细的短针为 00 号针，是把 0 号针自尖端向上 1/3 处剪断而成，可用来制作微小型昆虫标本，把它插在小木块或小纸卡片上，故又名二重针。

② 插针方法：用镊子或左手捏住昆虫的胸部，右手拿住昆虫针，从相应部位插入（不要使针偏斜）。

③ 昆虫在针上的位置一般位于针上四分之三处。为了使各标本处于同一高度，需用三级板整理。三级板第一级是虫体背面到针头的高度，第二级是标签在针上的高度，第

三级是虫体在针上的高度（用第三级就不用第一级）。一般用第一级作标准。三级板用法：将昆虫针插入虫体以后，将针头倒过来插入三级板第一级的孔中，同时将针上的昆虫整到三级板第一级的高度，接着整肢（方法：先在昆虫针上插一硬纸片，将昆虫的六条肢附在硬纸片上，整理成生活状态），晾干后将硬纸片拿下来，再把标签插到昆虫针上，把针拔下倒过来，针尖向下插入原小孔，整理标签，使在第二级高度。然后拔下插入昆虫盒。同一类昆虫放入同一个盒内，昆虫盒内放一些樟脑丸和氯化钙。

图 2-4　昆虫针

（2）较小昆虫标本制作

虫体小，用针插易使虫体破碎，可用重插法或胶粘法制作。

① 重插法：先将一根长针插在硬纸或透明胶片制成的长 7.6mm、宽 1.8mm 的小三角纸上，或插在一个长 10mm 的火柴棒上，再将 0 号昆虫针刺在三角纸或火柴棒上，最后将昆虫标本插在针尖上。

② 胶粘法：是在上述做成的三角纸或大柴棒上直接用透明胶粘上昆虫，可背面朝上粘一个，再腹面朝上粘一个。

（3）展翅的昆虫标本制作法

有些需要观察翅脉的昆虫，在制作标本时，需要展翅板展翅。方法是：

①展翅把用针穿好的虫体插在展翅板上沟内的软木上，再整理昆虫的翅（对直翅目、鳞翅目、蜻蜓目的昆虫，使两前翅的后缘成一直线，后翅展成飞翔状，如图 2-5 所示；对双翅目、膜翅目的昆虫，使前翅的顶角与头左右成一直线）。整好后用纸条或玻璃条压在翅上（纸条两头用大头针插住）。

②整形。将昆虫头部端正，触角呈倒"八"字形。如内脏太多，可在展翅前将内脏取出，塞入适量脱脂棉。

③晾干保存。展好翅，整好形后（如图 2-6 所示），就放在通风处晾干，然后小心拔下昆虫针，将标本插到昆虫盒内保存。

图 2-5　展翅方法

图 2-6　展翅好的昆虫

（二）浸制标本制作方法

1. 浸制保存液

① 酒精浸泡液：将昆虫放入 30％的酒精中浸泡 24h，再移入 75％的酒精中保存。酒精浸泡液的优点是标本干净，虫体附肢伸展，观察方便；缺点是组织发脆，解剖易断裂。

② 福尔马林浸泡液：a. 甲醛（40％）1 份、水 17～19 份混合均匀即可；b. 5％的甲醛液（甲醛 5mL、水 95mL）。

③ 醋酸、福尔马林、酒精混合液：酒精（80％）1 份、甲醛（40％）9 份、冰醋酸 1份。这种保存液的优点是对虫体组织固定作用好；缺点是日久标本易变黑。

④ 醋酸白糖液：冰醋酸 5mL、白糖 5g、甲醛 5mL、蒸馏水 100mL。这种浸泡液的优

点是能保持昆虫体色；缺点是虫体易瘪。

2. 浸制方法

较大的虫体在浸泡前必须用开水煮一下，直到虫体伸直并稍有点硬即可（虫体大，外骨骼厚的需煮 5～10min，体小而柔软的需煮 2～3min）。如果在采集时，直接浸入了浸泡液，回驻地后，也要将标本连瓶一起放入开水中隔水加热直到虫体伸直为止，这样做的目的是使虫体保持原形。煮好后的虫体晾干后放入浸泡液中，两天后换一次浸泡液，然后把标本瓶用石蜡封口，再将塑料布用火烤一下蒙到标本瓶上扎紧，就成了可保存的浸制标本。蚜虫标本采到后可直接放入 70％的酒精中保存。

（三）幼虫标本的制作

1. 吹胀法

将采集到的昆虫幼虫杀死后，从肛门边开一小孔，用玻璃棒从前向后挤压，把内脏从小孔中压出，用吹胀器（无吹胀器可用麦秆代替）的前端插入幼虫的小孔，把虫体吹胀，将虫体移入玻璃罩内，用酒精灯一边加热一边吹气，直到虫体干燥为止。用昆虫针穿过麦秆，并将昆虫固定在昆虫针上，插到昆虫盒中（如图 2-7 所示）。

图 2-7　制作好的昆虫标本

2. 幼虫浸制标本

先将幼虫的食物等粪便排尽，再放入开水中煮，直到硬直为止。把硬直的幼虫保存在 70％的酒精中或 5％的福尔马林里。如果虫体较大，1～2d 后再换一次保存液，以免腐烂。

（四）昆虫生活史标本的制作

昆虫一生中有各种形态，完全变态的昆虫有卵、幼虫、蛹和成虫等；不完全变态的昆虫有卵、幼虫、成虫等。在采集时，一定要注意全面采集，尽量采到各期形态的虫体，同时将它们吃的食物一同采下，制成浸制标本（把昆虫各期个体按顺序捆扎到玻璃片上，然后放入标本瓶，倒入浸泡液）。也可做干制标本（按各期放入昆虫盒，盒里填上棉花，并放入樟脑丸或克鲁苏油）（如图 2-8 所示）。

图 2-8　昆虫生活史标本

（五）昆虫器官装片制作

1. 蜜蜂后足装片

① 取蜜蜂工蜂的后足两只，放在 70% 的酒精中固定 4～5h。

② 水洗 1～2min（也可省略）。

③ 用 2% 的氢氧化钾或氢氧化钠溶液温浸至呈黄色透明（在温箱中，40℃～45℃；也可放在烧杯中于酒精火焰上缓缓加热），一般需要 10～15h。

④ 蒸馏水浸洗 30min～1h。

⑤ 放在 50%、70%、90% 的酒精中依次脱水，每级为 1～2h。

⑥ 放入纯酒精中浸 2～3h。

⑦ 放入纯酒精、二甲苯的混合液（1∶1）中浸 1～2h。

⑧ 用二甲苯处理 1～2h。

⑨ 移在载玻片上，在载玻片上一反一正地摆好，用树胶封固。

2. 昆虫咀嚼式口器装片

① 将蝗虫的头部切下，放在 70% 的酒精中固定 8～10h。

② 将口器的几个组成部分——上唇、两片上颚、两片下颚、舌和下唇解剖分离下来，放在小型烧杯中。

③ 用 2% 的氢氧化钾或氢氧化钠溶液温浸至显示透明时止（约需 8～10h）。

④ 用蒸馏水连续浸洗两次，每次 15min。

⑤ 用 30%、50%、70%、80%、90%、95% 的酒精依次脱水，每级约为 1h。

⑥ 放入纯酒精中 2h。

⑦ 放入纯酒精、二甲苯的混合液（1∶1）中浸渍 1/2～1h。

⑧ 移在载玻片上，把各部分的位置摆好，即上唇摆在最上面，两上颚摆在上唇之下，左右各一，两下颚分别摆在两上颚之下，舌位于中间，下唇摆在最下面，与舌和上唇上

下成一直线。各部分间隔避免太宽，既要分开，又要摆得紧凑。

（9）滴二甲苯 1～2 滴，20min 后用较浓的树胶封固。

三、虾类标本的制作

无论是海产的对虾、毛虾、龙虾，还是淡水产的长臂虾、米虾等，首先将材料放在 5％福尔马林中杀死并固定。依据个体大小不同，固定 2～7d 不等，然后取出缚在玻璃片上，在新的 5％的福尔马林中保存。

虾的干制标本可选取大型的种类，如对虾、龙虾等，材料必须用新鲜的，特别是触角或步足不能缺少。

制作前先把材料放在 10％的福尔马林中固定 7～10d，然后把头胸部与腹部分开，分别除去两部分中的肌肉和内脏。由于腹节间外骨骼联结不够坚固，所以在去肉时应格外注意，步足和游泳足可不必单独拿下，其中的肌肉不用去掉，只要往其中注射一定量的亚砷酸饱和液就可以了。另外，对虾的眼较大，内含液体较多，干燥后萎缩塌陷，固定前应用小型针头注入少许蜡液。对虾的须很长，在各步骤的处理中，一定要注意。

头胸部和腹部的肌肉及内脏除去后，要用清水缓流冲洗，然后用镊子夹棉花蘸亚砷酸饱和液从头胸部和腹部的一端开口伸入，往壳的内侧涂抹。涂抹后塞入棉花，随即将两部分连接起来。连接方法是先制作一段粗细适合的圆柱形软木，外面涂上白胶，然后将软木的一端插入头胸部，另一端插入腹部，恢复原有的状态。

头胸部与腹部连接后，要放在空气流通处干燥，也可先放在温箱中（35℃～40℃）脱水 1～2d，然后慢慢干燥。干燥后，用一段铁丝，从胸腹部交界处的腹面插入软木中，另一端固定于台板上，标本即成（标本表面可擦拭些甘油）。

第三章　脊椎动物浸制标本制作

　　动物浸制标本是用防腐固定液浸泡的动物体。动物浸制标本常有两种，分别是整体浸制标本和器官、系统的浸制标本。各种器官或系统经过分离、修整或切成各种断面制作的浸制标本，适合显示器官或系统的形成、结构，特别是细小的结构也能显示得很清楚。浸制标本如果保存得好，可以长期保存下去。用原色固定液保存的标本还可以保持器官的原有色泽。

第一节　常用器具材料的准备

一、常用器材

　　①解剖刀：用来解剖器官、神经和血管。

　　②剪刀：用来解剖和剪除多余的组织。但制作神经标本，剪除骨骼，最好用民用剪指甲的一种阔头剪刀。

　　③镊子：有三种。一种是修理钟表用的 A 字镊子或医用镊子，用来夹取和固定细小的组织；一种是眼科医用弯形尖头小镊子，作为血管结扎时穿夹扎线用；还有一种是医用长镊子，用来捞取材料。

　　④骨钳：解剖时除去硬骨用。

　　⑤探针：作为解剖时分离器官和组织用。可以取长 15～20cm 的 16 号或 18 号不锈铁丝，磨细它的头端使用。也可以用缝棉被用的绗针，插入笔杆状的木柄内制成。

　　⑥废砂轮片：用来打磨玻璃边缘。可以用砂轮机上调换下来的废旧或碎裂的砂轮片。

　　⑦20mL 注射器：注防腐剂用。

　　⑧各号针头：细的能插入蛙前肢肱动脉，一般用 5 号半针头；粗的能插入家兔主动脉，一般用 9 号针头；中间还有 7 号、8 号两种针头。

　　⑨木工刀：切割标本瓶内固定玻璃板的橡皮嵌脚用。

　　⑩大头针：标本定型用。

　　⑪1000mL 的量筒和 250mL 的量杯：配防腐剂用。

　　⑫搪瓷盘或小搪瓷盒：用作漂白液和浸液盛器，也可用作解剖盘和注射器、针头的盛器。

　　⑬洗瓶刷：洗刷标本瓶和量杯用。

　　⑭标本瓶和标本缸：盛浸制标本用。

　　⑮0.4～1cm 的橡皮板：切割成方形小块，中间割成凹形槽，能嵌入玻璃板，作为标本瓶内固定玻璃片、缚扎标本用。

⑯解剖板或解剖板盘：解剖标本用。解剖板制作十分简便。其木材最好选用椴木、杉木，便于大头针插入；其大小为 20～25cm×30～35cm，厚为 1～2cm，两面及四边刨光。

⑰3mm 厚的玻璃板：插入标本瓶内，用作缚扎标本。

⑱药棉：解剖标本时用作内脏器官定形的衬垫和吸擦污血用。

⑲试管：浸制小型标本用。

⑳玻璃棒：配制浸液搅拌和在浸液内拨动标本用。

㉑毛笔：涂刷防腐液用。

㉒软塑料尺：用于测量标本各部位长度。

㉓号牌：用于标本编号。常用竹片制成，长 4cm，宽 0.8cm，正面用毛笔写上数字，涂上清漆，干后即可使用。

㉔塑料薄膜和纱布、蜡线：用作标本瓶封口。

二、化学药品

①40％甲醛（福尔马林）：用作防腐剂。

②95％酒精：用作防腐剂。

③苯酚（石炭酸）：用作防腐剂。

④甘油（丙三醇）：配制防腐剂、保色剂用。

⑤醋酸：又名乙酸。醋酸的穿透力是很强的，而且会使材料膨胀，所以可以用来配制抵消其他固定液所促成的收缩。

⑥乙二醇：俗名甘醇，配制防腐剂时用来降低防腐剂的冰点。

⑦硝酸钾：用作配制内脏色泽的固定液。

⑧醋酸钠：用作配制内脏色泽的固定液。

⑨百里酚（5－甲基－2－异丙基酚）：用作防霉、防腐剂。

⑩盐酸：工业用浓盐酸含 37％～38％氯化氢。是一种强酸，在使用时要十分小心，不能接触皮肤，更不能溅入眼内。用来软化骨骼。

⑪乙醚：麻醉动物用。

⑫氯仿：麻醉动物和制作有机玻璃标本瓶时胶粘有机玻璃用。

⑬均四氯乙烷（1，1，2，2－四氯乙烷）：胶粘有机玻璃用。

⑭过氧化氢：用作神经标本的漂白剂。

⑮硫酸镁：麻醉动物用。

⑯汽油：用于脱掉标本上的脂肪。

⑰0.5％～0.8％氢氧化钠溶液：用于腐蚀标本上的残存肌肉。

⑱618 或 634 环氧树脂：用作标本瓶封口。

⑲聚氨酯（乌利当）黏合剂：用作标本瓶封口。

⑳黏合剂：用作标本瓶封口。

㉑苯二甲酯二丁脂：用作环氧树脂的硬化剂。

㉒石蜡：配制标本瓶封口蜡。

㉓蜂蜡：配制标本瓶封口蜡。

㉔丹麦树胶：配制标本瓶封口蜡。

㉕活性炭：用作防腐剂的脱色净化。

㉖合成樟脑（莰酮－2）：用作驱虫剂。

㉗萘：用作驱虫剂。

㉘乳白胶水：用作胶粘剂。

第二节　脊椎动物整体浸制标本制作

整体浸制标本的制作方法简单，容易操作，一般过程是选择材料、处死、整理姿态、防腐固定、装瓶保存、编号、记录和粘贴标签等。

一、鱼类浸制标本制作

1. 选择材料

鱼类的标本材料一般是从渔业公司或水产收购站采购而来。在采集时，应注意分类需求，力求增加目、科、种的数目，一般不要追求标本的数量。同时，应选择鳍条完整、鳞片齐全和体形适中的新鲜鱼类作为浸制标本的材料。大型鱼类，因受标本瓶规格的限制，一般不采用浸制方法保存，而是采用剥制方法保存。

2. 鱼体的观察、测量和记录

对采集的鱼体进行观察、测量和记录是鉴定标本名称时的重要依据，同时也是制作剥制标本时的参考依据。在野外采集到鱼类标本后，应趁鱼尚未死去或鱼体新鲜时迅速进行观察和测量，并同时做好记录工作。

（1）观察、测量前的准备工作

对采集的鱼类标本，先用清水洗涤体表，将污物和黏液洗掉。对体表黏液多的鲶鱼、泥鳅和黄鳝等种类，要用软刷沾水反复刷洗干净。刷洗时，应按鳞片排列方向进行刷洗，以免损伤鳞片。在洗涤过程中，如发现有寄生虫，要小心取下放进瓶内，注入70％酒精保存，并在瓶外贴上号牌、写明采集编号。

将洗涤好的标本，放在白瓷盘中，根据采集顺序依次编号。每一个标本都要在胸鳍基部系一个带号的号牌。如果号牌已用完，可用道林纸做号牌，用铅笔写清号数，折叠后塞入鱼的口腔深部，回去后再补拴竹制号签。

（2）观察、测量内容

①记录体色。每一种鱼都有自己特殊的体色，而且同一种鱼在不同环境中，其体色往往也有差异。鱼类体色虽不是主要鉴定特征，但对认识鱼类有一定意义，尤其对学生认识鱼类来说，鱼的体色更为直观和形象。因此应趁标本活着或新鲜时，将体色记录清楚。

②外部形态测量。为了快速、准确地测量鱼体各部分的长度，应该将鱼放在体长板上进行测量。鱼体外部形态的测量项目如下（如图3-1所示）。

全长：由吻端或上颌前端至尾鳍末端的直线长度。

体长：有鳞类从吻端或上颌前端至尾柄正中最后一个鳞片的距离；无鳞类从吻部或上颌前端至最后一个脊椎骨末端的距离。

头长：从吻端或上颌前端至鳃盖骨后缘的距离。

吻长：从眼眶前缘至吻端的距离。

眼径：眼眶前缘至后缘的距离。

眼间距：从鱼体一边眼眶背缘至另一边眼眶背缘的宽度。

尾长：由肛门到最后一椎骨的距离。

尾柄高：尾柄部分最狭处的高度。

体重：整条鱼的重量。

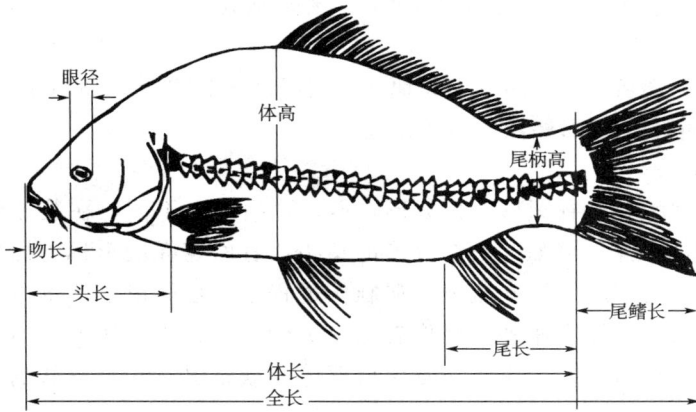

图 3-1 鱼体外部形态的测量项目

③鱼体各部分性状计数。

侧线鳞：沿侧线直行的鳞片数目，即从鳃孔上角的鳞片起至最后有侧线鳞片的鳞片数。上列鳞是从背鳍的前一枚鳞斜数至接触到侧线的一片鳞为止的鳞片数；下列鳞是臀鳍基部斜向前上方直至侧线的鳞片数。填写的格式为：侧线鳞数＝侧线上列鳞/侧线下列鳞。

咽喉齿：鲤科鱼类具有咽喉齿。咽喉齿着生在下咽骨上，其形状和行数随种而异。一般为 1～3 行，也有 4 行的，其计数方法是左边从内至外、右边从外至内，如鲤鱼咽喉齿式为 1·1·3～3·1·1。咽喉齿的特点是鲤科鱼类的分类依据之一。

鳃耙数：计算第一鳃弓外侧或内侧的鳃耙数。

鳍条数：鱼类鳍条有不分枝和分枝两种。在鲤科鱼类中，二者均用阿拉伯数字表示；其他鱼类的分枝鳍条用阿拉伯数字表示，而不分枝鳍条则用罗马数字表示。

上述各项观测结果，应在观测过程中及时填写在鱼类野外采集记录表中。

3. 整理姿态

将新鲜的鱼用纱布包好，干燥致死。然后用清水将鱼体表的黏液冲洗干净（勿损伤鳞片）。用注射器从腹部向鱼体内注射 10％的福尔马林溶液，以固定内脏，防止腐烂。然后，将鱼的背鳍、臀鳍和尾鳍展开，用纸板及曲别针加以固定。把整理好的标本侧卧于解剖盘内。鱼体向解剖盘一侧可适量放些棉花衬垫，特别是尾柄部要垫好，以防标本在固定时变形。

4. 防腐固定

加入 10％的福尔马林溶液浸没标本，作为临时固定，待鱼硬化后将其取出。

5. 装瓶保存

用适当大小的标本瓶（标本瓶要长于鱼体 6cm 左右，以便贴上标签后仍能从瓶外看到标本全貌），将固定好的鱼类标本，头朝下放入。或根据标本瓶的内径和高度裁一玻璃板，将标本用两条丝线分别从鳃盖骨后缘体侧和尾柄部穿入，缚扎在玻璃板上。用橡胶瓶塞或软木塞剔好小槽做成 4 个玻片固定脚，分别嵌在玻片两侧，将玻片和标本缓缓装入标本瓶内。最后，将 10％福尔马林倒入瓶内，盖严瓶盖。

6. 贴标签

将注有科名、学名、中文名、采集地、采集时间的标签贴于瓶口下方。标签贴好后，可在标签上用毛笔刷一层石蜡液，以防字迹褪色。

7. 注意事项

①标本瓶、缸的规格有圆形、长方形、方形，高度也不同，在装瓶时应根据各种鱼类的不同体形进行选择。例如：呈纺锤形的鱼类，宜固定在圆形标本瓶中；鳐类等扁形的鱼类则宜固定在长方形的标本瓶中。在制作过程中，往往由于标本瓶规格不齐全而受到影响。除了注意选择标本瓶外，制作者也应灵活处理标本。例如，当鱼的全长超过标本瓶的全长时，可横切尾柄，使其一侧保留部分皮肤，保持它与皮肤的联系，然后将其折转后附在体侧。

②在教学和实验中，经常需要将标本取出，以作为分类检索和实验观察时的材料。因此一般不宜将标本瓶封口，这样既可以减少封藏时的麻烦，又便于使用。

③在野外采集时，无法按上述方法进行制作。必须先将标本进行登记和编号，并用布标签系在尾柄基部（视各种鱼类形态而定），并做好记录，否则标本多时容易遗忘而产生混乱。然后进行整形固定，待运回后，再按上述方法进行制作。

8. 鱼类浸制标本褪色的原因及克服方法

鱼类色彩丰富（例如家养的金鱼、锦鲤、热带鱼及某些野生的彩色鱼种），据资料记载，其绚丽程度超过昆虫和鸟类。鱼类浸制标本的保色问题显得非常重要。

（1）彩色鱼类浸制标本变色的原因

据有关记载，彩色鱼类呈色的因素有 4 种，即红色素细胞、黄色素细胞、黑色素细胞和光彩细胞。

取彩色材料一小片（例如彩色鱼类的一片鱼鳞或一小片皮肤），用普通显微镜观察，就可以看到这些色素细胞。其中红色素细胞和黑色素细胞呈辐射的多分裂叶状；而黄色素细胞内含黄色脂滴状物质；光彩细胞则内含许多针状结晶，据文献记载，其化学本质为鸟粪素。例如，蓝绿色就是由黑色素细胞、黄色素细胞加上鸟粪素晶体对光的折射和色散形成的。

①红色素细胞的化学性质：通过实验得知，红色素遇 75％酒精和 8％甲醛都会慢慢变色（甲醛为 1～2d，酒精为 1 周或更久，并因种类不同而异，例如金鱼色素抵抗力较强，但在保存中却最不稳定）。红色素可被 $NaNO_2$ 或 K_2SO_3 水溶液提取，此色素还可被 3％ H_2O_2 氧化而遭破坏，且加酸变黄，加碱变红。可见氧化和 pH 能使它变色。原因可能是在它的分子结构中有一个可因 pH 改变的发色基团。根据实验，它对 1％～3％苯酚稳定，原因可能是苯酚微酸而接近中性，又具有还原性，使它能抵抗氧化。

②黄色素细胞的化学性质：能溶于脂溶性溶剂，所以忌用酒精；也能被 $NaNO_2$ 或 K_2SO_3 提取，提取液加酸加碱，只能引起微浊，不像红色素那样有变色反应；能被 3％ H_2O_2 氧化漂白；对甲醛稳定，但十分怕光怕氧，所以在甲醛中保存必须遮光、绝氧，但这不容易做到，主要是绝氧，因为它碰到还原剂就往往溶解于水而脱色。但在 1％～3％苯酚中稳定（条件是遮光），原因可能是苯酚具有弱的还原性。

③光彩细胞的化学性质：光彩细胞的虹彩作用，原因在于内含鸟粪素晶体的折射及折射引起的色散。这种折射作用是银色鱼类呈现银色的主要原因，它与色素细胞配合，使鱼类色彩更加丰富、艳丽，细看犹如天上彩虹。它的主要化学性质是鸟粪素晶体只在 pH4.5～pH8 之间稳定，是一种两性物质，而且它能和甲醛缓慢作用（要几个月）而溶解、消失。所以凡含鸟粪素晶体的鱼类，切忌用甲醛。

④黑色素细胞的化学性质：比较稳定。如用传统方法制作的鱼类浸制标本，最后都变成枯草色，主要原因就是其他呈色因素都先后消失，最后只剩下黑色素细胞的缘故。

⑤影响保色的其他因素：主要是鲜度、固定剂和保存剂的种类、配方、浓度及固定时间，还有保存的温度和遮光情况。色素结构十分不稳定，容易破坏。固定时间过长或渗透压不适（主要对海产鱼类），也会使原生质过度变性及水分渗出而皱缩。所以浓度和固定时间及遮光保存等都十分重要。小黄鱼等黄色鱼类浸制标本，若不遮光，则在 1 个月内就会变色。

（2）彩色鱼类浸制标本的保色方法

①获得材料后，必须及时冷藏或固定消毒，以求呈色结构尽量少受损害。

②用肉眼或显微镜观察材料呈色情况，判定它属于纯红、纯黄或是杂色，然后分别对待。因为黄色要遮光、绝氧，并且不能和脂溶性溶剂（如酒精）接触，而红色则主要和氧化及 pH 有关。另外，它们对甲醛和酒精的耐受力也不同。若为杂色则必须兼顾红、黄两种色素的性质处理，而且杂色不是单指一条鱼上有几种颜色，也包括纯红、纯黄以外"单纯"的"混合色"，例如金红、橙黄、蓝绿等，它们看上去是"单纯"的一种颜色，其实是几种色素均匀分布（混合）而形成。所以，只要不是纯粹红色素细胞或纯粹黄色素细胞形成，而含有此两种细胞的色彩就是杂色。一般纯黄色与杂色都不能接触酒精，因为黄色素大都为脂溶性物质。但也有例外，例如某些鲽形目和鲀形目身上的黄色斑纹，还有某些金鱼能数日甚至数周地抵抗 75％酒精。怕光也是这样，一般黄色鱼类都怕光，但也有例外。可见不同鱼种，在色素上也有一些特殊性。

③固定。总的原则是固定液浓度不可太大，时间不要太长。3％苯酚、75％酒精和 6％～8％甲醛等固定液，各有优缺点。

3%苯酚：3%苯酚的优点是对色素性质温和，而且有轻度还原性，能抵抗氧化；pH近中性（微酸）。所以只要遮光就对任何颜色鱼类都适用，即使固定消毒时间7～8d也无影响，是一种适用性广、比较保险、容易成功的固定液。缺点是：a. 有的鱼类体外有一厚层黏液，容易固化结成一层白色的壳。克服办法是事先洗去；或事后细心剥去，则壳内鱼体颜色依然鲜艳。b. 透入性能较差，不易硬化。克服办法是事先用3%苯酚向腹腔注射，或事先用酒精或甲醛浸泡5h左右。有时固定后因为硬化不充分，蛋白质散入保存液会影响保存液透明度，克服办法是让它泡在保存液中继续硬化完全，再换一次保存液。c.3%苯酚浓度较大，还原性较强，对某些红色素有微溶现象。但只要在固定消毒后，换上1%～1.5%苯酚保存液色溶就会停止。所以消毒固定用苯酚不要超过3%，否则，色素容易溶解。

6%～8%甲醛：甲醛对色素损害较大，所以一般用6%～8%的较低浓度甲醛。红色素对它十分敏感，红娘子鱼浸泡后36h就完全变白。用甲醛固定红色鱼类时间要短，最好不要超过8～10h。小黄鱼、梅童鱼等黄色鱼类在甲醛中较稳定，但要避光绝氧，否则，很快变白。如固定材料很多时，只要把固定材料严实堆叠并盖上多层纱布，用甲醛淹没，则光氧两缺，自然会保色。若在6%～8%醛中加入2%苯酚还原，效果较好。甲醛固定12h即可，太久，蛋白变性太大，保存时容易皱缩。

75%酒精固定：酒精对红色素的损害也较大，但比甲醛温和。其溶解黄色素能力十分明显，一般不能用于黄色和杂色鱼类。

④保存。以1%～1.5%苯酚最好，而甲醛和酒精则次之。重要的是黄色鱼类一定要遮光。标本缸要用玻璃的，尽量不用塑料制品，因为塑料会和酚作用，慢慢地使标本缸透明度下降。缸口和缸盖吻合处，要用黄油或蜡密封，以防苯酚氧化变色。保存温度以低度为宜，但一定要避光。

二、两栖类浸制标本制作

（一）测量

1. 有尾两栖类成体测量方法（如图 3-2 所示）

①体全长：自吻端至尾末端。

②头长：自吻端至颈褶。

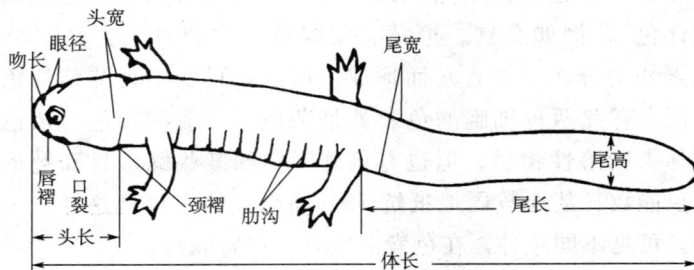

图 3-2 有尾两栖类外形及各部的测量

③头宽：左右颈褶间距离（或头部最宽处）。

④吻长：自吻端至眼前角。

⑤眼径：与体轴平行的眼的长度。

⑥尾长：自肛孔后缘至尾末端。

⑦尾高：尾的最高处。

⑧尾宽：尾基部的最宽处。

2. 无尾两栖类成体测量方法（如图 3-3 所示）

①体长：自吻端至体后端。

②头长：自吻端至上下颌关节后缘。

③头宽：左右颌间距离。

④吻长：自吻端至眼前角。

⑤鼻间距：左右鼻孔间的距离。

⑥眼间距：左右上眼睑内侧缘间最窄距离。

⑦鼓膜：量其最大直径。

⑧前臂及手长：自肘关节至第三指末端。

⑨后肢长：自体后端正中部分至第四趾末端。

⑩胫长：胫部两端间的长度。

⑪足长：内蹠突至第四趾末端。

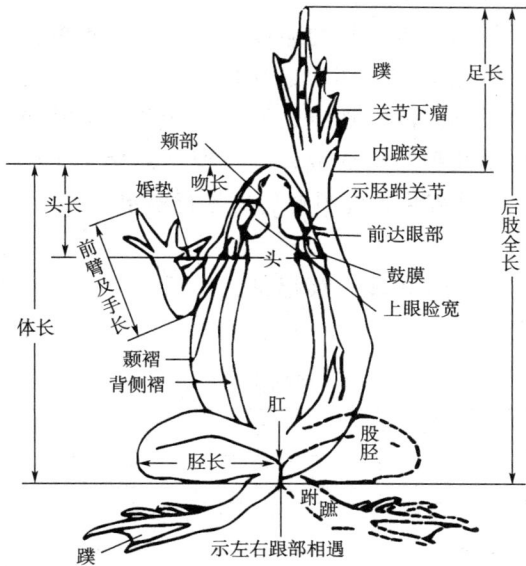

图 3-3　无尾两栖类外形及各部的测量

3. 蝌蚪测量方法

①全长：自吻端至尾端。

②体长：自吻端至肛孔。

③体宽：呈体的最宽处。

④体高：量体的最高处。

⑤吻长：眼前角至吻端。

⑥尾长：肛孔至尾末端。

⑦尾基宽：尾基最宽处。

⑧尾高：尾的最高处。

⑨后肢长：肢基至趾端。

（二）成体的固定和保存

将活动物用乙醚麻醉杀死，然后用清水洗涤。将洗好的标本放置在解剖盘上，依次向腹腔内注入适量5%～10%的甲醛液，注入后系上编号标签，并依次将标本登记，然后再放入盛有甲醛液的另一容器内固定。固定时可将背部朝上，使四肢成生活时的匍匐状态，并注意指、趾是否伸展得很好，若有卷曲，可用探针将其位置拨好。固定时间约为数小时到一天时间左右。最后将标本保存在5%的甲醛液或70%酒精液内。

（三）蝌蚪及卵的处理

在野外采到蝌蚪及卵后，除留一部分标本观察外，将其余标本直接浸入盛有10%甲醛液的瓶内。大型蝌蚪，可盖紧瓶盖后，平置约半小时，使尾部在瓶内伸展，然后再将瓶竖放置，用镊子调整蝌蚪使头部向下，尾部向上，以免头重尾轻，压弯标本。每个瓶内，标本不宜盛放太多。瓶内一定要填写完备的布标签，或用硬铅笔在质地坚韧的纸上写明。瓶外也需要贴上纸标签。

卵和蝌蚪的处理基本相同。将采集的卵或卵带及采集地的水一并装入瓶内，但不要与蝌蚪或成蛙放在一起，以免被其压坏。最好将一个成体的卵全部放在同一个瓶内，以便计算卵的数目，并注明采集时间、地点、海拔高度和环境特点等。另外，还要注明在该地池塘内或附近曾采到哪几种蝌蚪或成蛙，以便帮助确定为哪种动物所产的卵。难以判断时，可培养少数卵，待其孵化成为蝌蚪后再进行鉴定。

（四）记录

对所处理的各种标本，结合野外观察记录、生活环境、活动以及体色等，进行登记编号，整理记录（如下表）。

表3-1　两栖类采集记录表

采集号		日期　　年　　月　　日			
采集地	气温		水温	湿度	海拔
生活习性					
学名		地名		采集人	

三、爬行动物浸制标本制作

爬行动物除了少数大型种类（如蟒、蛇、巨蜥、海龟等）必须制作剥制标本外，一般均制作浸制标本保存。其制作方法有以下两种。

1. 爬行动物浸制标本制作方法

（1）酒精浸制法　对小型蜥蜴类，先用注射器向标本体腔中注入50％～80％酒精进行防腐，然后用线固定在玻璃条上，放入盛有80％酒精的标本瓶中浸泡保存。并在标本瓶外贴上标签，写清编号、采集日期、采集地点、采集人、制作人等项内容。用酒精浸制时，最好由低浓度向高浓度逐步更换浸制液，使标本逐步失水，最后保存在80％的酒精中。这样浸制的标本，不但可以长期保存，而且还能始终保持柔软，不失原形，取出后仍然可以进行解剖和制作组织切片。

（2）福尔马林浸制法　对小型蜥蜴类，先用注射器向标本体腔中注入7％～8％福尔马林进行防腐，然后用线固定在玻璃条上，放入盛有20％福尔马林液的标本瓶内进行固定。几天后再转入7％～8％福尔马林液中长期保存。对龟鳖类，要先将头和四肢拉出，向体内注射7％～8％福尔马林液，然后固定形状，并保存在20％福尔马林液中。几天后再转入7～8％福尔马林中长期保存。如果放入标本瓶中，瓶外应加贴标签。

2. 爬行动物浸制标本制作的一般步骤

①外部形态的观察。由于爬行动物在福尔马林或酒精等固定液中保存一个短时期以后，就会很快褪色，因此，从野外采集到的标本带回实验室后，应该及时进行观察和记录。要将它身体各部分的颜色准确地记录下来，最好拍下彩色照片。

②麻醉致死。先将爬行动物麻醉杀死，以免动物体变得僵硬。杀死的方法，是用一小块脱脂棉花浸透乙醚连同动物一起，放入密封的瓶内，几分钟后动物即可麻醉致死。将已死的动物取出，用清水洗去它身体上的黏液和污物。

③标本测量。动物麻醉致死以后，应该对每个动物标本编号、测量和记录。

⑤防腐、固定。将洗去污物的标本放在解剖盘上，从腹部后侧向体腔内注入适量的体积分数为10％福尔马林溶液，注射量不宜过多，以免动物体变形失去原状。注射后，将标本放入盛有福尔马林固定液的另一个解剖盘内固定。把标本背部朝上，四肢的姿势可以根据需要，做成生活时的匍匐状态。同时要注意指、趾有无卷曲，对卷曲的指、趾要用大头针固定位置，使其伸展。固定时间视动物大小而定，从1周到数月不等。对种名已经确定的标本，选择大小合适的容器，将标本放在固定液中保存。在保存标本的容器外面，贴上标签。

⑤装瓶、保存。在爬行动物的四肢处各穿过一条白线，将线缚在玻璃片上，在玻璃片的边缘打结，使整个标本缚扎于玻璃片上，再装入已洗刷干净的标本瓶中。将标本装入瓶后再加入保存液，盖好瓶盖。然后，在瓶身贴上标签。浸制标本不宜放在阳光直射的地方，以防瓶口封蜡溶化，浸液挥发。也不宜放置在零度以下的地方保存，防止浸液冰冻，玻璃破裂。在搬动时，不能剧烈震动，且要放置平直，以免翻倒。

四、小型哺乳动物浸制标本制作

对某些小型哺乳动物，若一次性捕获较多（如蝙蝠、鼠类等），因野外工作条件无法一次制作完毕，或因分类的目的标本干后收缩无法看清，以及因内部器官的研究需要等，为防止腐烂和掉毛可使用下面介绍的方法。其方法是从动物腹部开口露出其内脏，然后将其浸泡在75%酒精溶液中，或浸制在5%～10%福尔马林溶液内。浸泡前，需将每个标本系上已编号的竹签，便于查阅数据。如搞科研，在浸制前还需将各种测量数据记录下来，再用绘图墨水或铅笔将标本编号写在竹签上拴在左足（线要短，以免互相缠绕）放入容器。野外工作结束后，要尽快鉴定，以"种"为单位放入盛有70%酒精溶液的广口瓶内，瓶外需注明学名、产地和采集时间。

第三节　脊椎动物整体剖浸标本制作

解剖标本的制作目的是观察内脏，应按解剖的一般方法除去体壁，以露出内脏。如要展示某一器官系统时，还须小心地除去不需要的部分，展示部分的各器官仍保持其自然位置，然后浸泡于10%福尔马林液中。如标明各器官名称，可用打印好的标签，用胶水贴在各器官上，待粘牢晾干后，浸入保存液中即可。

一、鱼纲（鲫鱼或鲤鱼剖浸标本制作）

1. 解剖

将新鲜鲫鱼置于解剖盘中，使其腹部向上，用剪刀在肛门前与体轴垂直方向剪一小口，将剪刀尖插入切口，沿腹中线向前经腹鳍中间剪至下颌；使鱼侧卧，左侧向上，自肛门前的开口向背方剪到脊柱，沿脊柱下方剪至鳃盖后缘，再沿鳃盖后缘剪至下颌，除去左侧体壁肌肉，使内脏暴露（如图3-4所示）。用棉花拭净器官周围的血迹及组织液，置入盛水的解剖盘内观察（如图3-5所示）。

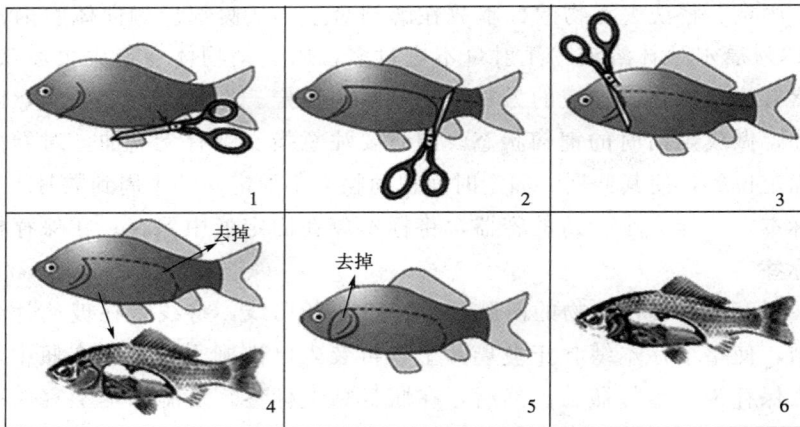

图3-4　解剖鱼的顺序

注意：揭开左侧体壁前先将体腔膜与体壁分开，以使内脏器官与体壁分开时不致被损坏。

2. 呼吸系统

① 鳃：第一至第四鳃弓的外侧附着许多鳃丝而构成鳃瓣，鳃弓内侧生有许多突出物

叫鳃耙。鳃丝中分布血管，借以进行气体的交换。鳃很易破损，但外有鳃盖及鳃盖膜保护。

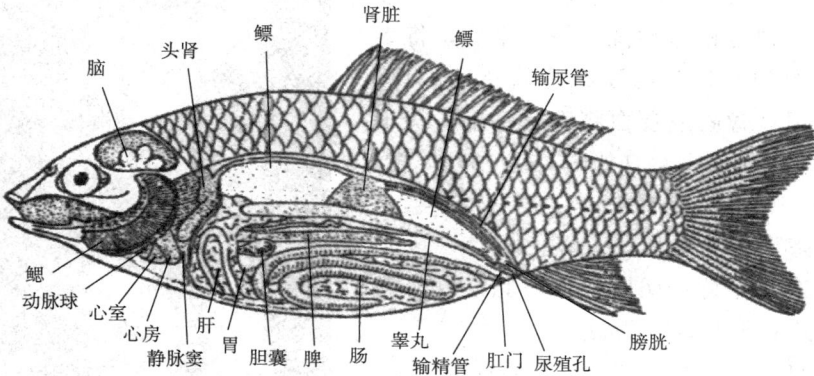

图 3-5　鱼的内部结构

②鳔：位于体腔内消化管背方的一个囊，呈纺锤状，中央部特别缢缩，分成前后二室，自后室接近中央部发出鳔管。鳔壁有内外两层，外层柔软有银色光泽，内层由具有弹性的纤维质构成。

3. 循环系统

心脏位于身体前端的腹侧，即左右胸鳍之间，有与体腔隔绝的一小腔，为围心腔，心脏居于其间。撕破心包膜，便露出心脏。心脏由三部分组成：心室（在心房的前方）呈淡红色，壁极厚，侧面观察略呈方形，前后两端缩小；心房（在心室的背侧，偏于左方，其壁甚薄）；静脉窦（连接于心房的后端，其壁亦较薄）。

4. 尿殖系统

①泌尿器官：肾脏位于体腔背部正中线的左右两侧，为极长的红褐色腺体，肾脏的前端伸至心脏背方的腺体，称为头肾。每侧肾脏往后各通出一条输尿管，左右相合进入扁平椭圆形膀胱，膀胱开口于尿殖窦，其后经尿殖孔到体外，尿殖孔的开口位于肛门之后。

②生殖器官：雌雄异体，雌雄生殖腺同为一对大型的囊，其位置在肾脏的腹侧。睾丸为白色的腺体，卵巢略带黄色。从左右生殖腺各发出一条输出管，其后端于尿殖窦向后开口，由尿殖孔而逸出体外。

5. 神经系统

以左手拿鱼，鱼背向上，用锐利的剪刀由后向前将头盖骨剥除，即可见充满脂肪组织的脑颅腔，小心地用水冲洗，用剪刀将侧壁和其他妨碍看到脑的一些骨骼除净，然后将头调过来，使鱼头向自己，背向上，将剪刀的一叶插入脊椎骨的开始部分，将前几个椎体的髓弓切除，使脊髓露出。从上方观察脑，由后向前可看见脊髓、延脑、菱形窝、小脑、中脑、间脑、端脑、嗅束及嗅球。然后剪去左侧背部肌肉，将其左侧脊椎露出。

6. 浸制制作

用线穿背缚于事先准备好的玻璃片上，轻轻冲洗，然后按原色浸制法进行固定、保色、浸存等操作。

7. 装瓶

装瓶前可以从过渡液里取出标本，如需在器官上标字，则可稍作冲洗，等晾干后，将事先用不脱色黑油印好字的硬纸片修整成小块，然后按名称用双管胶或蛋白将字片粘上，待干后即放入标本瓶配液保存（如图 3-6 所示）。

8. 封瓶

一般不采用永久封瓶法，以便保存一段时期后，可以换液保持透明观察，因此常以熔蜡封口即可，然后瓶外贴标签。

封口蜡的配制：溶点 52℃～58℃ 石蜡 3 份，蜂蜡 5 份，丹麦树胶 2 份，加热熔化。

如条件不许可，则用烛石蜡亦可。封蜡时将瓶盖在酒精灯上加热，以手持盖蒂，将盖沿在蜡锅内粘上液即可，然后以毛笔蘸液蜡沿盖缝填满为止。

9. 包口

用一层略大于瓶盖的纱布盖在瓶口上，再用一块同等大而较厚的塑料薄膜在酒精灯上空

图 3-6　鱼剖浸标本

加温使之变软，然后盖在纱布上。随后以蜡线将纱布薄膜一齐缚于瓶口颈部，用两手使劲向下拉薄膜，直至瓶盖周围薄膜的皱纹消失为止。最后，离瓶口 1cm 处扎线，剪去所剩，如求美观则可以在绕线外再贴一条胶布。

二、两栖纲（青蛙或蟾蜍剖浸标本的制作）

1. 取材

取蟾蜍（青蛙）致死（用氯仿、乙醚麻醉或以解剖针在头顶枕骨大孔处朝前捣毁延脑、朝后捣毁脊髓）。

2. 解剖

在腹面由下颌到排泄孔用剪刀挑起体壁并剪开，勿伤及内脏，并将腹面体壁充分张开（注意保留腹静脉），线条剪口力求圆整美观，使内脏按其自然状态全部暴露（如图 3-7所示），以便观察。

3. 消化系统

①肝脏：红褐色，位于体腔前端、心脏的后方，由较大的左右两叶和较小的中叶组成。在中叶背面、左右两叶之间有一绿色圆形小体，即胆囊。胆囊前缘向外发出两根胆囊管，一根与肝管连接，接收肝脏分泌的胆汁，一根与总输胆管相接。胆汁经总输胆管进入十二指肠。

②食管：将心脏和左叶肝脏推向右侧，可见心脏后有一乳白色短管与胃相连，此管即食管。

③胃：为食管下端所连的一个弯曲的膨大囊状体，部分被肝脏遮盖。胃与食管相连处称贲门；胃与小肠交接处明显紧缩、变窄，为幽门。胃内侧的小弯曲，称胃小弯；外侧的弯曲称胃大弯；胃中间部称胃底。

④肠：可分小肠和大肠两部。小肠自幽门后开始，向右前方伸出的一段为十二指肠；其后向右后方弯转并继而盘曲在体腔左下部，为回肠。大肠接于回肠，膨大而陡直，又称直肠；直肠向后通泄殖腔，以泄殖孔开口于体外。

⑤胰脏：为一条淡红色或黄白色的腺体，位于胃和十二指肠间的弯曲处。

⑥脾：在直肠前端的肠系膜上，有一红褐色球状物，即脾。

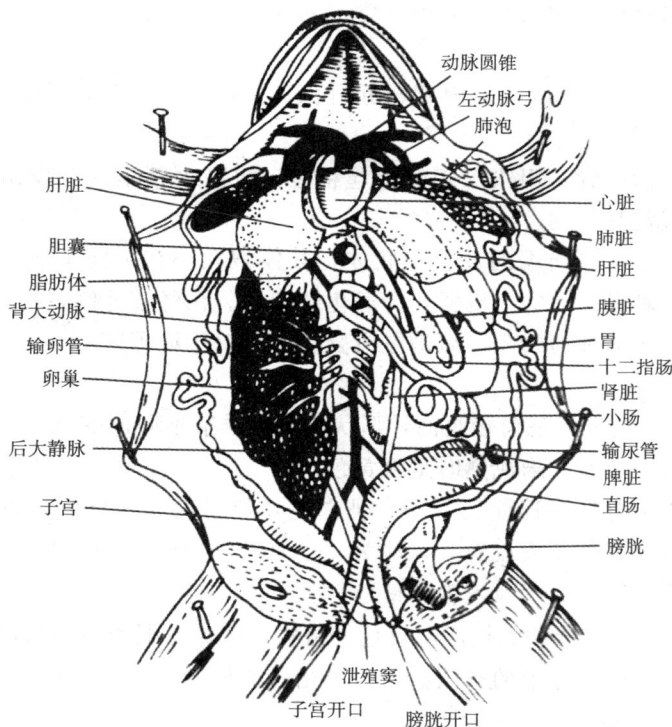

图 3-7　蟾蜍的内部结构

4. 呼吸系统

蟾蜍为肺皮呼吸。肺呼吸的器官有鼻腔、口腔、喉气管室和肺。

①喉气管室：左手持镊子轻轻将心脏后移，右手用钝头镊子自咽部喉门处通入，可见心脏背方一短粗略透明的管子，即喉气管室，其后端通入肺。

②肺：是位于心脏两侧的1对粉红色、近似椭圆形的薄壁囊状物。剪开肺壁可见其内表面呈蜂窝状，密布微血管。

5. 泄殖系统

蟾蜍（或蛙）为雌雄异体，观察时可互换不同性别的标本。

（1）泌尿器官

①肾脏：1对红褐色长而扁平的器官，位于体腔后部，紧贴背壁脊柱的两侧。将其表面的腹腔膜剥离开，即清楚可见。肾的腹缘有1条橙黄色的肾上腺，为内分泌腺体。

②输尿管：左右输尿管末端合并成一总管后通入泄殖腔背壁。

③膀胱：位于体腔后端腹面中央，连附于泄殖腔腹壁的1个两叶状薄壁囊。膀胱被尿液充盈时，其开头明显可见，当膀胱空虚时，用镊子将它放平展开，也可看到其形状。

④泄殖腔：为粪、尿和生殖细胞共同排出的通道，以单一的泄殖腔孔开口于体外。沿腹中线剪开，进一步暴露泄殖腔。剪开泄殖腔的侧壁并展开腔壁，用放大镜观察腔壁上输尿管、膀胱以及雌蟾蜍（或蛙）输卵管通入泄殖腔的位置。

（2）雄性

①精巢：1对，位于肾脏腹面内侧，近白色，长柱形（蛙的精巢为卵圆形），其大小随个体和季节的不同而有差异。

②输精小管和输精管：用镊子轻轻提起精巢，可见由精巢内侧发出的许多细管即输精小管，它们通入肾脏前端。

③脂肪体：位于精巢前端的黄色指状体，其体积大小在不同季节里变化很大。雄蟾蜍精巢前方，有1对扁圆形的毕氏器，为退化的卵巢。在肾脏外侧各有1条细长管，为退化的输卵管，其前端渐细而封闭，后端左右合一，开口于泄殖腔。

（3）雌性

①卵巢：1对，位于肾脏前端腹面，形状大小因季节不同而变化很大。在生殖季节极度膨大，内有大量黑色卵，未成熟时呈淡黄色。

②输卵管：为1对长而迂曲的管子，乳白色，位于输尿管外侧，以喇叭状开口于体腔；后端在接近泄殖腔处膨大成囊状，称为"子宫"。蟾蜍的左右"子宫"合并后，通入泄殖腔（蛙的"子宫"开口于泄殖腔背壁）。

③脂肪体：1对，与雄性的相似，黄色，指状，临近冬眠季节时体积很大。雌蟾蜍的卵巢、脂肪体之间有橙色球形的毕氏器，为退化的精巢。

6. 循环系统（心脏及其周围血管）

心脏位于体腔前端，被包在围心腔内。在心脏腹面用镊子夹起半透明的围心膜并剪开，心脏便暴露出来。可从腹面观察心脏的外形及其周围血管。

①心房：为心脏前部的2个薄壁有皱褶的囊状体，左右各一。

②心室：1个，连于心房之后的厚壁部分，圆锥形，心室尖向后。在两心房和心室交界处有明显的冠状沟，紧贴冠状沟有黄色脂肪体。

③动脉圆锥：由心室腹面右上方发出的1条较粗的肌质管，色淡。其后端稍膨大，与心室相通。其前端分为两支，即左右动脉干。

④静脉窦：在心脏背面，为一暗红色三角形的薄壁囊。

7. 浸制制作

用线穿背缚于事先准备好的玻璃片上，轻轻冲洗，然后固定、浸存。

8. 装瓶

装瓶前可以从过渡液里取出标本，如需在器官上标字，则可稍作冲洗，等晾干后，将事先用不脱色黑油印好字的硬纸片修整成小块，然后按名称用双管胶或蛋白将字片粘上，待干后即放入标本瓶配液保存（如图3-8所示）。

9. 封瓶

一般不采用永久封瓶法，以便保存一段时期后，可以换液保持透明观察，因此常以熔蜡封口，然后瓶外贴标签。

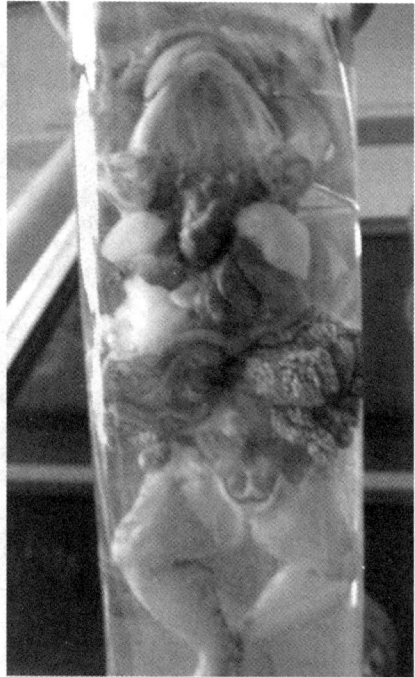

图3-8 蟾蜍剖浸标本

三、爬行纲（龟或鳖剖浸标本的制作）

1. 捉拿方式

捉拿鳖（或龟）时一定要防止被咬，尤其是鳖。鳖尾与后肢间有两个软凹窝，较安全的捉鳖方式便是将拇指和食指、中指分别卡住鳖的这两个软凹窝，快速转移到事先准备的容器中，以避免被咬和被其后肢抓伤。

2. 解剖

用滴管将乙醚或氯仿滴入鳖（或龟）喉门，或将蘸有氯仿的脱脂棉球置入其泄殖腔深处，使其麻醉。在动物解剖台上将其头部和四肢固定。用剪刀沿鳖的背、腹甲之间剪开，去掉腹甲（如图3-9所示）；解剖乌龟时则可用锯条将背、腹甲之间的甲桥锯断，再去掉腹甲。

3. 循环系统

打开心包膜即可看到心脏由一心室和两心房组成。心室位于腹侧，后端稍尖，前方圆。心房在心室前方，静脉窦横在心室背方，壁薄。由心室发出3条动脉弓。肺动脉弓和左体动脉弓由心室右侧发出，右体动脉弓由心室左侧发出。肺动脉弓分为两支入肺，左右体动脉弓在背面后方合并成背大动脉，向后行。

4. 消化系统

消化管由前向后依次分为口、口腔、咽、食道、胃、小肠、大肠和泄殖腔。消化腺主要为肝脏和胰脏。

①口和口腔：剪开两侧口角，可见口腔内的结构。上下颌不具齿而被角质喙，口腔顶壁为硬腭，后有个内鼻孔。口腔底被舌占据，舌短，不能伸出口外。

②咽：位于口腔和食道之间的宽而短的通道，在侧壁可见1对小孔通往鼓室，即咽鼓管孔，咽底壁后方是喉，喉的正中有一喉门。

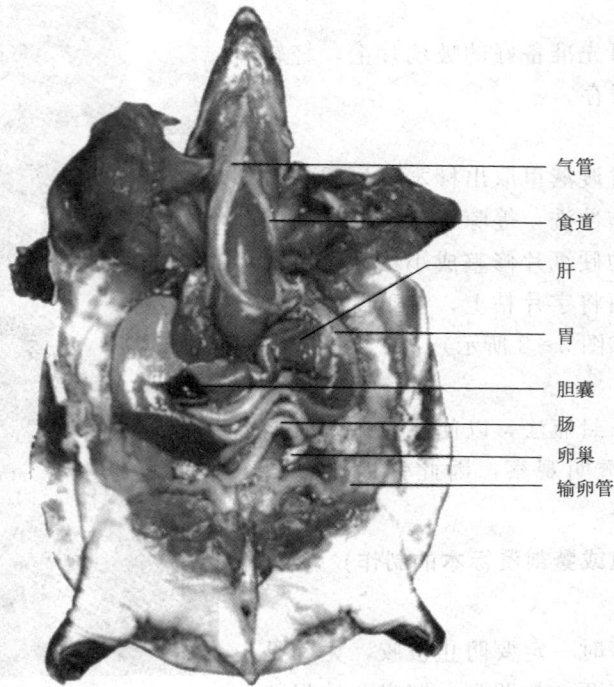

气管
食道
肝
胃
胆囊
肠
卵巢
输卵管

图 3-9 甲鱼的内部结构

③食道：前端与咽相连，沿颈的腹面纵行向后伸入体腔与胃相连。

④胃：肉红色，位于胸腹腔前方左侧，被肝脏所覆盖，呈囊状，与食道相连部为胃小弯。

⑤小肠：分为十二指肠和回肠两部分。

⑥大肠：分为盲肠、结肠和直肠。

⑦泄殖腔：囊状，为消化、泌尿、生殖三个系统的共同通道，以泄殖腔孔通体外。

⑧肝脏：覆盖胃和十二指肠，黑褐色或黄褐色，分为左右叶。

⑨胰脏：外覆在十二指肠外，淡黄色或淡红色。

5. 呼吸系统

由鼻、喉、气管、支气管和肺组成。喉头以下纵行于颈部腹面的 1 条细管，由软骨环支持。气管后端的分支为支气管，左右两支气管分别进入左右肺。肺紧贴在背甲的内表面，左右两叶，呈长囊状、海绵状。

6. 排泄系统

由肾脏、输尿管和膀胱组成。肾脏 1 对，呈扁平状，较大，紧贴腹腔背壁。输尿管由肾脏发出，向后延伸，通入泄殖腔。膀胱较大，在直肠腹面，囊状，开口于泄殖腔。

7. 生殖系统

雌、雄异体。

①雌性：包括 1 对卵巢和输卵管。卵巢在腹腔后部，形状不规则，随季节不同而变

化，平时含米粒状卵泡，繁殖季节，腹腔内充满了成熟的卵。输卵管1对，弯曲回转于卵巢外侧，前端呈喇叭状，开口体腔，喇叭口于肠系膜粘连。后端开口于泄殖腔背面。

②雄性：睾丸1对，黄色而呈卵圆形，位于肾脏前端的内侧。睾丸上方有副睾1对，后连输精管通入泄殖腔阴茎基部。阴茎位于泄殖腔壁。

8. 装瓶

装瓶前可以从过渡液里取出标本，如需在器官上标字，则可稍作冲洗，等晾干后，将事先用不脱色黑油印好字的硬纸片修整成小块，然后按名称用双管胶或蛋白将字片粘上，待干后即放入标本瓶配液保存。

9. 封瓶

一般不采用永久封瓶法，以便保存一段时期后，可以换液保持透明观察，因此常以熔蜡封口即可，然后瓶外贴标签。

四、鸟纲（家鸽剖浸标本的制作）

1. 取材

将活家鸽一只，一手握住其双翼，另一手紧压腋部；或以拇指和食指压住两侧蜡膜，中指托住其颏部，使鼻孔与口均闭塞，1～2min后，鸽子因窒息而死。等鸽体冷后即可解剖（也可用少量脱脂棉花浸以乙醚缠在鸽的嘴基使其麻醉致死）（如图3-10所示）。

2. 消化系统

（1）消化道

口腔：剪开口角进行观察。上下颌的外缘生有角质喙。舌位于口腔内，前端呈箭头状。在口腔顶部的两个纵走的粘膜褶壁中间有内鼻孔。口腔后部为咽部。

食道：沿颈的腹面左侧下行，在颈的基

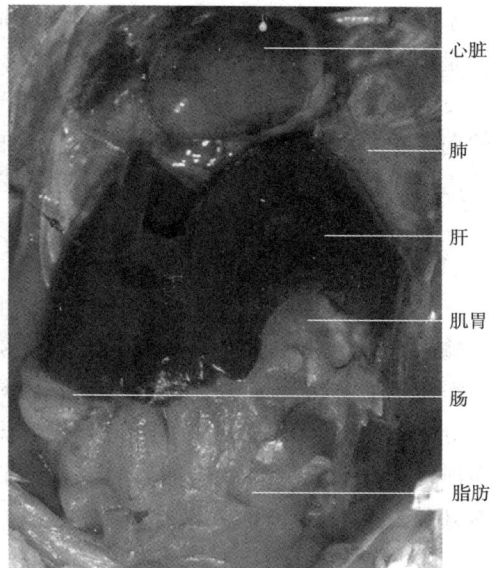

图3-10　鸽的内部结构

部膨大成嗉囊。嗉囊可贮存食物，并可部分地软化食物。

胃：鸽的胃由腺胃和肌胃组成。腺胃又称前胃，上端与嗉囊相连，呈长纺锤形。腺胃右侧有卵圆形的脾脏，贴于肠系膜上。肌胃又称砂囊，上连前胃，位于肝脏的右叶后缘，为一扁圆形的肌肉囊。

十二指肠：在前胃和肌胃的交界处，呈U形弯曲（在此弯曲的肠系膜内，有胰腺着生）。

小肠：细长，盘曲于腹腔内，最后与短的直肠连接。

直肠（大肠）：短而直，末端开口于泄殖腔。在其与小肠的交界处，有一对豆状的盲肠。鸟类的大肠较短，不能贮存粪便。

（2）消化腺

在肝脏的右叶背面有一深的凹陷，自此处伸出两支胆管注入十二指肠。

3. 呼吸系统

外鼻孔：开口于蜡膜的前下方。

内鼻孔：位于口顶中央的纵走沟内。

喉：位于舌根之后，中央的纵裂为喉门。

气管：一般与颈同长，以完整的软骨环支持。在左右气管分叉处有一较膨大的鸣管，是鸟类特有的发声器官。

肺：左右二叶。位于胸腔的背方，为一对扩展为较小的实心海绵状体。

气囊：与肺连接的数对膜状囊，分布于颈、胸、腹和骨骼的内部。

4. 循环系统

心脏位于躯体的中线上，体积很大。用镊子拉起心包膜，然后以小剪刀除去心包膜，可见心脏被脂肪带分隔成前后两部分。前面褐红色的扩大部分是心房，后面颜色较浅的为心室。靠近心脏的基部，把结缔组织和脂肪清理出去，暴露出来的两条较大的灰白色管子是无名动脉。

打开的腹腔去除脂肪后暴露出肠、肌胃和腺胃、胰脏和十二指肠。此外，在左右心房的前方可看到两条粗而短的静脉干，为前大静脉。将心脏翻向前方，可见一条粗大的血管由肝脏的右叶前缘通至右心房，这就是后腔静脉。

5. 泌尿系统

(1) 排泄系统

肾脏：紫褐色，左右成对，各分成 3 叶，贴附于体腔背壁。

输尿管：沿体腔腹面下行，通入泄殖腔。鸟类不具膀胱。

泄殖腔：将泄殖腔剪开，可看到腔内具 2 横褶，将泄殖腔分为 3 室，前面较大的为粪道，直肠即开口于此；中间为泄殖道，输精管（或输卵管）及输尿管开口于此；最后为肛道。

(2) 生殖系统

雄性：具成对的白色睾丸伸出输精管，与输精管平行进入泄殖腔。多数鸟类不具外生殖器。

雌性：右侧卵巢退化，左侧卵巢内充满卵泡。有发达的输卵管。输卵管前端藉喇叭口通体腔；后方弯曲处的内壁富有腺体，可分泌蛋白和卵壳，末端短而宽，开口于泄殖腔。

6. 装瓶

装瓶前可以从过渡液里取出标本，如需在器官上标字，则可稍作冲洗，等晾干后，将事先用不脱色黑油印好字的硬纸片修整成小块，然后按名称用双管胶或蛋白将字片粘上，待干后即放入标本瓶配液保存（如图 3-11 所示）。

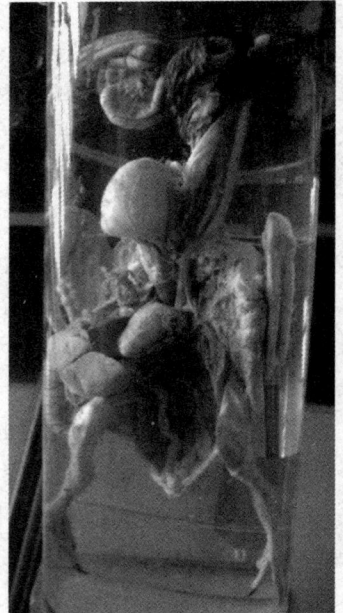

图 3-11 鸽剖浸标本

7. 封瓶

一般不采用永久封瓶法，以便保存一段时期后，可以换液保持透明观察，因此常以熔蜡封口即可，然后瓶外贴标签。

五、哺乳纲（家兔剖浸标本的制作）

1. 取材

在家兔的耳部找到血管，注射入空气，待兔死后进行解剖。

2. 解剖

将兔固定于解剖盘，用水沾湿腹中线处的兔毛，并沿中线将毛分开，以免兔毛飞扬。在尿殖孔处提起皮肤，先剪一横裂，然后伸入皮下纵剪，打开肌肉层（勿剪破膀胱），如图 3-12 所示。

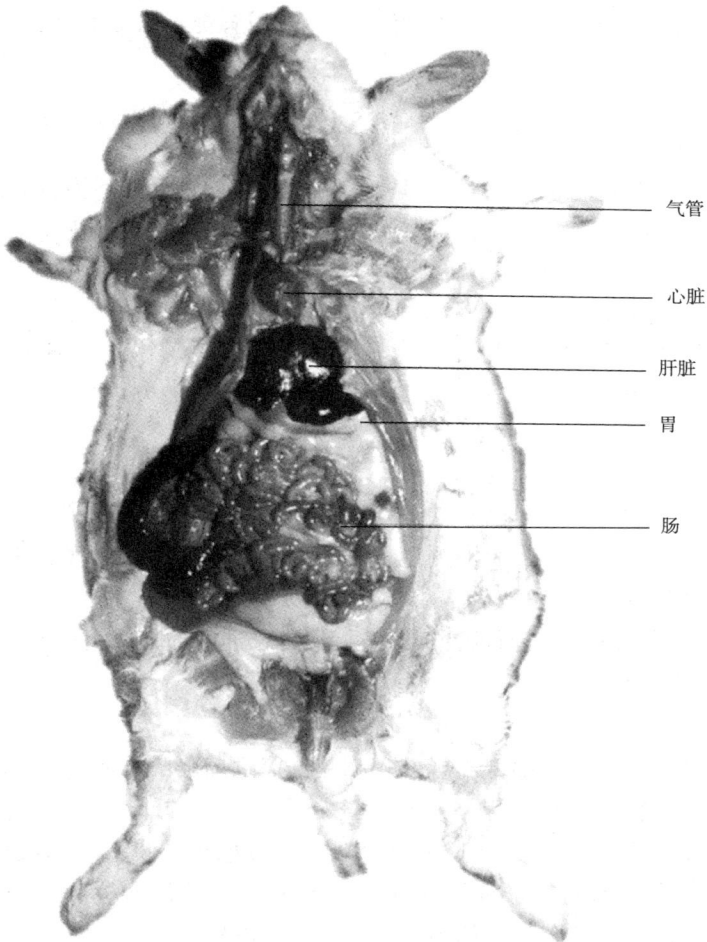

气管

心脏

肝脏

胃

肠

图 3-12　兔内部结构

3. 消化系统

(1) 唾液腺

剥开头部的皮肤，观察三对唾液腺（耳壳基部的耳下腺，下颌内侧的颌下腺和舌下腺）。

①耳下腺：位于耳壳基部的腹前方，剥开皮肤即可见。为不规则的淡红色腺体，其腺管开口于口腔底部。

②颌下腺：在颈部腹中线上，口腔底的基部，将附近脂肪清除，可见有一对椭圆形的腺体，腺管开口于口腔底部。

③舌下腺：位于左右颌下腺的上方，埋在肌肉下，形小，淡黄色。将附近淋巴结（圆形）移开，即可看到扁平长条形的舌下腺，由腺体的内侧伸出一对舌下腺管，伴行颌下腺管开口于口腔底。

④沿口角将颊部剪开，清除一侧的咀嚼肌，并用骨剪剪开该侧的下颌骨与头骨的关节，即可将口腔全部揭开。

(2) 口腔

口腔的前壁为上下唇；两侧壁是颊部，上壁是腭，下壁为口腔底。口腔前面牙齿与唇之间为前庭。位于最前端的 1 对长而呈凿状的牙为门牙，上门牙内侧有一对小门牙。后面有短而宽且具有磨面的前臼齿及臼齿。可用家兔的头骨进行对照观察。

齿式为：$\dfrac{2、0、3、3}{2、0、2、3}$

在口腔顶部的前端是硬腭，后端则为软腭。硬腭与软腭构成鼻通路。口腔底部有发达的肉质舌。舌的前部腹方有系带将舌连在口腔底上，舌的表面有许多小乳头，其上有味蕾。

(3) 咽部

咽即软腭后方背面的腔。沿软腭的中线剪开，露出的腔是鼻咽腔，为咽部的一部分，鼻咽腔的前端是内鼻孔。在鼻咽腔的侧壁上有 1 对斜的裂缝是耳咽管的开口。咽部后面渐细，连接食道。食道的前方为呼吸道的入口，此处有一块叶状的突出物称会厌（位于舌的基部）。食物与空气在咽部后面进行交叉，会厌能防止食物进入呼吸道。

(4) 消化管和消化腺

①消化管

食道：位于气管背面，由咽部后行伸入胸腔，穿过横膈膜进入腹腔与胃连接。

胃：食道开口于胃的中部。胃与食道相连处为贲门；与十二指肠相连处为幽门。兔的胃有显著的弯曲。胃的左侧胃壁薄而透明，呈灰白色，粘膜上有黏液腺；右侧胃壁的肌肉质较厚，且有许多的血管，故呈红灰色，粘膜上有纵行的棱和能分泌胃液的腺体。在胃的左下方有一深红色的条状腺体为脾脏。脾脏属淋巴腺体。

肠道：肠管的前段细而盘旋的部分为小肠，后段为大肠。小肠又分为十二指肠、空肠和回肠；大肠则分结肠和直肠。小肠和大肠交界处有盲肠。兔的盲肠很发达。十二指肠接近肝脏一侧，有总胆管注入。大肠的最后端为很短的直肠，直接开口于肛门。

②消化腺

除前面介绍的唾液腺外，还有肝脏，胰脏。

肝脏：体内最大的消化腺体，位于腹腔的前部，呈深红色，具胆囊，胆汁沿胆管进入十二指肠上端。

胰脏：散在十二指肠的弯曲处，是一种多分支的淡黄色腺体。有数条胰腺管开口于十二指肠。

4. 呼吸系统

①喉头：将颈部腹面的肌肉除去，以便观察，喉头为一软骨构成的腔。喉头顶端有一很大的开口即声门，喉头的背缘有会厌，会厌的背后为食道的开口，喉头腹面的大形盾状软骨为甲状软骨，其后方为围绕喉部的环状软骨。环状软骨的背面较宽，其上有 1 对小的突起为杓状软骨。喉头腔内壁上的皮肤褶状物为声带。

为了继续观察须剪开颈部后面的肌肉，并打开胸腔，用骨剪剪断肋骨，除去胸骨，即可观察胸腔内部构造。

②气管：由喉头向后延伸的气管，管壁由许多软骨环支持，软骨环的背面不完整，紧贴着食道。气管向后伸分成两支进入肺。在环状软骨的两侧各有一扁平椭圆形的腺体为甲状腺。

③肺：气管进入胸腔后，分两支入肺。每支与肺的基部相连。肺为海绵状器官，位于心脏两侧的胸腔内。

5. 排泄系统

肾脏为紫红色的豆状结构，位于腹腔背面，以系膜紧紧地连接在体壁上。由白色的输尿管连于膀胱通连尿道（雄性尿道大部分在阴茎内），直接开口于体外。

6. 生殖系统

雌雄标本可在解剖之后，交互观察。

雄性生殖系统：睾丸（精巢）为 1 对白色的豆状物。家兔的睾丸在繁殖期经鼠蹊管下降到阴囊中，非繁殖期则缩入腹腔内。阴囊以鼠蹊管孔通腹腔。在睾丸端部的盘旋管状构造为副睾。由副睾伸出的白色管即为输精管。输精管经膀胱后面进入阴茎通到体外。在输精管与膀胱交界处的腹面，有 1 对鸡冠状的精囊腺。

雌性生殖系统：在肾脏下方的紫黄色带有颗粒状突起的腺体为卵巢。卵巢外侧各有一条细的输卵管。输卵管端部的喇叭口开口于腹腔。输卵管下端膨大部分为子宫。

7. 循环系统

①静脉系统：细心地剪开围心腔，观察心脏及其周围的血管。心脏肌肉壁最厚的地方是心室，心室上面的两侧为心房。

②动脉系统：将一侧的前大静脉结扎起来，然后剪断；去掉脂肪以便观察心脏附近的大血管。大动脉弓由左心室发出，稍前伸即向左弯走向后方。在贴近背壁中线，经过胸部至腹部后端的动脉，称为背大动脉。大动脉弓分出 3 支大动脉管，最右侧的为无名动脉，中间的为左总颈动脉，最左侧的为左锁骨下动脉。

8. 装瓶

装瓶前可以从过渡液里取出标本，如需在器官上标字，则可稍作冲洗，等晾干后，将事先用不脱色黑油印好字的硬纸片修整成小块，然后按名称用双管胶或蛋白将字片粘上，待干后即放入标本瓶配液保存（如图3-13所示）。

9. 封瓶

一般不采用永久封瓶法，以便保存一段时期后，可以换液保持透明观察，因此常以熔蜡封口即可，然后瓶外贴标签。

第四节　脊椎动物器官和系统剖浸标本的制作

一、保持内脏原色的方法

1. 凯塞尔林氏方法

这种方法可以保持脊椎动物哺乳类内脏的自然色泽，效果较好。

①固定。取出刚杀死动物的内脏，浸在固定液里。内脏不要跟水接触，因为水会引起红细胞溶解，使标本褪色。

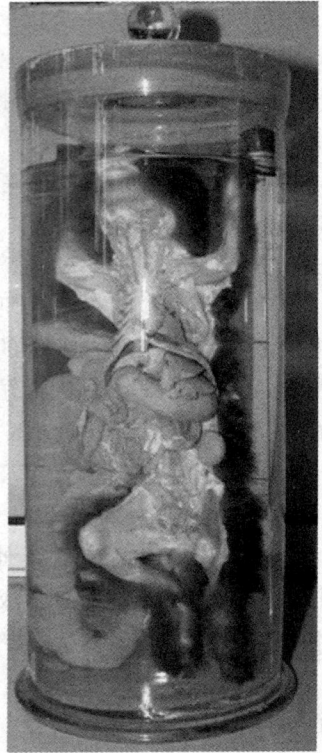

图3-13　兔剖浸标本

用200mL福尔马林、15g硝酸钾和30g醋酸钠，加1000mL水，配成固定液。固定液中的盐类能防止红细胞变形，促进福尔马林渗透到器官的深处。将标本浸入固定液以前，用棉絮蘸足固定液，垫在器官之间，使器官保持正常位置，再将蘸足固定液的棉絮垫在瓶底，并盖住整个器官，固定液要超过器官容积的3～4倍。

标本在上述溶液中会变得结实起来，这时血液里的血红素变成高铁血蛋白，标本失去自然色泽，产生乌褐色。器官停留在固定液中的时间，根据器官的大小和结构而有所不同。若要标本变得均匀而结实，最好把它一直浸在这溶液里，直到显出需要的颜色为止。如果挤压标本时不会流出淡红色的血液，这才可以认为标本停留在固定液中的时间已经够了。

②还原。将固定后的标本放在水里洗涤后，用棉絮和滤纸吸干水分，再浸在85％～95％酒精里。在用酒精处理时，器官的颜色会较快地恢复。这是由于高铁血红蛋白转化为新的化合物——变性血红素所致。如果标本在固定液里放得太久，形成稳定的高铁血红蛋白，就不能再变成变性血红素了。

标本要在酒精里浸6～24h，直到组织恢复自然色泽为止。但是不能浸得太久，否则色素被破坏，器官就会脱色。

③保存。颜色恢复以后，将标本放在流水中冲洗干净，再放在保存液里保存，封包瓶口。保存液的配方是甘油 200mL、醋酸钠 100g、百里酚（麝香草酚）3g、水 1000mL。

2. 萧尔氏方法

它跟凯塞尔林氏方法不同，主要是保存液。萧尔氏用 100g 食盐溶在 1000mL 热水里，用棉絮过滤，在滤液里加入 150mL 95％酒精和 1000mL 甘油，配成保存液。标本在该液中至少浸两个星期。取出后放入洁净干燥的标本瓶内，干燥保存。为不使标本瓶的玻壁蒙上水汽，在瓶底铺一层干燥棉絮，将瓶口封好。

二、脊椎动物脑与心脏比较标本制作

在动物由低级向高级、由简单向复杂的演化中，为了说明其间的关系，我们需要用比较解剖学的手段来做标本，用以示范教学。

一般常用的是制作脊椎动物五纲的脑、心脏、肺等标本，制成比较解剖浸制标本供用，说明生物器官的演化。

1. 脊椎动物五纲脑的比较标本制作方法

①取兔、鸽（或鸡）、龟、蛙（或蟾蜍）和鱼的头部。剥去兔、鸽头部的皮肤，去掉除鱼外的各头的下颌。

②在各个头顶上，小心剪开头盖骨，露出脑，以笔蘸足 15％的福尔马林涂入脑上渗入组织，盖上含 15％的福尔马林的药棉，两小时后，移入过渡液固定两周。

③除鱼外，将各头浸入脱钙液（5％硝酸或 5％醋酸或 38％盐酸 5～10 份，福尔马林 2 份，水 88～93 份）直到脑颅软化为止，即取出漂洗。

④小心地用剪刀一块一块剪除脑颅，至露出全脑及眼球，即取出置清水或过渡液内保存。

⑤取出各脑，浸入 10％～15％过氧化氢溶液里漂白 24～36h。

⑥取出漂白脑，置清水中，剪去漂浮的脑膜及眼球边的软组织。

⑦取出各脑置解剖板上，整理摆好位姿，稍晾后，涂上 15％的福尔马林约两小时，使之硬化，再置清洁过渡液两天。

⑧取出各脑用清水轻轻洗去残液，上玻璃板，贴标签，加入 10％的福尔马林，封瓶保存（如图3－14）。

2. 脊椎动物五纲心脏的比较标本制作方法

在制作这方面的标本时，应注意节约材料。例如前述中已取各动物之头，那么各动物的心脏、肺以及消化、泌尿生殖诸系统均可取下，另作其他用途之标本。在操作上可逐个逐个系统地进行剖取，未轮到的

图3－14　脊椎动物五纲脑比较标本

均可放保存液里保存待用（如图 3-15 所示）。

三、脊椎动物神经系统标本制作

1. 兔神经系统标本制作

（1）取材　取活家兔一只，体重 0.2～0.3kg（配合标本瓶），割断颈动脉放血杀死，剥掉皮，剖开腹壁取出内脏，用清水冲洗干净。从鼻腔插入针头，针头尖穿过筛骨，向脑部注射 1mL 左右 5％福尔马林。注射完毕，使材料在 5％福尔马林里浸一周左右。

（2）骨骼软化　福尔马林里取出材料，转浸在脱钙液里 18～24h。脱钙液是用 15mL 38％盐酸、2mL 40％福尔马林、83mL 水配成的。在脱钙液中约浸 18～24h，等到骨骼软化，就从脱钙液中取出材料，放入清水中漂洗。

（3）分离神经　将经过脱钙液处理的兔材料放在解剖板上，分离神经（如图 3-16 所示）。

①分离肱神经丛：在背部剪开第一到第五胸椎，露出白色的脊神经和肱神经丛。顺着神经行走方向，从肌肉中分离出肱神经丛，一直分离到腕骨。

②分离腰荐神经丛：在背部剪开腰椎和荐椎，露出脊神经和腰荐神经丛。顺着神经行走方向，从肌肉中分离出腰荐神经丛，一直分离到足骨。

③分离脊髓：从胸腔的腹面剪开胸椎，露出胸部脊髓和脊神经，然后小心地剪开胸椎、腰椎和荐椎，并把脊椎骨陆续除去，将脊髓和每一节的肋神经从骨骼中分离出。再剪开尾椎，分离出尾部神经。

④分离颈部脊髓和脑：从下颌旁边分离出三叉神经，并将下颌骨全部除去。剪开颈椎，分离出脊髓和脊神经，再在小脑处剪开脑颅，仔细地除去整个脑颅。最后分离出眼球。

（4）漂白：将分离的神经系统浸入 10％～15％过氧化氢溶液里漂白 24～36h。等神经系统变为洁白时取出，放在清水里漂洗。

（5）整修：将经过漂白的神经系统放在清水里整修，剪除不必要的组织，然后定形。将神经系统标本放在玻璃片上（插入标本瓶内用），摆好姿势，用丝线缚在玻璃片上。用毛笔蘸足 40％福尔马林，

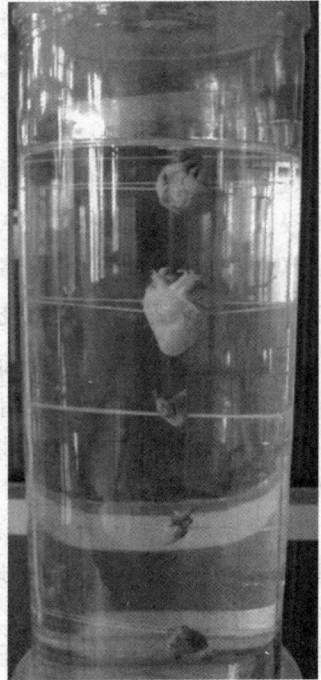

图 3-15　脊椎动物五纲心脏比较标本

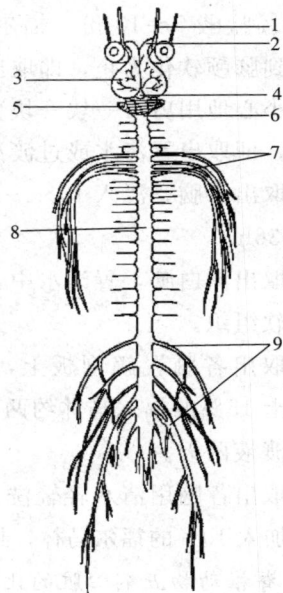

图 3-16　兔神经系统标本

1—三叉神经；2—嗅叶；3—大脑；

4—中脑；5—小脑；6—延脑；

7—肱神经丛；8—脊髓；9—腰荐神经丛

涂在神经系统标本上。将标本放在一旁，2 小时以后神经系统硬化，浸在 10％福尔马林过渡液里。1～2 周后从过渡液内取出神经系统，放在清水里漂洗，然后装瓶、封口、包口（如图 3-17 所示）。

2. 其他脊椎动物神经标本浸制

（1）鱼神经系统标本浸制　选取体形完整的鲜鲤鱼，刮掉鳞片，剖开腹壁，挖出内脏，用清水冲洗干净。在鱼体的侧线处切开皮肤，拨开肌肉，露出迷走神经侧线支。顺着侧线支，从头部到尾部分离出侧线支。然后剔除脊柱处的背部肌肉，剪去背鳍和尾鳍，再剪掉肋骨，这时全鱼只剩头部、两条侧线神经和脊柱（如图 3-18 所示）。将标本放在解剖板上，把两条侧线神经理直，在标本上涂上 40％福尔马林，放在一旁。2～3h 以后侧线神经硬化，用水洗净标本上的福尔马林残液。用宽头剪刀小心剪除脊椎骨，但在脊柱中间要保留一段约 2cm 长的脊椎骨，分离出脊髓。细心除掉头盖骨，露出脑部，再分离出嗅神经和嗅球，把鳃拨向两旁。分离出神经系统后，摆好姿势，涂上 40％福尔马林。两小时以后将标本浸在过渡液里。两星期以后即可修剪，上玻璃片，装瓶和封口。

图 3-17　兔神经系统

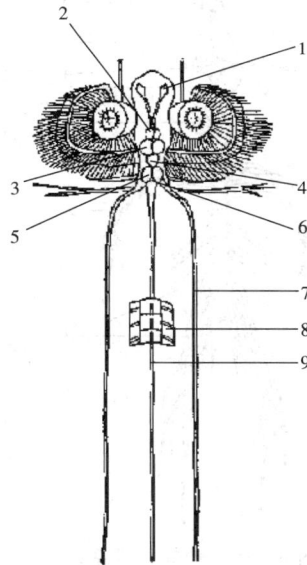

图 3-18　鱼神经系统

1—嗅球；2—端脑；3—中脑；4—小脑；
5—迷叶；6—延脑；7—迷走神经侧线枝；
8—留有一段的椎体；9—脊髓

（2）蟾蜍神经系统标本浸制　选取体形完整的大型活蟾蜍或青蛙；用乙醚处死后，剖开腹壁；剥掉皮；取出内脏，用清水冲洗干净。在头部小心除掉一小块头盖骨，露出部分脑，用 40％福尔马林滴入颅腔，使福尔马林能透入脑组织，静置 2h，然后将材料浸在脱钙液里 18～24h。等到骨骼软化后，取出材料用水冲洗，再参照图 3-19 分离神经系统。然后漂白、上玻璃片，最后装瓶、封口。

（3）龟神经系统标本浸制　选取体形完整的活龟，用乙醚处死后锯除腹甲，取出内脏，用清水冲洗。随即分离出四肢中的肱神经丛和腰荐神经丛。把龟材料浸入脱钙液中大约20h。

等骨骼软化后取出材料，用水冲洗，再分离出神经系统，方法同兔和蛙。然后把神经漂白，上玻璃片，最后装瓶封口。

（4）鸽神经系统标本浸制　选取体形完整的活家鸽，杀死后拔去羽毛，剖开腹壁，取出内脏，用清水冲洗。先向颅腔注入40％福尔马林。注射的位置和家兔相同，从鼻腔处插进针头，但不能插得太深，否则会损坏脑组织。移入脱钙液脱钙，使骨骼软化，然后分离神经、漂白、上玻璃片、装瓶封口（如图3-20所示）。

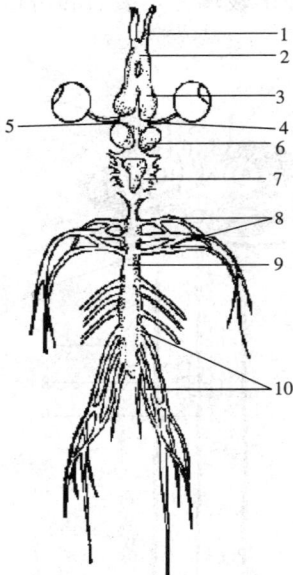

图3-19　蟾蜍神经系统

1—嗅神经；2—嗅叶；3—大脑半球；4—视神经；
5—间脑；6—视叶；7—延脑；8—肱神经丛；
9—脊髓；10—腰荐神经丛

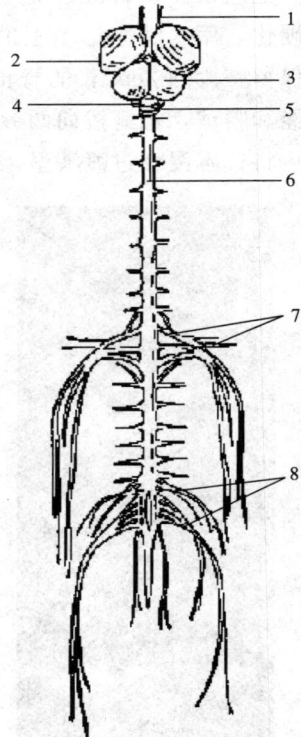

图3-20　鸽神经系统

1—三叉神经；2—嗅叶；3—大脑半球；
4—视叶；5—小脑；6—脊髓；
7—肱神经丛；8—腰荐神经丛

四、脊椎动物消化系统标本制作

1. 兔消化系统标本浸制

①取材。选用体形完整的小兔一只，体重250～300g，让它饿一天，消除肠内的积食。然后用乙醚处死，冲洗干净后解剖。

②解剖。把兔子的腹面朝上放在解剖板上，用大头针钉在四肢的指掌和趾掌上，用镊子提起腹壁下角的皮肤，做一切口，从切口处插入剪刀，沿正中线剪开皮肤，一直剪

到下颌骨两半所形成的角，再在肩带和腰带处向左右剪，作横切。然后把皮肤由切口向左、右两侧分离。分离皮肤时用手指撕离，在连接较紧的地方用解剖刀割开，用大头针把分离的皮肤固定在解剖板上。显露口腔和咽，剪开颈部肌肉，剪去胸壁和肋骨，剖开腹壁，翻向两侧，除去膈膜，剥离出从口到肛门的消化系统。为了便于观察，尽量剪除其他器官（如图 3-21 所示）。

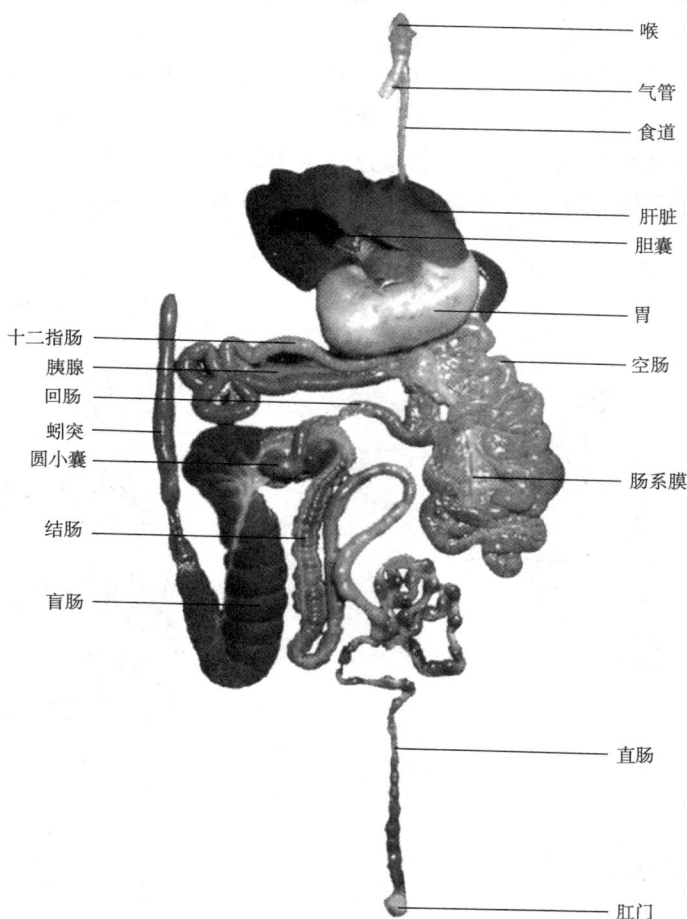

喉
气管
食道
肝脏
胆囊
胃
空肠
肠系膜
十二指肠
胰腺
回肠
蚓突
圆小囊
结肠
盲肠
直肠
肛门

图 3-21　兔消化系统

③定形。用冲洗骨髓腔方法，冲除兔子肠内的粪便。在解剖板上划好玻璃片的长和宽，各器官的位置应该放在长和宽的画线内。拉出食管，下面垫入棉絮。把胃拉平，朝上掀起肝脏，显露胆囊。在小肠旁放胰腺。将盲肠拉向玻璃片旁，再将大肠和直肠的曲度放好。所有器官安排好位置后，都要衬垫药棉，然后用毛笔蘸 40% 福尔马林，涂在标本上，前后涂两次。两小时硬化后，将标本浸在过渡液里。

④整修。从过渡液内捞出标本，用水漂洗干净，进行修剪和整理。上玻璃片、装瓶、封包瓶口，在瓶外贴上标签。

2. 其他脊椎动物消化系统标本浸制

(1) 鱼浸制标本　选用新鲜的鲫鱼或鲤鱼。用水将鱼冲洗干净，左侧向上放在解剖板上。从肛门孔插入剪刀，沿着腹面正中线朝前剪开腹壁，一直剪到鳃盖下面的边缘为止。剪开腹壁时剪刀头不要深入体腔，以防戳破内脏。然后用剪刀从切口两端向背面剪到侧线，再沿侧线剪去左侧体壁。这时全部内脏露出，分离出消化系统，剪掉其他器官。把肠展开，进行固定（如图3-22所示）。最后上玻璃片，装瓶。

(2) 蛙或蟾蜍浸制标本　将处死的蛙或蟾蜍冲洗干净。剖开腹壁；分离出内脏。横着剪断脊柱，把蛙或蟾蜍体分成前后两段，但不能把内脏断开。把分成两段的蛙或蟾蜍体翻过来朝上，将前肢向前拉起，分离出食管，在颈处剪去前肢和前半部分体壁，这样头部就连着食管和其他内脏。再在后半部分体壁上，挖出泄殖腔。去掉后肢和后半部分体壁，分离出消化系统，剪去其他器官（如图3-23所示）。固定标本，然后放在过渡液里。

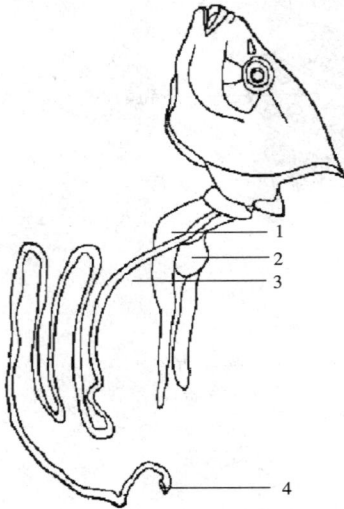

图3-22　鱼消化系统

1—肝胰脏；2—胆囊；3—肠；4—肛门

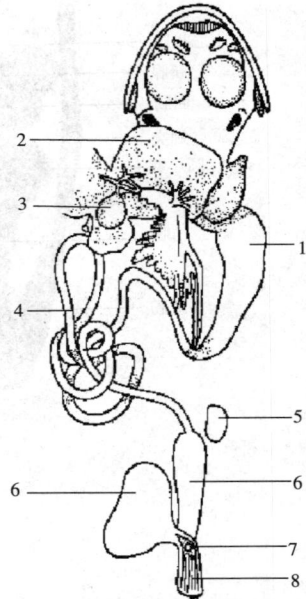

图3-23　蛙消化系统

1—胃；2—肝；3—胆囊；4—小肠；5—脾；6—膀胱；
7—大肠向泄殖腔的开口；8—泄殖腔

(3) 鳖（或龟）浸制标本　用滴管将乙醚或氯仿滴入鳖（或龟）喉门，或将蘸有氯仿的脱脂棉球置入其泄殖腔深处，使其麻醉。在动物解剖台上将其头部和四肢固定。用剪刀沿鳖的背、腹甲之间剪开，去掉腹甲。解剖乌龟时则可用锯条将背、腹甲之间的甲桥锯断后，再去掉腹甲。鳖（或龟）的消化系统如图3-24所示。

(4) 鸽浸制标本　按图3-25所示取出鸽的消化系统。方法是先将颈部分离，挖出食管和嗉囊，再剪开体壁，分离出消化器官，然后固定。

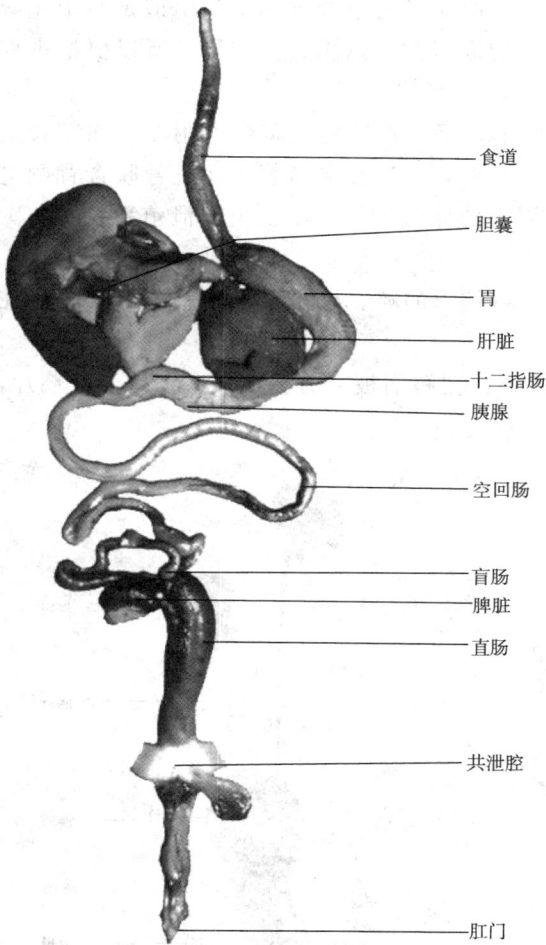

图 3-24 鳖（或龟）消化系统

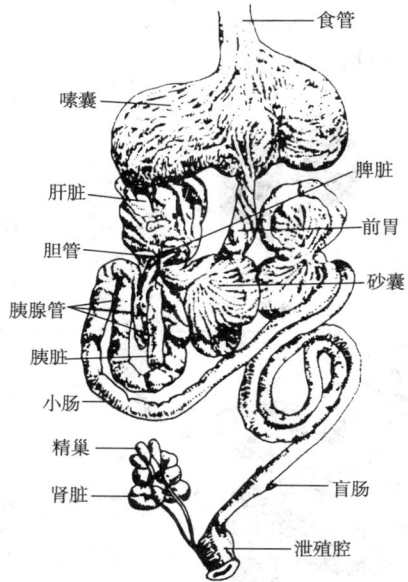

图 3-25 鸽消化系统

五、脊椎动物泄殖系统标本制作

1. 兔泄殖系统标本浸制

①取材。选择成年的雌、雄家兔，割断颈动脉，放血杀死，剥皮。

②解剖。将剥去皮的家兔冲洗干净。放在解剖板或盘上，剖开腹部。剔除骨盆肌，更好地暴露耻骨和坐骨。用骨钳在耻骨、坐骨全长的中心切断，挖出泄殖系统。挖出泄殖系统后所剩头、胸部材料不要扔掉，可以制作呼吸系统标本。肾脏是一对樱桃色豆形致密器官，紧贴在腹背脊柱的两侧。输尿管是根很光滑的白色管，一端从肾脏内侧向后方发出，另一端连接膀胱。膀胱位于腹腔最后端侧面，是梨形的薄壁囊。膀胱后部缩小成膀胱颈。雌兔的膀胱颈转变成短的尿道，尿道在阴道前庭开口。雄兔的膀胱颈连接一条长管，叫做泄殖管。以上是雌兔、雄兔的排泄系统。

雌兔生殖系统：卵巢一对，呈扁椭圆形，由特别的系膜挂在腹腔背面的两侧。输卵管是挂在系膜上的一对弯曲细管，前端呈漏斗状，跟腹腔相通。每一根输卵管的后端扩大而成子宫。子宫的管径比输卵管大得多，左右两侧子宫融合于阴道。阴道是一个宽阔的管，它的后端转为阴道前庭。生殖孔是宽阔的纵裂隙，以阴唇为周界，所以要挖去周围少量体壁，才能取出雌兔的全部泄殖系统。

雄兔生殖系统：睾丸一对，白色，呈卵圆形，每一对睾丸的背侧有附睾。输精管是细长的管道，从睾丸发出，经过腹股沟管进入腹腔，开口在泄殖管，在耻骨联合背侧进入阴茎。阴茎由两个海体组成。挖去海绵体周围的体壁，就能取出全部泄殖系统（如图3-26所示）。

③定形。按玻璃片插入标本瓶内的宽度，将挖出的雌、雄排泄生殖系统依次排列在解剖板上。

④修整。从过渡液里取出标本，用水漂洗，放在解剖板上剪去多余组织。上玻璃片，装瓶，封瓶，包口。

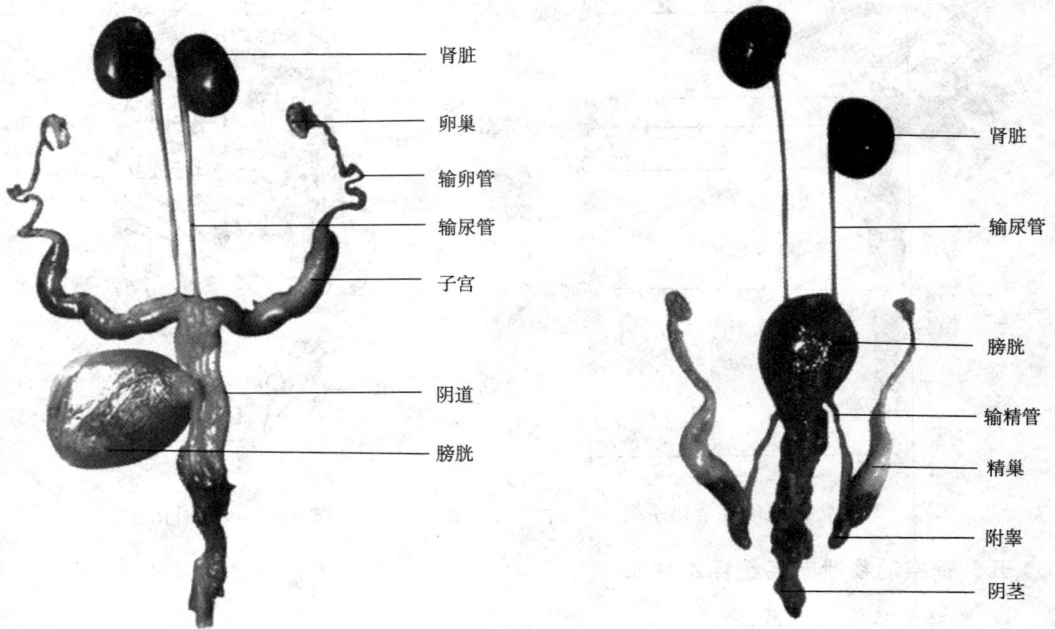

图3-26 兔生殖系统（左为雌兔生殖系统；右为雄兔生殖系统）

2. 其他脊椎动物泄殖系统标本浸制

（1）鱼泄殖系统标本浸制 材料可选用成年的雌、雄鲫鱼或鲤鱼，刮去鳞片后在泄殖孔以上（避开泄殖孔）剖开腹壁，剪掉左侧的体壁；把鳔、肠和生殖腺等向腹面推移，在体腔背面可以看见深红色的肾脏。它是一对带状体，前端宽大，并在中线上有迂曲。挖取时可能挖碎。肾的内侧有一条输尿管，两条输尿管的末端合而为一，由背面通入膀胱。膀胱略似盾形，前宽后窄，末端有一个孔通泄殖腔。解剖雄鱼时，在消化道两侧可以找到一对长囊状、色白如脂肪的串丸。串丸的末端有很短的输精管，左右两管合而为一，通泄殖腔。解剖雌鱼时，在消化道两侧可以找到一对长囊形、黄色的卵巢。卵巢的皮薄而透明，挖取时要小心，万一挖破，可以用纱布轻轻包好后固定。上玻璃片后，用笔蘸热动物胶涂在卵巢上，然后放在一旁，等胶略干，再浸入福尔马林。每一个卵巢有很短的输卵管，左右两管合而为一，通泄殖腔。鱼泄殖系统如图 3 - 27 所示。

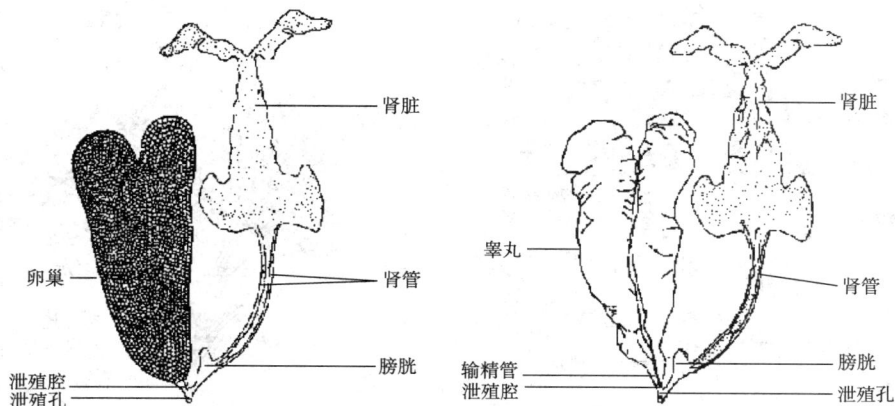

图 3 - 27　鱼泄殖系统（左为雌鱼泄殖系统；右为雄鱼泄殖系统）

（2）蛙（或蟾蜍）泄殖系统标本浸制　材料可选用成年蛙（或蟾蜍）。用乙醚处死蛙，然后冲洗干净，放在解剖板上剪开腹壁，除去心脏、肺脏和消化器官，这时候排泄生殖器官就明显可见。小心挖出这些器官。肾是一对暗红色、长卵形的器官，位居体腔的后部，每个肾的外缘通出一根输尿管。跟哺乳类不一样，蛙的输尿管和膀胱不直接连通。输尿管送来的尿液，必须先经过泄殖腔，才可以送到膀胱。膀胱的囊壁很薄，当它充满了尿液而胀大的时候，囊的中央出现一条微凹的部分，看起来好像有两个囊，其实中间并未隔开。在雌、雄两性生殖腺的前端，都分披着许多黄色指状的脂肪体。解剖雌蛙时，在肾脏前端的腹面可以找到一对卵巢，它的形状、大小因季节而不同。输卵管的前端膨大如漏斗状，后端比前端更膨大，成为一对囊状的子宫。子宫壁很薄，有极大的伸缩能力，各向下开口在泄殖腔的背面。解剖雄蛙时，在两肾的腹面可以找到一对睾丸。睾丸长卵圆形，淡黄色。输精小管通入肾脏，再经毕德氏管或肾小管到集合管，流向输尿管。雄蛙没有单独的输精管，它的输尿管兼作输精用，所以又叫尿殖管。尿殖管开口在泄殖腔。蛙泄殖系统如图 3 - 28 所示。

（3）石龙子泄殖系统标本浸制　材料选用雌、雄石龙子。雄性的头较粗大，尾基部较膨大，体也略大，且色泽鲜明。用乙醚处死后冲洗干净，放在解剖板上剪开腹壁，细心挖出排泄生殖器官。肾脏是一对实心体；着生在骨盆的背壁上。从肾脏分出输尿管，输尿管从背面进入泄殖腔。薄壁的膀胱从腹面开口在泄殖腔。解剖雄石龙子时，在腰椎两侧可以找到一对白色椭圆形的睾丸。从睾丸分出的许多小管联合成为副睾。副睾延续到输精管，输精管在它同侧的输尿管接近泄殖腔处开口。泄殖腔后部分出两个囊的交媾器。解剖雌石龙子时，在腰椎下方可以找到一对卵巢。卵巢是表面颗粒状的不规则椭圆体。输卵管是一对薄壁的大管，一端在体腔开口，另一端在泄殖腔开口。石龙子泄殖系统如图 3 - 29 所示。

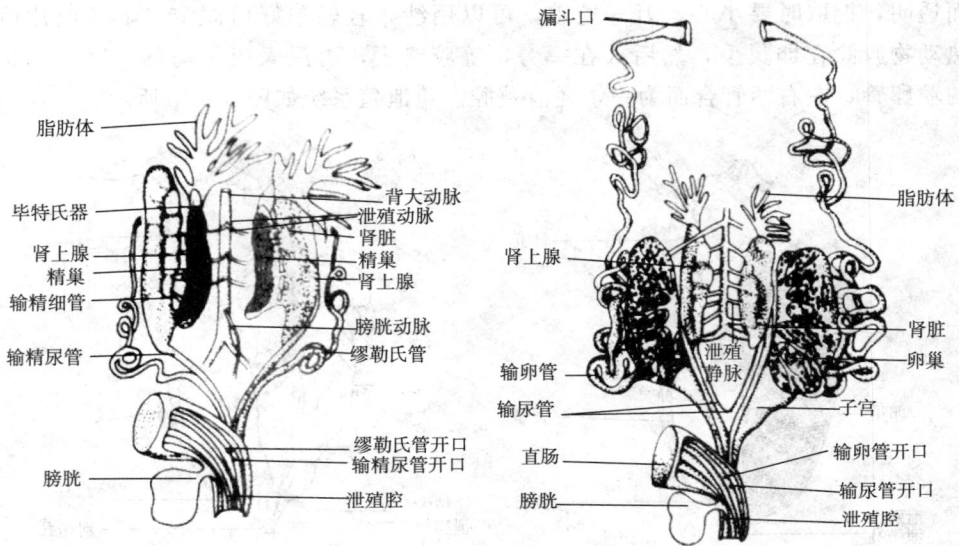

图 3-28　蛙泄殖系统（左为雄蛙泄殖系统；右为雌鱼泄殖系统）

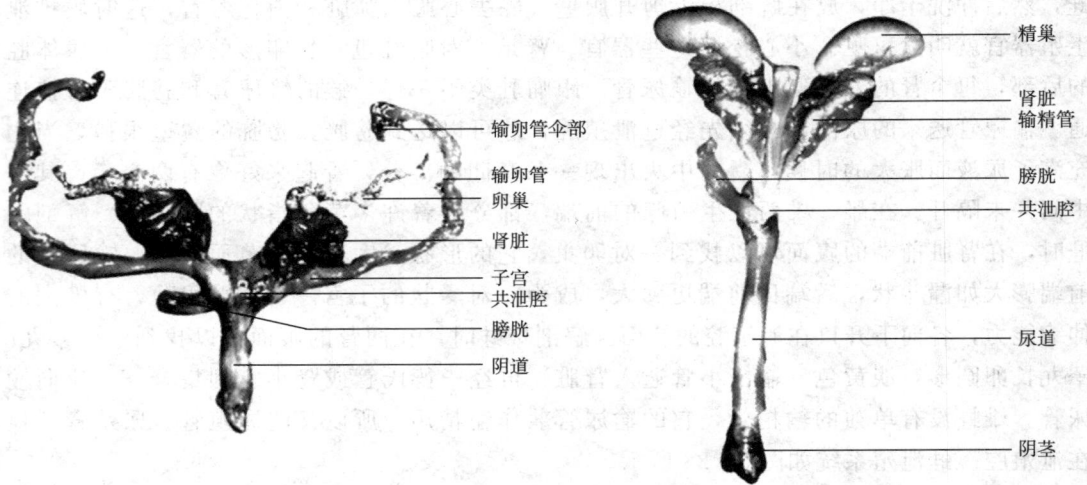

图 3-29　石龙子泄殖系统（左为雌性泄殖系统；右为雄性泄殖系统）

（4）家鸽的泄殖系统标本浸制　选择成年雌、雄家鸽（为了节省材料，家鸽的排泄生殖系统可以在制作骨骼时剔取），放血杀死后拔除羽毛，放在解剖板上，剪开腹直肌，从耻骨中间一直剪到胸骨，然后把剪刀横向两侧剪开外斜肌，再剪去腹肌，这时候腹腔里的器官就露出来了。这样剪不会损伤肋骨、胸骨和耻骨。细心分离出排泄生殖系统。肾脏一对（后肾），它们是分成三叶的长形扁平体。嵌入骨盆的背壁下，用解剖刀和探针小心挖取。输尿管由每一个肾脏向后行，在泄殖腔的中部开口。鸽没有膀胱。解剖雄家鸽时，靠近肾脏可以找到一对豆状的睾丸。由睾丸分出弯曲的输精管，输精管在进入泄殖腔前形成小的贮精囊。解剖雌家鸽时，靠近左肾前缘可以找到一个卵巢。卵巢十分发达，是形状不规则大小十分不同的粒状体。左输卵管是一根十分弯曲的厚壁管子，前端以扩大的漏斗开口在体腔内，末端通到泄殖腔。右输卵管已退化，只留有一点残迹。鸽泄殖系统如图 3-30 所示。

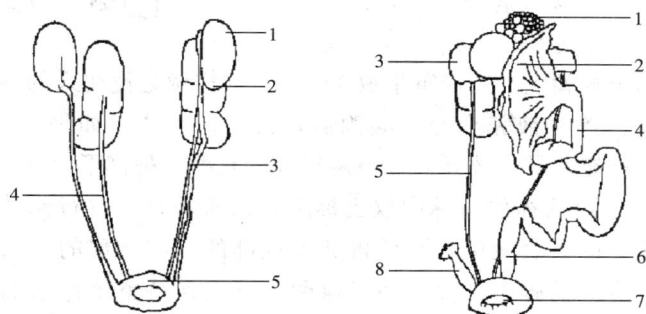

图 3-30　鸽泄殖系统

（左为雄鸽泄殖系统：1—睾丸；2—肾脏；3—输精管；4—输尿管；5—泄殖腔。右为雌鸽泄殖系统：1—卵巢；2—输卵管漏斗；3—肾脏；4—输卵管；5—输尿管；6—子宫；7—泄殖腔；8—退化的右输卵管）。

六、脊椎动物呼吸系统标本制作

1. 鸽呼吸系统标本制作

①选材。选取体形完整的活家鸽，用乙醚处死后拔掉全身的羽毛，用大头针将它钉在解剖板上。为了在注射时能随时看到注入的填充剂是不是流进腹部气囊中，要暴露腹气囊。方法是：在鸽腹部的外斜肌处切开皮肤，轻轻地拉起腹肌，剪开一个小口，就能看到贴靠在小肠周围有透明薄膜的腹气囊；再将切开的小口剪得大些，以便观察清楚。鸽的腹部充满透明的腹气囊，切开腹壁时必须细心，以免损伤。

②注入填充液。取 5g 明胶，放在 50mL 水里发软，一天后隔水加热。直到明胶全部溶化。在溶化的明胶内加入 2g 黄色颜料（耐晒黄 G）充分搅拌，用两层纱布过滤。将滤液隔水加热，配成填充液。在注射时如果填充液太稠，要加入适量的热水调稀。

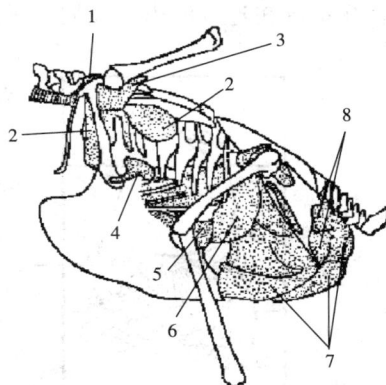

图 3-31　鸽的气囊和管道

1—颈气囊；2—锁间气囊；

3—肱骨气囊；4—腋下气囊；

5—前胸气囊；6—后胸气囊；

7—腹气囊；8—腰荐下气囊

气囊和气管是连通的（如图 3-31 所示），填充液只要注入气管，就能进入气囊。在靠近支气管前一段的气管下穿两道距离 2cm 左右的扎线。将 9 号针头向后插入这两道扎线之间的气管中，随后扎紧这两道扎线。扎紧第一道扎线的目的是阻塞气管,扎紧第二道扎线的目的是将气管和针头缚牢,不使填充液向上回流或从插针孔旁边溢出。将注射器吸满约 2/3 填充液,套上针头,开始用力推动注射器的筒芯,将填充液注入气管流入肺部,再流向各气囊中。在注射时,用右手握住注射器,左手用镊子轻轻拨开腹壁切口,随时观察,看填充液是不是已经均匀地流到腹气囊。注射 20~25mL 后全面检查一次。这时右手仍要握住注射器,更不能拔出针头,否则填充液会立即从插针孔流出。经检查后如果腹气囊露出均匀的黄色,可以结束注射,小心地拨出针头,并立即扎紧扎线。

注射完毕,将鸽子背朝上、腹向下平放 1~2h。这样做是使注入的填充液在冷却前能从背面流入腹部气囊。等注液完全冷却凝固后,再全面检查,如果个别气囊没有注到,可以直接插入注射器补充。最后放开并抽掉两道气管扎线,把鸽子浸在 10%福尔马林里。

③整修。1~2 周以后从福尔马林中取出标本,用水冲洗,进行修剪、整形。割除嗉囊,剪去翅膀和大腿上的大块肌肉,然后再剪去颈部的皮和胸部的肌肉。在修剪时不要损坏气囊。接下来将附着的碎肉剔除干净。保留骨骼以保持整个标本的完整。随后做比较细致的整理工作,除了保留内脏和气囊外,其余的碎肉和杂物(如注射时溢出的填充液)应清除干净。

④最后将修剪、整形的标本缚在玻璃片上,浸在过渡液里,一周后可以装瓶,封口。

2. 浸制其他脊椎动物呼吸系统标本的方法

(1) 鱼呼吸标本浸制　材料要选用新鲜的鲤鱼或鲫鱼,且不能太小。按图 3－32 所示解剖出呼吸系统。

(2) 蛙呼吸标本浸制　材料选用活青蛙(或蟾蜍),处死后放在解剖板上。解剖时在胸部分离出两肺(如图 3－33 所示)。定形时使口张开露出内鼻孔,伸出舌,显露声门。然后将标本浸在过渡液内 1~2 周。

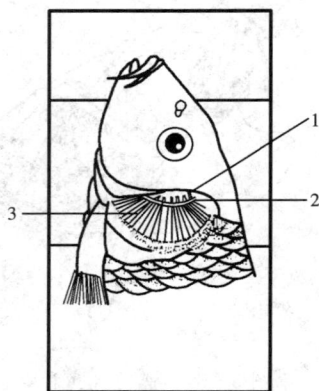

图 3－32　鱼的鳃
1—鳃耙;2—鳃弓;3—鳃片

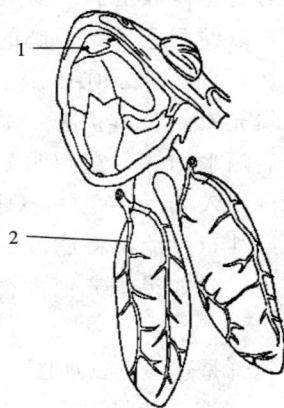

图 3－33　蛙的呼吸系统
1—内鼻孔;2—肺

（3）石龙子呼吸标本浸制　材料选用大型石龙子，处死后解剖，先剖开下颌，露出气管，再分离出肺（如图 3-34 所示）。定形后浸在过渡液里。

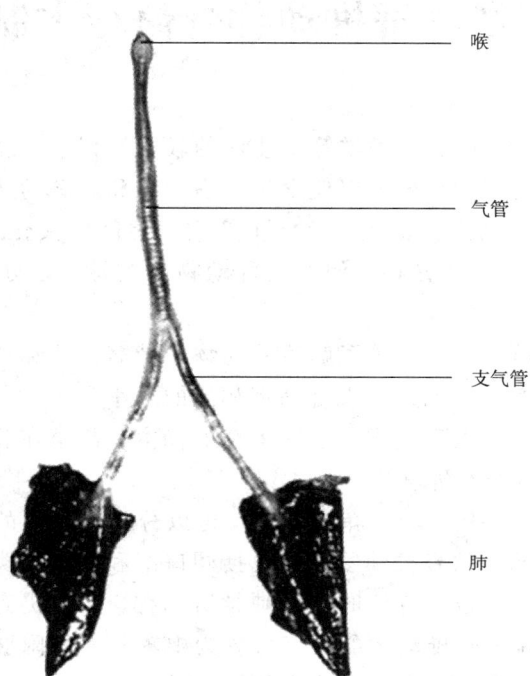

喉

气管

支气管

肺

图 3-34　石龙子的呼吸系统

（4）兔呼吸标本浸制　材料选用中、大型的兔，解剖后分离出咽、喉、气管和肺（如图 3-35 所示），剪去周围的组织和器官，定形后浸在过渡液里。

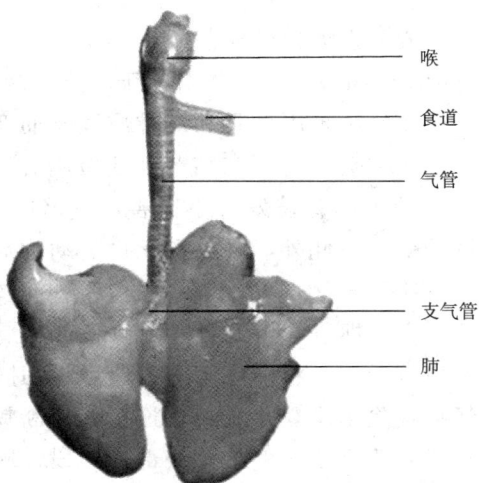

喉

食道

气管

支气管

肺

图 3-35　兔的呼吸系统

第四章　脊椎动物骨骼标本制作

在动物学、比较解剖学以及分类学等专业课的教学过程中，经常需要利用脊椎动物的骨骼标本进行观察、对照和比较，以使学生容易认识和理解动物骨骼的构造。通过对各类代表动物的各部位骨骼进行比较，就能了解它们之间的演化过程。在分类学方面，骨骼标本也是相当重要的参考材料，例如哺乳动物的头骨，是分类鉴定时的主要依据之一。

在制作骨骼标本之前，必须初步了解该种动物的骨骼构造和位置，否则，在制作过程中容易损伤骨骼，或者容易把某些没有韧带相连的细小骨骼遗落，如鳄鱼的腹肋、哺乳动物的锁骨和阴茎骨等，以致其成为残缺不全的标本；甚至在装架过程中，由于前后左右倒置，而失去标本的应有价值。

脊椎动物骨骼的构造，从组织学角度来看，可以分为软骨性的和硬骨性的两种。其中软骨性的动物是属于低等的脊椎动物，它包括圆口纲和软骨鱼类。在两栖动物中，胚胎时期的整个骨骼由软骨组成，成体时就为硬骨所代替，但也仍有部分软骨存在，如胸骨等。从解剖学角度来说，脊椎动物的骨骼可分为中轴骨骼和附肢骨骼，其中中轴骨骼包括头骨、脊柱、胸骨和肋骨；附肢骨骼则包括带骨（肩带和腰带）和肢骨。附肢骨骼随着动物类群的不同，形态上有较大的变化，例如鸟类的翅膀、鲸类的鳍等，因此，在制作时应特别注意。凡是软骨性的种类，例如鲨鱼，其骨骼只能采用浸制的方法保存，以防在干燥后变形；凡是硬骨性的种类，一般都是采用干制方法保存（采用透明骨骼标本的制作方法除外）。

制作骨骼标本的材料，一般应选取比较瘦削的成年个体，并采用放血致死的新鲜材料为好，这是因为其骨骼内脂肪含量较少，制作时易于脱脂，制成的骨骼标本颜色洁白，效果好。而老年个体的骨骼往往易出现因软骨和纤维质固化而变形的情况，同时黄骨髓含量增多，制作时难以除尽，往往会在骨端和结节部残留脂肪，使制成的干骨，表面呈黄色，甚至发霉变质。未成年的个体骨骼发育不完善，骨骼的某些部位骨化愈合不全，增加装置时的麻烦，以致影响效果。此外，未放血死亡的动物尸体，由于淤血滞留在骨髓中，或因固定药液作用，一时很难去净，作为标本材料，一般较难得到满意的效果。

动物个体经放血处死后，应立即进行解剖处理，将各部位骨骼肢解，取得材料。其做法是先剥去皮肤，再切断肩带骨肉，将前肢卸下；然后再切除体壁肌肉，将内脏全部摘除；最后将各部位肌肉仔细剔除干净，并从骨块连接处切断韧带、关节囊或椎间盘等结构。由此，将全身骨骼分解为若干段，例如，头部、颈段、胸段、腰段、荐段、尾段等。肋骨部分最好是从肋关节处切断韧带和关节囊，并从肋软骨下端与胸骨连接处切开，将肋骨一根根卸下来，然后在其内侧隐蔽部位刮去骨膜，用磁漆编号，以免串制时混乱。四肢部位也以同样方法将其分为数段。总之，做以上工作时要仔细，尽可能把肌肉等软组织剔除干净，另一方面又不要损伤组织并保留软组织结构。

　　骨骼标本一般有三种：①基本上是以韧带来连接骨与骨之间的关节的，称为附韧带的骨骼标本；②骨骼之间的关节在制作过程中基本上是分离开的，同时，关节之间是用金属丝（铜丝或铅丝等，下同）来串联的，称为关节分离的骨骼标本；③利用化学药品进行处理，促使其肌肉透明，骨骼显现，这种标本称为透明的骨骼标本。其中以附韧带骨骼标本的制作方法最为简便，应用较广。在实际工作中，通常根据需要以两种或三种制作方法配合使用较好。

第一节　常用器具材料的准备

一、常用药品及配制

　　制作骨骼标本常用的药品基本上可以分三大类：①是用来腐蚀残留在动物骨骼上的肌肉，使骨骼构造清晰、洁净。用这类药品配制成一定浓度的溶液，称为腐蚀剂；②是用作溶解、清除骨骼和骨髓中脂肪的有机溶剂，称为脱脂剂；③是用作漂白骨骼的溶液，称为漂白剂。现将常用的药品介绍如下。

　　1. 乙醚〔$(C_2H_5)O$〕

　　在常温常压下为具有特殊气味的无色透明液体。极易挥发，极易燃烧。用来麻醉和处死动物。

　　2. 氢氧化钠（苛性钠或烧碱，NaOH）

　　为白色固体，是一种强碱，易潮解，具有强腐蚀性。它有腐蚀肌肉等功能，具有一定的脱脂作用。一般常用 0.5%～2% 浓度的溶液作为骨骼标本的腐蚀剂。

　　3. 氢氧化钾（苛性钾，KOH）

　　为白色固体，强碱，易潮解，具有强腐蚀性，它与氢氧化钠的性质和用途基本相同，可参照使用。

　　上面两种腐蚀剂中的氢氧化钠（或氢氧化钾）的浓度高低，要根据动物个体的大小、气温的高低、脂肪的多少和骨骼的坚硬程度等具体情况决定。躯体小、气温高、脂肪少、骨骼较软者，其溶剂的浓度应该配得低些；反之，溶剂的浓度可稍微增加。但必须注意，浓度不宜过高，否则极易损伤韧带，造成关节分离。同时，在浸渍过程中，切忌用金属盛器，避免器皿受蚀损坏和骨骼上沾上锈斑而影响标本的美观。

　　4. 汽油

　　为无色或淡黄色的溶剂，性易燃，且易挥发，具有溶解骨骼中脂肪的功能，用作骨骼脱脂剂，脱脂效果较好。由于汽油极易挥发和燃烧，所以必须盖紧盛器，以免挥发，并且切忌接近火种。

　　5. 二甲苯〔$C_6H_4(CH_3)_2$〕

　　为无色易燃液体，不溶于水，常用作溶剂，它有溶解骨骼中脂肪的功能，用作脱脂。

6. 过氧化钠（Na_2O_2）

为淡黄色的粉末，溶于水后产生氧气，溶于稀酸生成过氧化氢，具强氧化性。用作漂白剂、氧化剂和消毒剂。一般常用浓度为 $0.5\%\sim1.5\%$，可作为骨骼的漂白剂。它与水接触后剧烈放热，所以使用时不可直接与手接触，避免灼伤皮肤。由于空气中的 CO_2 和水汽都会与 Na_2O_2 反应，所以 Na_2O_2 必须密闭保存。

7. 过氧化氢（H_2O_2）

又称双氧水，常用作氧化剂、消毒剂。一般浓度为 3%，也有为 30% 的，它能放出原子氧使标本漂白，用作骨骼的漂白剂，但价格较高，一般作为小型动物的漂白之用。依骨质情况，通常浸泡 $1\sim3d$，如放入 5% 浓度中可延长浸泡时间 $3\sim4d$。中间也可换液一次，效果更好。浸泡时容器必须加盖，防止氧丢失。操作时应避免双氧水与眼及皮肤接触，并远离易燃品。

8. 漂白粉［次氯酸钙，$Ca(ClO)_2$］

为强氧化剂，含有效氯为 35%，常用浓度为 $1\%\sim3\%$ 的漂白粉作为骨骼的漂白剂。能溶于水，同时分解生成次氯酸（$HClO$），使有色物质迅速分解。次氯酸很不稳定，在溶液中逐渐分解为氯化氢及原子氧。最后只有 HCl 留在溶液中。因此使用漂白粉时，应密切注意骨质情况，如浸泡时间太长易损骨质。

各种溶液的配制浓度及浸泡时间如表 4-1 所示。

表 4-1　各种溶液配制浓度及浸泡时间

	溶液浓度（%）	鲫鱼	青蛙	龟	家鸽	家兔
腐蚀剂	氢氧化钠（氢氧化钾）	0.5~0.8	0.5~0.8	1~1.2	0.8~1	1~1.5
	浸泡时间（d）	1~4	1~4	2~7	2~4	2~7
脱脂剂	汽油（二甲苯）	100	100	100	100	100
	浸泡时间（d）	3~5	3~5	7~10	7~10	7~10
漂白剂	过氧化钠	0.5~0.8	0.5~0.8	1~1.2	0.8	1~1.5
	过氧化氢	3	3	3~5	3	3~5
	漂白粉	1~2	1~2	1~3	1~2	1~3
	浸泡时间（d）	1~4	1~4	2~7	2~4	2~7

注：具体浓度和浸泡时间应根据动物骨骼标本的大小、骨骼的坚硬程度和气温的高低等情况而定。浸泡期间应经常注意观察，夏季尤其要特别注意。

二、常用工具及其他材料

在脊椎动物骨骼标本的制作过程中，需要用到下列工具和材料，现分别进行介绍。

1. 工具

①解剖刀：用来剥皮和剔肉。

②解剖剪：用来剪除肌肉和软组织。

③镊子：用来夹取细骨和串装骨骼。

④铁丝钳：用来串装骨骼。

⑤电钻和钻头：用来在骨骼上钻孔，串装骨骼。

⑥镀铬的夹钳：用来捞取骨骼。

⑦注射器：用来清洗骨骼中的骨髓

⑧钢锯：用来锯断骨骼。

⑨刷子：用来刷除残留在骨骼上的腐肉。

2. 器皿

①玻璃缸：用来浸泡骨骼。小型动物的骨骼可用标本瓶或广口瓶替代。

②骨骼玻璃盒：用来盛放骨骼。

③搪瓷盘：用于制作过程中盛放标本。

④锅、炉：用于水煮标本。

⑤量筒、烧杯、玻璃棒：用来量取溶液。

3. 其他材料

①铁丝（14、16、18、20、22 号）：用来穿装骨骼。

②白胶水或万能胶水：用来粘连骨骼。

③卡片纸、大头针：用来对标本进行整形和固定。

④橡皮手套：在制作标本时防止手部接触到化学药品，从而保护手部。

⑤标本台板或标本盒：用于放置骨骼标本，用木板制成。

三、骨骼的处理方法

取得动物后，必须先剥去其外皮，如制备全身骨骼，在剥皮时，应尽可能剥至四肢末端。剥皮后，即需要剖腹，除去内脏。剖腹时勿伤及胸、肋骨及胸骨末端的软骨（剑突）。无论大型或小型动物，都应尽可能地用刀割去附着在骨骼上面的肌肉，使骨骼上残留的肌肉越少越好，但切不可伤及骨骼以及小骨连接的韧带。去肉时可先将四肢连同肩带、腰带从身体上解剖下来。注意肋骨与胸骨联结处的软骨，勿使尾部末端较细小的尾椎脱落，勿丢弃埋于后肢肌肉内的膝盖骨。某些兽类特有的骨块亦须保留，如鼬科雄性动物的生殖器内有细长的阴茎骨，猫的尾椎腹面有"V"字骨，兔的肩胛骨有一细小向后的突起等。割去四肢及腹部肌肉后，即可小心地在枕骨与寰椎间剖断，取下头颅，割除其面部肌肉，用小刀轻轻挖去眼球，但勿挖破眼眶。脑亦尽量取出，通常用镊子夹住小块棉花，从枕孔伸入钩出或挖出，用粗铁丝通入脊柱内，捣出脊髓，如在流水冲洗下工作，会更方便。

骨骼处理的方法很多，常用的有沤制法、土埋法和煮制法三种，可因地制宜，选择使用。

1. 水浸沤制法

此法主要是利用微生物的腐败分解作用，使骨面附着的软组织腐败分解，经过充分冲刷和消毒可以制成完美的骨骼标本。尤其对于制作鲨鱼骨骼，用这种方法较为合适。由于鲨鱼骨骼是软骨，不宜用加热法去肉（亦可采用药物腐蚀法）。此法的优点是简便易行，不需要什么药物，对骨组织没有什么损伤；缺点是在腐败过程中会发臭。容器内加入清水，盖以盖子，并应严密，以防蝇蛆滋生。用此法处理骨骼的时间以夏季、秋季为宜，因此期气温高、腐烂快。还应勤观察，并经常加水。其具体做法如下：

将剔除软组织后的骨骼材料（马属动物要注意卸去蹄铁，同时骨块不能用铁丝绕裹，否则，由于铁的氧化，影响骨骼标本的颜色或带有铁锈印痕），放在比其体积稍大且带釉的缸内，用水浸泡，令其自然腐败。泡水量要高过骨面，使骨块全部浸入水中（水深一些更好，以造成厌氧条件）。缸宜放在野外太阳能够照到的地方，周围能够保温则更好，使缸内经常保持较高温度，促使微生物繁殖生长，加快分解。缸口最好加盖铁丝网罩或木盖，并用大石块或其他重物压好，以防狗或其他野兽偷食骨头。在浸泡期间，可以换水 1～2 次，并将骨面的软组织和缸底沉积物用水冲去。平时若水量因蒸发或流失减少时，必须随时加足，避免骨块露出水面晒干。骨块一经晒干，其中的脂肪就很难溶解脱尽，影响效果。为了便于检查，避免骨块散失和安装时的次序混乱，在浸泡前，躯干各骨可选择内侧隐蔽的部位，剥去骨膜，用瓷漆写上标号（如左侧、右侧和序号等）。对于一些小骨块，例如尾椎、舌骨和四肢的指（趾）骨、腕骨、跗骨等，最好在浸泡至韧带等软组织刚能扯断时，即取出肢解，分别用纱布包好，再继续浸泡。胸骨（特别是牛和猪的）以及幼龄的肋骨，因骨化愈合较晚，常易泡散或泡烂，因此需单独浸泡，待其表面软组织一旦腐烂能剥离时，即取出用水冲洗并细心剥离干净，再用厚纸板等夹住，按其自然形态位置固定好，晒干备用（幼小动物的骨骼最好不用沤制法制作，可用煮制法或用10％福尔马林固定后进行剥制）。

2. 土埋法

此法实际上和沤制法一样，也是利用微生物的腐败分解作用，使骨面附着的软组织腐败分解掉，以制成骨骼标本，不同的是此法只需挖坑深埋，操作更为简便，不需要什么药物和其他管理措施。缺点是制成的干骨标本颜色不佳，常滞留土黄色。现将操作要点简述如下：

采用的骨骼材料也应尽可能地将软组织剔除干净，并做好序号标记，用合适的木箱装好，以便刨挖时比较集中，不易丢失。在野外选择向阳空旷地方且无流水冲刷之处，挖坑土埋，土坑深一些为好（约离地面 2m 左右），以利微生物繁殖，进行腐败分解，并避免兽类偷食骨头和臭气散发，污染空气。土埋时间的长短与当时当地的气温及土壤湿度有关，一般至少需半年以上。如时间过短，软组织尚未完全腐烂，时间过长则骨质腐损。挖掘收集骨骼标本前，准备三个大塑料盆，四个小塑料袋，一根细铁丝，分门别类，以免混杂。挖掘时，用锄轻挖细刨。接近骨骼时，再戴上手套用手轻轻分离泥土，暴露出骨骼。按顺序依次进行收取。先将颅骨慢慢取出，放入一塑料盆内；再仔细将两侧指骨、趾骨捡齐全，按左右分别放入四个小塑料袋内，系紧扎牢。再将肩胛骨，桡骨、尺骨和髋骨、股骨、胫骨、腓骨依次取出放入另一塑料盆内。

最后，按椎骨的正常顺序用一根细铁丝将其串联在一起，放入另一塑料盆内。骨骼上软组织虽然已烂尽，但骨骼上仍沾有土锈等。运回实验室后，先经流水冲洗，再置入清水中浸泡 1～2d 后，用毛刷在自来水下刷洗干净，再置日光下晒干。

3. 煮制法

此法是利用某些药物加水煮制使软组织在短时期内除去，并经化学脱脂作用、漂白处理以制成骨骼标本。优点是时间较短，脱脂较完善，制成的骨骼标本效果好，骨块呈象牙色；缺点是耗费一些药品，成本较高，操作比较繁杂（适宜制作禽类、小动物等比较精制的骨骼标本）。现将制作过程及注意事项介绍如下：

将剔除软组织后的骨骼材料用清水浸泡 2～3d，让其泡透，浸至稍微腐败时再剔刮一次软组织。然后再放入大锅内，加水及少量洗衣碱（碳酸钠）煮沸（碱的含量约为 $0.5\%\sim1\%$），煮至韧带变黄时取出泡于水中，再剔刮软组织，然后再煮。第二次水煮，碱量要减少约 0.3%，煮沸后取出泡水再剔除软组织。这时基本上把软组织都能剔除干净（如果剔刮不尽，还可再煮一次，泡水再刮）。煮制时，对于胸骨和肋骨要掌握好火候，一般煮制时间不宜过长，以尽量保留其软骨部分，并注意保持其原来的形状。待骨表面软组织都剔除干净后，即可取出晾干和钻孔（钻孔的位置一般都选择在关节面的中央或骨块内侧面隐蔽的部位），然后再用碱水煮制（碱的含量更少，约 0.1% 左右），以使骨髓内的物质能够部分溶解逸出，煮的时间不能过长，以免伤及骨质，应在煮沸后即停火，再用金属注射器抽取锅内的热碱水，从钻孔处注入，冲出骨块内的骨髓和脂肪等物质，如此反复数次，尽可能地冲洗干净，然后水洗晒干。

第二节　脊椎动物骨骼标本制作

骨骼标本是观察与研究动物形态的重要材料，不仅在实验和讲授骨骼系统时，需要观察骨骼，而且在研究肌肉、神经、感官和循环等系统时，亦常需要观察骨骼。

在制作骨骼标本之前，应当选择身体各部位无损伤，而且骨骼完整的已经发育成熟的动物个体来做标本，特别是头骨最为重要，因为头骨是最基本的观察材料。如果有条件，则应选择其不同性别、不同年龄的个体制作成一套标本，以利于实验时观察、比较。

脊椎动物的种类繁多，体形大小十分悬殊，骨骼的坚硬程度也不一样，因此在制作时应根据不同情况，采用不同的制作方法。例如，家兔、鸽、龟和蛙等小型的种类，宜采用附韧带骨骼标本的制作方法进行；狗等中型的种类，其胸骨、肋骨等可采用附韧带骨骼标本的方法，其他部位应采用关节分离的骨骼标本制作方法进行；大型动物如梅花鹿、牛、羊、海豚、虎和豹等，则宜采用关节分离的方法；至于体形小的种类（或幼体），最好采用透明骨骼标本的方法进行。

一、骨骼标本的制作方法

制作骨骼标本，就是把脊椎动物经过处死、剥皮、挖出内脏、剔除肌肉等过程，并辅以脱脂、漂白，即可取得完整洁净的骨骼标本。

1. 选材

选取身体部位完整、骨骼发育完全的成熟动物个体。

2. 处死

根据各类动物的特征，采用乙醚麻醉或放血的方法来处死动物。

3. 剥离皮肤，取出内脏

按常规的方式进行剥皮，用解剖剪从动物胸部中线剪开皮肤，直到肛门前为止，再切开口腔上下颌粘膜。剥皮时，先从腹部渐向背部剥离，剥到后肢，切断股关节，在尾骨处切断尾部。剥到前肢切断肩关节。剥皮后，再沿腹部正中线剪开体壁，挖去全部内脏，然后用水冲洗干净。

4. 剔除肌肉

首先，剔去骨骼上大块肌肉，然后剔躯干肉。用解剖刀尖先从背部脊椎开始，顺着从颈椎到尾椎，将背部肌肉翻起，露出脊椎骨将肌肉和骨骼分离。剔除脊柱上连着的大部分肌肉后，再剔肋骨上的肌肉，顺着一排的肋骨向胸部剔离肌肉，剔到肋软骨时，小心不要割断软骨。其次，剔前肢骨肌肉。剔到腕掌骨处，用锋利剪刀剪净腕骨、掌骨和指骨上的肌肉。剔净的后肢骨骼只有关节韧带连着。剔头骨肌肉时挖掉眼球，剔净头骨上的肌肉，卸下下颌骨，用白线将下颌骨缚在颧骨上，以防下颌骨散落。最后将尾椎骨上的肌肉剔去。选用适当的方法，清除骨骼上残留的肌肉组织韧带和脂肪。

5. 腐蚀

这是上一步的继续。解剖刀、镊子和毛刷很难把附在骨头上的肌肉剔除干净，剩下的少量肌肉要再用碱处理一次，使骨骼更干净。把基本上已除去肌肉的骨骼，放在清水中洗去血污等。继续把骨骼浸入 0.8％的氢氧化钠（或氢氧化钾）溶液中约 2～3d，取出后在清水中漂洗，并把残余的肌肉除净，然后用清水洗净。

6. 脱脂

把经过腐蚀后的骨骼浸泡于有机溶剂中，使骨骼中的脂肪溶解排出。当脂肪被溶解，溶剂变浊后，要更换新溶剂，直到骨内脂肪全部溶解排出，溶剂不再变浊为止。此法耗药量较大，通常采用挥发性好、无色、价廉的溶剂，如汽油、工业酒精、丙酮、二甲苯、氯仿、乙醚等。一般最常用的是纯汽油或纯二甲苯。

7. 清洗和漂白

将脱脂后的骨骼用清水反复冲刷，然后浸入一定浓度的漂白剂中进行漂白，一般 5h左右。如用过氧化氢做漂白剂，则需根据过氧化氢浓度确定漂浸时间，浓度越高漂浸时间越短。漂浸后在阳光下晾晒成为干骨。

8. 整形和装架

将漂白过的干骨骼整理成其自然连接状态。如果脊柱或肋骨的姿态不理想，可以用热水浸软后纠正姿势。一般先由脊椎开始串装，可用适当粗细的铁丝（钢丝、铜丝）由椎间孔穿入以固定。将串接好的各部分骨骼按次序置入底板上，用尼龙线和螺丝钉、胶进行固定连接，然后依次将颈骨、头骨、肋骨、四肢骨组合。最后用四根铁丝作为支柱固定在标本板上，使骨骼站立起来。

二、骨骼标本的串制方法

1. 全身骨骼标本的串制方法

依据解剖学图谱串制全身骨骼标本，应以牢固和保持其固有的形态为主，其次再考虑关节运动形式的装置。串制的次序一般是第一步串连四肢骨骼；第二步串连躯干骨骼；第三步将前、后肢骨骼分别连于肩带和腰带部。现将各步的具体做法与注意事项分述如下。

（1）四肢骨骼的串连方法

串连前应将前、后肢各骨块顺序查对一遍，分别放置，以避免失落和接错位置。串连时，先将前肢的腕骨（或后肢的跗骨）分别在各个相关骨块的接触面上，以细钻头钻好孔道，再将短铁丝用攻丝板绞好螺纹，旋入孔内（其外露部分用锉刀锉平），使得各个相关骨块紧相连接。各个肢骨（包括膝盖骨）也以同样方法固定于相应的位置上。然后，前肢自肱骨的肘窝至主指的蹄骨（偶蹄兽至掌骨的远端），后肢自股骨大转子内侧的凹陷处至主趾的蹄骨（偶蹄兽至跖骨的远端），沿骨块长轴的中心钻好孔道。然后顺序穿入一根粗铁丝，在铁丝的上端（肘窝处或后肢大转子内侧凹陷处）用攻丝板做好螺纹，配用合适的螺帽固紧；铁丝的下端，于蹄骨的底面留出长约 3cm 左右的余端（偶蹄兽则于掌骨或后肢骨的远端留出长约 1cm 的余端），也用攻丝板做好螺纹，配以合适的螺帽固紧，并将其插入在座板上作为固定位置使用。偶蹄兽的各个指骨分别按顺序穿入一铁丝，并将其上、下余端 1～2cm 用攻丝板做好螺纹，下端配用合适的螺帽固紧，上端部分待四肢的上部骨骼串制好后，在掌骨远端相应关节面的中央处钻一孔道，将其旋入连接固定。前肢肩关节的连接，可在肩臼的上缘选取三点，用手摇钻分别斜向肱骨头钻好孔道，再用短铁丝钉入铆平即可。

串连四肢骨骼必须注意各个关节的方向和角度以及骨块连接的位置，以使制成的标本具有生前形态。其次，串连孔道的位置多选择在关节接触面的中央或骨块内侧隐蔽的地方，尽量避免外露，以减少外加物的直观感觉，万一不可避免时，也要将外露部分用小锤打紧铆平。另外，钻孔时钻头的粗细要合适，其长度要比被钻骨块的长度略长一些，这样，一个骨块的中轴孔道可以一次钻好（但需准确地掌握钻头的行进方向），并便于连接。

（2）躯干骨骼的串连方法

躯干骨骼的串连，可以分为以下几部分依次进行，即骨盆、脊柱和肋骨、肋软骨和胸骨、头骨以及尾椎骨等。

①骨盆的连接：在左右髂骨翼的中部（荐结节下方处）各选取两点，分别对准荐骨翼的方向钻好孔道，在此旋入 2cm 长的小号平头螺丝，使荐髂关节连接紧即可。

②脊柱和肋骨的串连：串制时必须注意脊柱的弯曲度和胸廓的形状（各种动物形状不同）。脊柱的曲度（特别是颈曲和背曲）主要是由贯穿于整个椎管内的铁丝弯成相应的形状而成的。因此，事先应计算好铁丝的长度（前端插入枕骨大孔以连接头骨，后端至荐骨的椎管内为止），并将其弯成相应的曲度。然后，自前至后顺序套入各个椎骨。每个椎骨在套入前，要在相邻接的椎窝与椎头接触面的中央钻一小孔道，插入一短铁丝（或由前至后穿入一整条铁丝），以串连固定椎体，并在头窝之间填入一片形似椎间盘状的垫片（用毛垫、橡皮或泡沫板剪成），大小比头窝关节面稍小一点（注意不宜过厚），垫片中心钻一小孔，穿于连接椎体的铁丝上，以此充作椎间盘，尽可能地保持脊柱的固有长

度，不致改变体形结构的比例。当椎骨套入铁丝时，在每个椎骨的椎孔内（铁丝的周围）都要塞入两片形状相当的木片，将铁丝塞紧，这样椎骨也就不会左右摇动了。

在串连胸段脊柱时，就应顺序地将肋骨固定于相对应的胸椎上，固定的方法是在每根肋骨的肋骨小头和肋结节处，分别对准肋小窝和胸椎横突各钻一小孔，用平头螺丝或短铁丝（后者也要用攻丝板绞成螺纹）旋入固定。脊柱串好之后（颈段至腰段），就可将其架在预先做好的座板支撑上。支撑的位置，前方一根正对枢椎的腹侧面，后方一根撑在第一腰椎椎体的腹侧面。

③肋软骨和胸骨的串连：肋软骨在骨骼处理过程中往往很容易变形或与硬肋脱开，串制时，可用细铁丝连接于硬肋下端和胸骨侧缘的关节面上，然后，外面涂抹一层油灰，再裹棉纸和石蜡，边涂边贴，直到适当粗细，连接牢固即成。肋弓部分也用同样方法连接。

④头骨的连接：动物的头部骨块，除下颌骨外，一般都自然地连接成整体，无需再连接。至于下颌骨与其他骨块之间的连接，可于左、右上颌骨的齿槽内侧和下颌骨骨体部（内侧面）各钻一孔，在这两孔之间安装一个用铁丝做成的风钩样装置（牛、马等大动物的头骨，还需在颧弓和下颌关节突之间加装一个风钩样装置），这样就可把下颌骨与其他骨块连在一起了，必要时又可单独取下。牛的下颌骨左右两部分往往连结不牢，这时可在颏孔前后选取一点，横向地钻一孔道，插入短铁丝打紧铆平，即可使其连接牢固。头骨经过骨骼处理之后，其牙齿往往松动，易于脱落，这时可用白乳胶（或其他黏合剂）从齿槽缝隙中滴入，使其粘牢。

上述四部分分别串好之后，就可以将它们整体串连在一起了，即将骨盆由荐骨的椎孔处套入串连脊柱铁丝的后端，使最后腰椎与荐骨恰好接合（两椎体之间同样穿以短铁丝，并有垫片作椎间盘），然后在荐骨嵴的前方向下钻一孔道，此孔道通过铁丝至荐骨椎体内，在此插入一根短铁丝作为销子，将荐骨与铁丝闩紧。头骨与躯干之间的连接亦大致相似，即将头骨从枕骨大孔处套入铁丝的前端，使枕髁与寰椎的关节前窝接合，再从枕骨大孔的前方向下钻一小孔道，此孔道通过铁丝至枕骨基底部，然后在此孔道内插入一根短铁丝作为销子，将头骨与铁丝闩紧。

⑤尾部骨骼的串连：先将每一尾椎骨自椎体的前端向后用细钻头钻好孔道，然后顺序套在一根细铁丝上（末段尾椎骨较细小不便钻孔和串连，可用白乳胶或其他粘合剂粘连，但要注意尾巴的弯曲形态），铁丝的前端留出 2cm 长的余端，并用攻丝板做好螺纹，再在荐骨椎体的后端中央处钻一孔道，将其旋入固定，最后整好形态即成。

（3）前肢与躯干骨骼的连接

将已连好的前肢骨骼拿到躯干骨骼的前胸部，对好连接位置（这时要通过旋动支撑下端的螺丝帽来调节前方支撑的高度，使之与前肢的高度相适应），然后在肩胛骨上选取三点，分别与相对的肋骨各钻一孔，用 10cm 长的小号平头螺丝与螺帽连接固定。

（4）后肢与躯干骨骼的连接

将已串连好的后肢游离部骨骼于股骨大转子外下方处选好一点，平对股骨头的中央至髋臼中央钻一孔道，用平头螺丝（或用粗铁丝制成螺纹配用合适的螺帽代用）及螺帽固紧，这时也要通过旋动后支撑下端的螺丝帽来调节支撑的高度，以相适应。

在串制过程中，凡遇铁丝端部需要攻丝并配用螺帽之处，当条件不便时，也可将铁丝端部弯转，并用烙铁焊一锡坨，以此代替螺丝帽的固定作用。

2. 局部骨骼的串制方法

局部骨骼标本是为了观察各部细小结构而制备的。其中有的需要加以适当串制，如四肢骨骼、躯干骨骼等。有的则不需要串连而单块陈列，如单个的椎骨、胸骨、肋骨等。后一类骨块标本，只要将其固定在合适的木座上就可以了。现将四肢和躯干骨的串制简要叙述如下。

（1）四肢骨骼标本的串制

为了显示四肢骨骼的排列及关系，串连方法与全身骨骼串制可以有所不同，如将肩关节、肘关节等连成能作屈伸活动的装置。其方法是在相对应关节的骨骺部的内、外侧面，用细丝弹簧或带孔的铜片相连接，其他部分的连接与全身骨骼串制相同。有时为了给观察者提供联想，可在骨块的肌肉起止点处标以红、蓝色点（一般起点用红色，止点用蓝色）。标色时，位置要力求准确，色点不要太大，色调以淡一些为好。这一类标本应悬挂于水泥座钢筋弯钩上。

骨骼标色可用瓷漆，应置备红、黄、蓝、白色四种瓷漆，其他颜色和色调深浅可用上述四色调配取得。瓷漆过浓时也可加松节油或丙酮调稀。也可用酚醛清漆，加各色油画颜料调成所需的颜色。

（2）躯干局部骨骼标本的制备

例如脊柱各段相连接的标本、胸椎与肋骨相连接的标本、肋骨与胸骨相连接的标本以及雌雄个体骨盆标本等，这类标本既能说明各有关部分的构成关系及其特征，又便于使用和保存。其串制方法与全身骨骼标本有关部分大同小异，在制作时还可摸索总结出一些简便有效的方法。

三、鱼类（鲫鱼或鲤鱼）骨骼标本的制作

（一）鲫鱼或鲤鱼附韧带骨骼标本的制作

鱼骨骼标本的制作取材方便，用具和药品也少。但是，由于鱼骨骼较多且细小，特别是头骨，不但数目多，骨骼之间的连接也不紧密，因此，标本制作难度较大，不易掌握。如果在标本制作过程中能够准确把握每个环节的处理程度，还是可以制作出高质量的标本。

1. 选材

制作骨骼标本的鲫鱼或鲤鱼应尽量选取年龄大，骨骼硬化好且新鲜的。腐烂的鱼由于骨骼之间，特别是肋骨与脊椎之间的韧带常常已被破坏，制作标本时容易散落，散落下来的骨骼组装非常麻烦，并且做出来的标本效果也差，利用价值小，因此，应避免使用不新鲜的鱼作材料来制作骨骼标本。鱼的个体也不能太小（鲤鱼最好是体长不短于35cm，重约1kg；鲫鱼重约0.25kg），过小则颅骨骨块，尤其韦伯氏器骨块不易观察。

2. 热处理

用大口锅盛水烧开，并保持沸腾状态，两手戴干棉手套，以防水蒸气烫伤手，双手分别握住鱼头和鱼尾,将鱼躯干部分浸入沸水中,先烫一侧,2～3min后再烫另一侧,时间相同,最后将整条鱼全部浸在水中,约1min后捞出。

热处理的程度与标本制作的质量好坏有密切关系。热处理时间过短则剔除肌肉时费事且效果不好,时间过长则骨骼之间的连结韧带易被烫熟,骨架易散落而难以组装。因此,在煮烫鱼时应注意以下问题:

①热处理的时间长短应视鱼的大小而异,大鱼时间长,小鱼时间短。若鱼鳞较大,可先用刀把鱼鳞刮去,然后再烫。

②整条鱼在沸水中浸烫的时间不宜过长,以刚好能撕下头部皮肤为度。时间长了头部骨骼和鱼鳍易被煮坏而脱落。脱落下的头部骨骼不易修复原位。

③从沸水中捞鱼应用笊篱或其他合适的工具,若直接牵拉鱼头、鱼尾或鱼鳍则很易损坏标本。

④若不能掌握一次煮烫的程度,可在保证鱼头骨骼和鱼鳍不被烫坏的情况下的多次煮烫,即烫后剔去一部分肌肉,然后再烫一次。

3. 剔除肌肉

由于鱼的骨骼细小,不可能将骨骼、韧带处的肌肉全部剔除干净,但要尽可能剔除干净。腹中内脏要在腹壁肌肉去掉后再清除,不要损伤肋骨。剔除肌肉的顺序是先躯干部,再尾部,最后处理头部和鱼鳍。剔除肌肉时要注意保护好鱼头、鱼鳍及鳍担骨,头部只去掉鳃盖骨外的肌肉,除特别需要外,鱼头部外层骨骼所覆盖的肌肉不要处理。

①粗剔。用镊子沿骨骼方向轻轻撕下鱼体腹、尾部肌肉,只留脊椎及肋骨,不与脊椎相连的肌肉间小骨刺一同去掉。臀鳍的支鳍骨与尾椎的脉棘相连,应注意保护。由于腹鳍和腰带附着在腹部肌肉上呈游离状态,必须将腹鳍和腰带一同取下,单独剔除其肌肉和皮肤。并在剔除肌肉后单独保存,以免遗失。体型较大的鱼可以用解剖刀分别从头部背脊的两侧,向后纵行剖开,并向腹部逐渐割去附在脊柱两侧的大块肌肉,然后用刀、镊子剔除附在骨骼上的肌肉。

②细剔。用小镊子和解剖刀仔细地剔除附在骨骼上的小块肌肉,特别是头部后面和椎骨上面的肌肉,剔除越干净越好。不要让刀损伤骨骼,细小的部位可以用毛刷(最好用牙刷)在水中轻轻地刷去肌肉。

③处理头部及鱼鳍。这两部分主要是去掉皮肤。浸烫过的标本头部和鱼鳍上的皮肤可以用毛刷刷去,头部骨骼外的肌肉可以用镊子夹去。鱼口和眼眶部位的骨骼细小,容易损伤,因此用刷要轻,去掉皮肤即可。再将脑和眼球挖除。刷鱼鳍的皮肤时,毛刷要顺着鳍条的方向,由内向外轻轻洗刷,以防弄断鳍条,造成不可挽回的损失。残留在骨骼上的肌肉,可在腐蚀处理之后再行剔除。

4. 腐蚀肌肉

解剖刀、镊子和毛刷一般很难把附在骨头上的肌肉剔除干净,剩下的少量肌肉要再用碱处理一次,使骨骼更干净。将标本放入0.5%～1%的氢氧化钠溶液中浸泡12～24h。处理过程中应经常观察标本的变化情况,等骨骼上残存的肌肉透明后,再继续处理,约相当于前面处理所用的1/4时间后即捞出,用清水浸洗,然后再用毛刷刷去残存的肌肉和皮肤。

由于碱溶液对肌肉的腐蚀作用很强，在碱处理过程中必须经常观察处理的进展情况。处理时间过长，碱会把连结骨的韧带、肌健全部溶化，使骨架变成一堆碎骨，失去利用价值，前功尽弃。

5. 脱脂

①脱水。将标本上的水沥干，放入95％和100％乙醇中各2～3h，脱去标本中的水（骨骼较大的标本加长处理时间）。也可以用自然干燥法脱水。

②脱脂。将脱水后的标本浸入二甲苯或汽油中脱脂1～2d。

③复水。将脱脂后的标本自然干燥后放回水中，或经过100％乙醇和95％乙醇浸泡后，再放回到水中。

6. 漂白

用2％～3％的过氧化氢（双氧水）或0.5％的过氧化钠水溶液浸泡标本12～24h，在标本开始发白时取出，用清水洗净。

7. 整形和装架

鱼类骨骼经过漂白后，韧带很容易分离，处理要特别小心。先将骨骼平放在阳光下晒片刻，等骨骼略为干燥后，再整理成适当的姿态。在干燥过程中，背鳍、尾鳍和胸鳍等鳍棘很容易卷曲和变形，需要用干净的厚纸板把它夹住，待干燥后取下。标本的整形与装架可一步进行，也可以先整形，待标本干燥硬化之后再装架。

(1) 整形装架一步完成　取大于鱼长的木板作为台板，把鲫鱼脊柱的前后端用铁丝作支柱，分别托在头后和臀鳍前方的脊柱骨上，然后把两根铁丝支柱的下端固定在台板上（如图4-1所示）。鲫鱼的腹鳍和无名骨不与脊柱骨相连，即它们与躯体间没有韧带相连，所以要用铁丝把腹鳍连在第六肋骨位置的脊柱上，使腹鳍和无名骨悬吊在脊柱下面，以保持原来的样子。

(2) 先整形后装架　取大于鱼长的泡沫塑料板或软木板及许多长针（牙签也可）。先用两根针前后卡住鱼头，把鱼骨架吊在泡沫塑料板的一侧，再在台板上标出鱼头后缘、腹鳍、尾椎部三个位置，打上直径为0.3cm的小孔。取同样粗的竹签插在小孔中，用标本分别确定三个支柱的高度，截好后将上端切成平面，加上一滴万能胶（或明胶），然后轻轻放上标本，并对标本进行临时固定与整形。

将标本制作过程中脱落的肋骨，用万能胶粘到原位上去，最后装架（如图4-1所示）并贴上标签。

(二) 鱼透明骨骼标本制作

鱼类的骨骼是包裹在皮肤和肌肉之中的，不能直接观察到。透明骨骼标本是设法去掉它们的皮肤，用药物使肌肉变得透明，使骨骼完整地显露出来，并保持它的自然状态，如再用药物将它们的骨骼染上颜色，效果更佳。

1. 取材

选取新鲜的小鱼，以活体最好，长度在10～20cm。

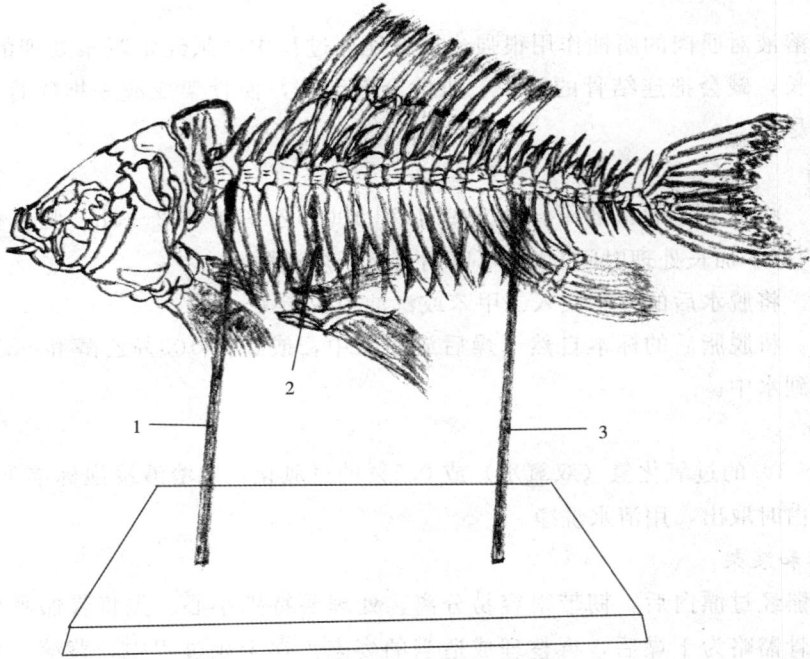

图 4-1 鱼类整体骨骼标本
1—支柱固定位置；2—腹鳍固定位置

2. 去鳞、去内脏

将鱼用清水洗干净，去掉鳞片。用解剖刀在鱼体腹部剖一小口子，取出内脏。由于鱼的体腔膜有色素分布，应除去体腔膜。去内脏时，一是要求去尽，二是要求保持体壁的完整，尤其是不能伤及骨骼，再用水冲洗干净。

3. 固定

将清洗干净的标本用线结扎在玻璃片上，整理好姿势后放入95％的乙醇中固定1～2d，乙醇具有使材料硬化和脱脂的双重作用。如果材料已经用5％～10％的甲醛液保存过，则要用清水漂洗后再放入95％乙醇中，使它充分固定。固定好的标本用清水缓缓冲洗1d。

4. 脱脂

将固定后的标本放在3％的重铬酸钾溶液中脱脂几天，除去标本表面的脏物和脂肪颗粒，当溶液变浑浊时，要更换新液，直到溶液不再浑浊为止。取出标本用清水洗干净，再放入95％的乙醇中脱脂一周左右。

5. 透明

将脱脂后的标本放入1％的氢氧化钾溶液中，浸泡2～4d，见到肌肉呈半透明状态，里面骨骼隐约可见，即终止透明。由于氢氧化钾溶液是一种碱性腐蚀溶液，故标本在氢氧化钾溶液中的时间不宜过长，以免肌肉腐蚀过度导致骨骼离散。尤其是在夏季，更要掌握好透明时间，随时注意观察。

6. 染色

常用染液为茜素红乙醇溶液。其配制方法是：先将茜素红染料溶于95％的乙醇中制成茜素红乙醇饱和溶液，然后取一份茜素红乙醇饱和液加9份70％的乙醇，即制成适合于骨骼的染色剂。标本浸在该染液中染色的时间为12～36h，直到骨骼染上红色为止。

7. 褪色

经过染色后的标本无论是骨骼还是肌肉，均被染成紫红色。为了显示体内的骨骼系统，需将已着色的肌肉褪去颜色。取1份1％氢氧化钾溶液和1份5％甘油配成褪色液，标本浸泡的时间为2～4d，直到肌肉的颜色褪成淡粉红色为止。取出标本放在烈日下暴晒，使肌肉褪色。

8. 漂白和透明

将标本浸泡在氢氧化铵甘油液中漂白、透明（75mL蒸馏水加20mL甘油和5mL氢氧化铵），浸到肌肉完全透明、骨骼呈紫红色为止。

9. 脱水

常用脱水剂为甘油。为防止脱水过程标本产生皱缩现象，可依次将标本浸泡在25％、50％、75％、100％甘油中逐级脱水，各级处理时间为2～4d。

10. 保存

先用注射器抽出标本内的气泡，然后将标本放在纯甘油中，并加入少量的麝香草酚，以防腐败和发霉。

（三）虫蚀法制作鱼类骨骼标本

动物骨骼标本的制作方法有多种，但大多数都费时费力，对制作者有很高的技术要求，特别是处理小型动物骨骼，虫蚀法是一种比较简便有效的制作骨骼标本的方法。

1. 材料

黄粉虫（面包虫）、铁丝钳、玻璃容器、细铁丝、万能胶、标本台板。

2. 药剂

漂白剂、脱脂溶剂。

3. 昆虫的饲养

黄粉虫俗称面包虫，在一个能够保持温度在25℃～30℃，空气相对湿度为60％～80％的饲养室（在黄粉虫的孵化期、幼虫期、蛹期和成虫期都要保持这样的温度和湿度），用直径1.5m的竹筐，内铺设塑料薄膜，然后一层一层放在立架上，撒上麸皮、蔬菜叶、饼屑等饲料，最后投入适量的虫种。黄粉虫70d左右就能繁殖一代。卵、幼虫、蛹、成虫要分开喂养，以防止成虫吃掉卵、幼虫吃掉蛹。当蛹蜕变成成虫以后，要单独放在光滑的容器里，放上麸皮，使卵附着在麸皮上，4～5d后取出有卵的麸皮，放入另一容器里，在适宜的温度、湿度下，让其孵化出小虫。对孵化出的小虫，再按上面介绍的方法操作，进行第二期、第三期喂养。

4. 制作过程

①虫蚀。将处死后的鲫鱼（鲤鱼）放入盛有黄粉虫的容器中。虫的重量基本和鱼等

重。为了加速虫蚀速度，温度应维持在 10℃～30℃。黄粉虫喜干燥，湿度太大会引起虫的大量死亡，所以需保持环境干燥、通风。每天注意观察，将鱼体翻动，让各部分软组织都能被虫蚀干净。

②脱脂。将侵蚀干净的骨骼放入汽油中，一周内就可达到脱脂目的。

③漂白。把骨骼放入 1% 的过氧化钠溶液中 2～3d，至骨骼洁白后取出即可；用过氧化氢漂白时，一般用 3%～30% 浓度，到骨骼洁白即可取出。

④整形装架。根据骨骼大小可选用铁丝支架或者直接用万能胶黏合。

黄粉虫是一种在花鸟市场上很容易获得的昆虫，来源广、饲养简单、卫生，所以是一种很好的虫蚀用虫。标本主要是通过昆虫的啃食来去除软组织，因此骨骼得以保存完整。整个操作过程简单方便，对技术要求不高。在虫蚀制作骨骼标本时，唯一要注意的是要随时观察标本的虫蚀进展情况，特别注意骨质有些疏松的标本，一旦标本被处理干净就立即取出，防止被虫蚀而损害标本。

（四）青鱼牙齿骨骼标本的制作

1. 取材

首先将经黄粉虫食用完的青鱼牙留在一起，然后用牙刷擦干净牙骨上残留的皮、肉、骨膜等。之后将牙骨放入开水中煮 2～3min，目的是将牙骨内的鱼油煮出来，注意切勿煮得太久，以防牙齿脱落。

2. 消毒

将牙骨放在器皿中晾干，加入过氧化氢浸泡牙骨，浸 2h 或以上。但不能太久，太久又会使牙齿脱落的。过氧化氢的作用是将牙骨内的细菌杀死，以免以后被细菌感染而发黄。过氧化氢亦有漂白的作用，浸好后用清水清洗干净。

3. 脱脂

将鱼牙骨放在纸巾上，然后放在阳光下晒，其作用和煮鱼牙骨步骤一样都是将鱼油脂晒出。经过阳光暴晒后，就发现纸巾会将鱼油脂吸走而变黄，这时候要更换纸巾，直至纸巾上再没有鱼油脂为止，这可能需要几天时间。

4. 粘接

完成以上三个步骤后就可以用胶水把牙骨粘上。先把上面的牙骨和下面的牙骨分别粘上，然后再将其余的牙骨粘上。之后就是将上下组合起来，这时要调节鱼牙张开的大小。

5. 涂油

最后步骤是加上一层保护膜，将细菌与空气完全分隔，以免被细菌感染而发黄。可以用透明模型油或者用透明指甲油都可以，用油涂上整副牙骨，待干后再重复涂上三四层便可以长期保存。

四、两栖类骨骼标本的制作

动物学中两栖纲的代表动物是青蛙。制作其整体骨骼标本，对学习和研究青蛙的善跳、捕食、两栖等生活习性和生理机能，具有重要的参考价值。取材蟾蜍（青蛙）是因其体大、材料易得且方便操作。

（一）蟾蜍（青蛙）附韧带骨骼标本的制作

1. 取材和处死

挑选体形完整适于制作骨骼标本的大型活体，置于密闭的标本瓶（或罐头瓶）中，用乙醚或三氯甲烷深度麻醉致死。

2. 剥离皮肤，取出内脏

将处死后的蟾蜍置于解剖盘（或玻璃板）上，腹面朝上，用剪刀剖开腹面皮肤，然后向两侧剪开，分别向前后四肢各方向拉下皮肤，要小心不要拉断指、趾骨（注意：①切勿剪到腹部肌肉，以免剪坏剑胸软骨；②皮肤向前剥离时，注意头部后方有一对发达的耳后毒腺，分泌的毒液中含有蟾酥，应避免溅及眼睛而引起疼痛）。剥离后，用剪刀剪开腹腔，取出全部内脏。

3. 剔除肌肉

蟾蜍骨骼的头骨、脊柱、腰带、后肢骨各关节间均有韧带相连，剔除肌肉时，不要将各关节分离，应借助韧带保持各关节的联系。左右肩胛骨无韧带与脊柱相连，而是固定在第二、第三脊椎横突上，将左右肩胛骨连同肢骨与脊椎分离，使整体骨骼分成两部分。然后，置于放有清水的解剖盘中，小心剔除附在骨骼上的肌肉。剔除前肢肌肉时，用镊子夹住前肢并放入开水中煮烫，使肌肉发紧变硬，利于剔除。但时间要短（0.5～1min），避免骨连接处分离。尤其是指、趾骨部位，只需在开水中蘸一下即可，否则韧带收缩，指、趾骨变弯曲，给整形带来困难。去除指骨肌肉时，也可先将指骨摆放在载玻片上，用细线缠紧再放入开水中，以防卷曲或脱落。后肢在股骨与腰带连接处取下来，按前肢处理方法剔除肌肉。头部和脊柱先在开水中稍煮一下，然后剔除其肌肉，去掉眼球。对薄小的舌骨，应仔细清除肌肉，然后夹在两片载玻片之间，用线缠紧，自然干燥。当肌肉基本剔净后，在颈椎和枕骨之间的缝隙中，向颅腔中插入适当粗细的铁丝，将脑组织破坏，再将铁丝插入椎骨，将脊髓挤压出来，然后用清水将标本冲洗干净。

剔除肌肉时，应按走向将全身骨骼上的肌肉剔净。但关节处肌肉应特别小心，宁可暂时多留一些韧带和肌肉，以避免躯干与腰带相关的韧带分离。同时注意四肢的指、趾骨。

4. 腐蚀

将剔除肌肉后的骨骼用清水冲洗干净，放入新配制的质量分数为0.8%的氢氧化钠溶液中，浸泡1d后取出，注意时间不能过长。否则，骨骼间韧带会脱开。在清水中洗去碱液，用牙刷将残留在骨骼上的肌肉剔除干净。

5. 脱脂

将骨骼用清水洗干净，晾干，置于二甲苯中脱脂2～3d，脱去骨骼中的油脂。在浸泡过程中应经常检查，以防骨骼脱散。最后取出在清水中漂洗干净。

6. 漂白

将骨骼用清水洗净，晾干，置于0.8%的过氧化钠溶液中漂白2～3d。在漂白期间要经常检查，只要标本已经洁白，就要及时取出。否则，骨面会被腐蚀而变得粗糙，失去骨骼的光泽。捞出骨骼用清水冲洗干净并晾干。

7. 固定

腐蚀后被剔干净的骨骼标本，可暂时放于 70% 的酒精中，这样可以使韧带变硬，利于成型。

8. 整形与装架

蟾蜍骨骼的整形和装架相对比较简单。将骨骼用清水洗净，晾干，置于一块硬纸板或塑料泡沫板上，把分离的两肩胛骨（连同前肢骨）套在第二、第三脊椎横突的两侧。在下颌骨和胸椎骨下面用纸团垫好，使头部抬起。用牙签或大头针固定好骨骼的位置，放在通风处晾干。干燥后，用白乳胶将两肩胛骨粘住。将前肢骨的腕骨和后肢骨的跗骨粘在一块固定的台板上。最后整形，呈生活姿态。贴上标签，写明编号、名称、采集时间、采集地点、采集人、制作人，即可置于玻璃盒中保存（如图 4-2 所示）。

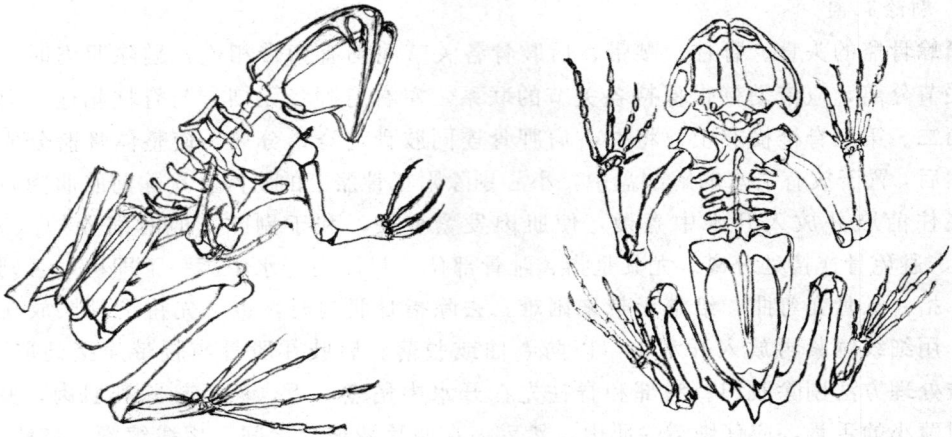

图 4-2　青蛙和蟾蜍的骨骼标本图
（左为青蛙骨骼（侧面观）；右为蟾蜍骨骼（正面观））

（二）虫蚀法制作蟾蜍（青蛙）骨骼标本

1. 昆虫的饲养

鼠妇又称"潮虫"，在南方也叫"西瓜虫"、"团子虫"，属于无脊椎动物节肢动物门甲壳纲潮虫亚目，它们都需生活在潮湿、温暖以及有遮蔽的场所，昼伏夜出，具负趋光性。在实验室饲养鼠妇可用大的盆子如塑料水槽，也可用装月饼的盒子。在盆子内放一些经过筛选后的松软的土壤，土壤以富含有机质为好，特别是黑色的土壤则效果更佳，同时可放一些烂树叶。土壤的含水量不宜太大，每天可向土壤中喷洒少量的清水。如果水滴入过多，土壤容易形成泥块或泥浆，这样会使鼠妇的活动减慢，甚至造成死亡。可以用手进行小测，用手抓起一把泥土，用力捏，没有水从指缝流出，松开手，轻轻一碰，泥土疏松，表明土壤的湿度适中。同时每 3d 换一次土，最长不要超过一周，换土也不要全部换，可放一半留一半。鼠妇的密度不宜过大，大概每 1000mL 的容器内可饲养 25～30 只左右的鼠妇，密度过大，鼠妇容易死亡。盆子上可用黑布遮盖，保证有充足的空气，同时用橡皮圈套住黑布，防止鼠妇逃跑。晚上开灯，也可起到防止鼠妇逃跑的效果。

2. 处死蟾蜍（青蛙）

用探针彻底破坏蟾蜍（青蛙）脑和脊髓，随即按自然蹲坐姿态整好型，再放置 4h 左右。

3. 虫蚀肌肉

把整好型的蟾蜍（青蛙）放在盛有湿沙土的玻璃缸内，在其上放些湿的碎布条，向玻璃缸内投入 100 只左右的鼠妇成虫或幼虫，让鼠妇自然啃食蟾蜍（青蛙）的皮肤、内脏、肌肉大约 10～12d。在此期间注意让碎布条和沙土保持湿润。10d 后开始注意观察，如皮肤、内脏、肌肉已被鼠妇啃食干净即可。

4. 整理标本

除去蟾蜍（青蛙）骨骼上剩余的肌腱等。

5. 脱脂

将骨骼用清水洗净，晾干，置于二甲苯中脱脂 2～3d，脱去骨骼中的油脂。在浸泡过程中应经常检查，以防骨骼脱散，然后取出在清水中漂洗干净。

6. 漂白、整形、装架、贴标签

（按常规操作。）

7. 注意事项

①用玻璃缸便于给鼠妇创造一个适宜的生活环境，利于保湿，防止鼠妇爬出。

②整型后应放置一段时间，让青蛙冷却，使已经整好的形态保持固定。

③处死青蛙时勿用麻醉剂，以免毒死鼠妇。

④用新鲜的蟾蜍（青蛙）作材料易被鼠妇啃食，而且啃食时间短。

（三）蟾蜍（青蛙）透明骨骼标本制作

1. 取材

选用体形完整、新鲜的小个体蟾蜍（青蛙），体长以 10cm 为宜。体形小，其体壁相对就薄，染色、透明效果亦佳。将青蛙置于密闭的标本瓶（或罐头瓶）中，用乙醚或三氯甲烷深度麻醉致死。

2. 剥皮、去内脏

将处死后的蟾蜍（青蛙）置于解剖盘（或玻璃板）上，腹面朝上，用剪刀剖开腹面皮肤，然后向两侧剪开，分别向前后四肢各方向拉下皮肤，要小心不要拉断指、趾骨。剥皮的目的是为提高药剂对材料的透入效果。剥离后，用剪刀剪开腹腔，取出全部内脏。

3. 固定

将清洗干净的标本用线结扎在玻璃片上，整理姿势后放入 95％酒精中固定 1～2d，可以看到肌肉呈白颜色，很硬。固定好的标本用清水缓缓冲洗 1d。

4. 透明

将固定后的标本放入 1％的氢氧化钾溶液中，放在 24℃～25℃的恒温培养箱中，随时注意观察。当能够隐约看到骨骼时，立即把材料取出。

5. 染色

用 2％的茜素红酒精溶液（2g 茜素红用 95％的乙醇溶液配至 100mL）浸泡 12～36 h。

6. 褪色

将 2％的 KOH 溶液 30mL 与 30mL 甘油、60 mL 水配成混合溶液，将标本浸泡在混合溶液中，在阳光下暴晒至肌肉褪为淡红色为止。

7. 漂白和透明

将标本在 30mL 氨水、30mL 甘油和 70mL 水的混合溶液中浸泡 2～5d，进行漂白和透明。

8. 脱水

常用的脱水剂为甘油，将标本在各级甘油（以 25％的浓度为梯度）中浸泡。每一级甘油中至少浸泡 2d。如在 25％的甘油溶液中浸泡 2～4d，50％的甘油溶液中浸泡 2d 以上，75％、100％的甘油溶液以此类推。

9. 保存

将标本用新的纯甘油保存，可以在其中加入少量的麝香草酚，然后用石蜡将标本盖与瓶封住。

五、爬行类（龟或鳖）骨骼标本的制作

（一）爬行类龟或鳖骨骼标本的制作

龟类骨骼标本，在分类学方面，骨骼标本是相当重要的参考资料，如龟的头骨、背板、腹板是分类鉴定名称时的主要依据之一。

1. 剔除肌肉

龟骨骼的主要特征是表现在它具有由角质板愈合的背甲和腹甲，躯干部的脊柱、肋骨和胸骨也与甲板愈合。甲板外覆有角质鳞，体被包在背、腹甲之中。所以，必须在龟的腹甲两侧的边缘用骨锯将腹甲锯开（如图4-3所示），沿腹甲用刀切开周围的皮肤和肌肉，取下腹甲，取出内脏。头骨、脊柱、背甲、腰带和后肢骨骼各关节间，均有韧带相连或愈合。前肢骨与肩带之间有韧带相连，但与背甲、脊柱之间没有韧带相连，左右前肢、带骨之间彼此互不相连。因此，在剔除肌肉时，必须把左右肩胛骨上端，从颈椎板两侧把它割下。再将其他部位能剔除的皮肤清理干净，然后将龟蒸煮（若龟较小，可免蒸煮），水开即可（体型大的龟可适当延长蒸煮时间）。蒸煮后的龟，应先剥离背腹甲上的盾片，否则冷却后难以剥离；其次将四肢、颈部的肌肉剔除；最后剥离头部。剥离头部时，注意保留鼓膜处的听骨（很小，仅有针的一半大）。不可用甲醛或者食盐水浸泡。

2. 防腐处理

将已初步剔除肌肉的龟骨架用清水冲洗干净，放入配制好的防腐剂中，过 2～4d（冬季可过 5～8d）后取出，用清水冲洗，再用解剖刀将

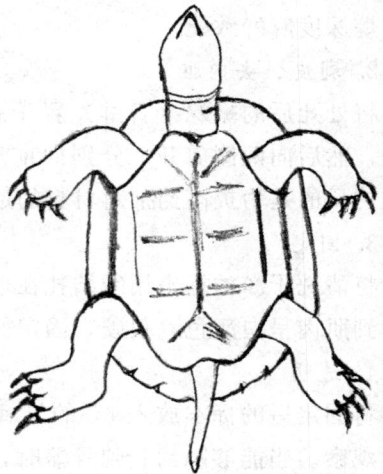

图 4-3 龟腹甲两侧的锯开线

残留在骨骼上的肌肉剔除。

3. 脱脂处理

将剔除干净的骨架，放入密闭的装有汽油的桶中进行脱脂，夏天浸泡1～2d，冬天浸泡3～4d。浸泡时注意防火。

4. 漂白处理

把已经脱脂过的龟骨架用清水漂洗干净，浸泡于配制好的漂白剂中，时间3～8d不等。浸泡过程中应经常观察骨骼表面的变化，至骨洁白后取出，并用清水冲洗干净。

5. 整形和装架

将漂洗后的龟骨架整理成适当的姿态，主要是把四肢的位置整理好，使头颈伸直，置于阳光下晒干后在背甲两侧的第二缘甲板边缘，即前肢肱骨两侧的位置上，用针或锥子各钻两个小孔，用尼龙线穿过孔中间，把前肢肱骨缚住。肩胛骨的上端，用502胶粘在颈骨板两侧。这样，前肢的带骨、肢骨和肩胛骨相连。背甲和腹甲的一侧，用铁丝绕成弹簧状，中间穿一根铁丝，并将弹簧的两端分别穿入背腹甲的边缘，弹簧中穿入的铁丝也分别穿入背腹甲的边缘。在背甲的腹面（体腔的内侧），把铁丝和弹簧的两端部固定，在另一侧安装一钩子，使腹甲可以开启和关闭，便于观察。用白色丙烯颜料将龟骨涂上2～3遍。上色的目的是：①龟的骨头经水煮等多道工序后，骨头呈米黄色，上色是为了让它美观；②上色有助于预防蛀孔。最后，在背甲的后部安装"Y"形支柱。支柱是用两根18号铁丝，把中间胶合后，使其一端弯曲成"Y"形做成的（如图4-4所示）。并把它固

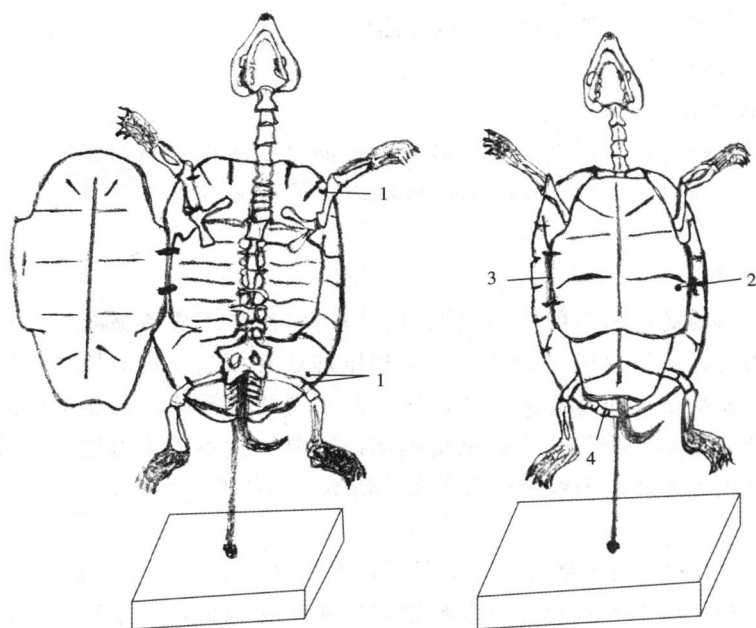

图4-4　龟的骨骼标本图（左为内部骨骼构造；右为外部骨骼构造）
1—前后肢的固定位置；2—钩子；3—弹簧铰链；4—支柱的固定位置

定在背甲两下侧的钻孔中（钻孔在第九或第十一缘甲板边缘的位置上），下端固定在标本台板的底面。若体型大的龟，应将四肢骨、颈骨、头骨等部位用铁丝串联。在串铅线时注意不要用力过度，以免把龟骨头折断，如果不小心折断也不要紧，用502胶粘上，再上一遍色就行了。

（二）龟壳骨骼标本制作

1. 材料处理

把处死的龟放在开水里泡一下，龟肉熟了容易从龟壳脱离。

2. 剔除龟肉

戴上手套，用解剖刀沿着龟肉和壳边缘划开，前后端都划开，然后把头骨和尾骨，与脊柱连接的部分切开。龟肉与龟壳连接的部分，就是脊柱和前后端壳。小龟切开后基本上用力一拉，就会和脊柱分离了，大龟就得用力锯了，而且四肢的骨头也要锯开。捏着龟的前腿，把龟肉及内脏从龟壳里拉出来，注意小龟不要太用力，有的龟缺钙，壳很容易沿着生长线裂开。把掏出的肌肉和内脏放到垃圾袋中。用刷子刷干净龟外壳，一般情况下，小龟的肉一次都能掏空。有的时候会剩下一点肉和膜连在龟内壳和脊柱上，这时候先用开水烫一下，然后拿刷子刷，再用清水冲洗干净。

3. 风干

将冲洗干净的龟壳放置在背阴处风干一周左右，直到没什么味道为止。

4. 刷油

等龟壳风干之后，在壳上涂上油，如橄榄油、指甲油都可以。上油之前，如果发现龟壳颜色有缺陷，可以用油漆笔补上颜色，然后再刷上油。

（三）蛇类骨骼标本制作

1. 标本的选择和处理

选取新鲜活蛇作为材料，其骨骼比较坚固；同时要注意骨骼的完整，不宜用损伤骨骼的蛇作标本。将蛇捕捉后，放入密闭容器内（捕蛇者应戴防护手套），用乙醚将蛇熏死。

2. 剥皮和剔肉

将麻醉处死后的蛇从密封的容器里取出，用清水冲洗体表的黏液与污物后再将蛇放在解剖盘内，用剪刀从腹部中央剪开至距头和尾部还有相当距离时停止；除其内脏后开始剥皮，剥皮时要细心，先从中央剪成两段，向头尾两端褪脱，当褪至口部嘴唇再往下剪时要特别仔细，更不要损伤头骨；剥皮到尾部时要注意不能用力过猛而扯断尾部。然后顺着脊椎两侧用小刀和镊子慢慢剔除肌肉，切不可损伤髓棘和两旁的肋骨。

3. 腐蚀和脱脂

当蛇骨骼上附着的肌肉大部分被剔除以后，将其放入2％～3％氢氧化钾内浸泡约1d。浸泡后应随时检查，如果发现骨骼上的残留肌肉有溶化现象，须立即取出，放在清水里冲洗，然后再放入1％～2％氢氧化钾溶液浸泡。由于浸泡的骨骼上附存的肌肉较少，所以氢氧化钾溶液浓度要淡些，浸泡到骨骼上肌肉能全部剔除时，即可转入脱脂工作。脱脂是将蛇的骨骼放在3％氢氧化钾溶液内1～2d脱去脂肪。

4. 漂白

蛇的骨骼标本可在3％氢氧化钾溶液中浸泡1～2 d，或浸入0.5％～0.8％过氧化钠中1～4d进行漂白。漂白时必须随时检查，待骨骼洁白后取出，再将漂白后的标本立即放入清水中洗净，然后进行整形。

5. 整形和装架

先用1根铁丝从头端穿至尾端，将蛇的脊椎串连起来，这是蛇骨的主干部分，随即进行整形。整形时将这一整套骨骼用大头针固定在蜡盘或木板上，整理成蛇生活时的姿态（如图4-5所示），若整形过程中发现有骨骼散掉可用胶粘好。最后把蛇的一套完整骨骼标本放在托板上，用铁丝卡子将其固定住装进严密的玻璃盒里，便于观察。盒内放樟脑块，防止虫蛀，使骨骼标本长期保存。

图4-5　莽山烙铁头骨骼标本

六、鸟类骨骼标本的制作

（一）鸟类附韧带骨骼标本的制作

鸟类（家鸽）骨骼的构造与家兔不同，其主要特点是骨骼轻而坚固，骨腔内有充满气体的腔隙，有许多骨骼愈合在一起，以减轻体重，适应飞翔生活。肢骨和带骨有较大的变化，它的前肢特化成翼。它的中轴骨骼和附肢骨骼各关节之间，都有韧带相连。所以剔除肌肉时不要把它们之间的关节分离。

1. 处死家鸽

首先将家鸽处死，处死的方法是用手掐捏它的两肋和鼻孔，使其无法呼吸而窒息。或用注射器在翼下肱静脉中注入空气，也能使鸽子很快死亡。

2. 剔除肌肉

从鸽子的腹面中央，用解剖刀纵行直线剖开皮肤，并向两侧把全身皮肤剥下。再由龙骨突的两侧，用刀割除胸部肌肉，当剔除到肋骨时要小心，因为肋骨比较软弱，需要让其多留些肌肉，以防损坏肋骨。然后逐渐把颈项、躯体和四肢等处的肌肉大体除净，再取一段细铁丝，将一端敲扁并弯成匙状，由枕孔上方伸入颅腔，并将脑挖出，再由寰椎脊髓腔插入，将脊髓捣烂，用注射器吸水冲洗干净，最后除去舌、眼和颈部周围的肌肉。再用电钻把前肢的尺骨、桡骨、后肢胫骨的两端以及乌喙骨的上端各钻一个孔，用注射器吸水后将针头穿入骨髓腔以洗去骨髓。

3. 腐蚀和脱脂

把基本上已除去肌肉的骨骼，放在清水中洗去血污，然后把骨骼浸入 0.8% 氢氧化钠溶液（或氢氧化钾溶液）中约 2~3d，取出后在清水中漂洗，并把残余的肌肉除净（暂时不要将肋骨部位的肌肉彻底剔除，可留待漂白后再行处理），然后用清水洗净。

4. 漂白

将已脱脂的骨骼浸入 0.8% 过氧化钠中约 2~4d，待骨骼洁白后取出，用清水洗净，此外还可以浸在 3% 过氧化氢中进行漂白，浸渍时间约 2~4d，取出后将残留在肋骨上的肌肉细心地全部剔除，并用清水洗去药液。

腐蚀和漂白期间要经常注意观察，以免漂白过度，损坏骨骼关节间的韧带。

5. 整形和装架

将已漂白的骨骼，初步整理姿态后，置于阳光下晒至韧带将要干燥时，即在腰椎的前端腹面，用电钻钻一个孔。取一段约等于 2 倍体长的 16 号铁丝，将一端由颈椎插入，并由腰椎下面所钻的孔中穿出。在颈椎的前端约 2cm 长的铁丝上，绕一些棉花，蘸取白胶插入脑中（如图 4-6 所示）。再将由腰椎下端伸出的铁丝作为支柱，向下弯曲成适当的角度，并根据骨骼高度和膝关节的曲度，把下端固定在标本台板的内面。这时，可把颈椎和躯体整理成自然姿态，并使后者保持一定的曲度，脚趾则用大头针固定在台板上（如图 4-7 所示）。

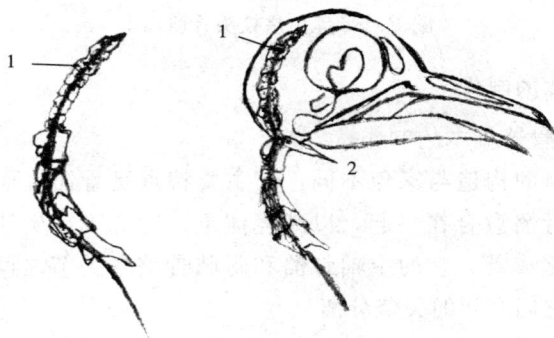

图 4-6　家鸽头和颈椎骨骼串连与固定

1—蘸有白胶的脱脂棉；2—头与颈椎的串连和固定

图 4-7　家鸽整体骨骼图片
1—脊柱的串连与固定

　　然后按固定的兔子肋骨方法，用铁丝把鸽子两前肢的掌骨、尺骨和桡骨、肱骨和肩胛骨绞合并连接在胸椎上（如图 4-8 所示）。也可先把骨骼置于框架中，并整理好姿态后，用线缚住，等关节之间韧带干燥后，再固定到标本台板上。

　　（二）鸟类透明骨骼标本的制作

　　1. 选材

　　选取体型娇小的鸟类作为材料，如麻雀、家燕等。

　　2. 药品

　　95％的酒精（或无水酒精）、3％和1％的氢氧化钾溶液、蒸馏水、甘油、5％的福尔马林溶液。

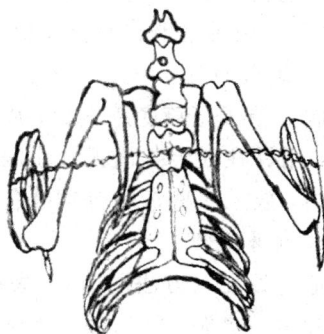

图 4-8　家鸽两前肢的铰合位置

　　3. 剥皮去内脏

　　鸟的处死方法同前所述，将死亡不久的小鸟，用解剖刀从其腹面中央纵行直线剖开皮肤，并向两侧把全身皮肤剥下。再用刀剖开腹部，除去内脏，用清水洗干净血迹，放入干净的烧杯中。

4. 固定

往烧杯里缓缓加入 95％ 的酒精，至没过标本为止。然后，置于恒温培养箱中（20℃）放 2～3d，使其固定（若用无水酒精固定，则时间可适当缩短）。

5. 透明

从酒精中取出鸟标本，向胸大肌中注射适量的 1％ 的氢氧化钾溶液 4～6 次。然后将标本放入装有 3％ 的氢氧化钾溶液的另一烧杯中，浸泡 1～2d，使其透明。

6. 染色

取 95％ 酒精，以能没过标本为宜，里面放入茜素红，搅拌至饱和状态，也可以将茜素红放入水中，配成饱和液。将动物浸在这种液体中染色 4～6h，使整个标本被染成紫红色。

7. 褪色再透明

将标本浸入混合液（由 50mL 甘油、25mL 蒸馏水、25mL 3％ 的氢氧化钾溶液配制而成）中，并放到强光下曝晒，使肌肉褪色。过 1d 之后，整个标本即可全部透明。

8. 脱水

这时肌肉已经透明，骨骼呈现紫红色，为了防止标本皱缩，就要将它脱水。先将标本浸入 25％ 的甘油中 2 周，再依次浸入 50％ 和 100％ 甘油中各 2～4d，使标本脱水更加透明。

9. 保存

将透明后的标本放入装有纯甘油的标本缸中，再向标本缸内加少量 5％ 福尔马林防腐液，或向保存液中加入一粒麝香草酚，便可永久保存。

这样的标本放在清澈透明的保存液中，由于全身肌肉透明，体内呈紫红色的骨骼清晰地显现出来，所以可透过肌肉观察骨骼；又由于关节和骨骼的整体形态未被破坏，所以特别适宜于观察鸟类骨骼的整体构造。

（三）虫蚀法制作鸟类骨骼标本

1. 昆虫的饲养

制好箱子（箱底用木板，周围四面用玻璃，不留缝以免蚂蚁逃逸），上方一面用塑料膜封住，用针在膜上扎出无数小眼以透气。在屋旁找到黄色蚂蚁的巢，将黄蚂蚁连巢带土移入箱内，放入一些饭粒等饲喂备用。

2. 标本处理

把鸟处死（方法同前），去掉鸟的皮毛、胸肌等大块肌肉和内脏后，将肱骨、股骨用解剖针钻一个洞，将鸟搁于无味的旧木板上放入箱内。蚂蚁是杂食性昆虫，且身体细小，约经 48h 后，鸟的肌肉、骨髓和脑髓全被吃光，只剩下完整骨骼。

3. 脱脂

扫净蚂蚁和泥土，取出骨骼，吹净杂物。将骨骼放入纯丙酮溶液中 2d，以除去脂肪并使骨骼更牢固。

4. 漂白

把脱脂后的骨骼浸入 3％ 的过氧化氢中 1d，进行漂白，至骨骼洁白后取出。

5．整形装架

根据骨骼的形态和相互位置，用细铁丝和胶粘合（方法同前）。

蚂蚁分布广泛，数量众多，繁殖快，这为我们制作骨骼标本提供了便利。蚂蚁法适宜于小型动物骨骼标本的制备，也可以与手工剔除法相结合处理大型动物骨骼标本。用蚂蚁制作骨骼标本时，应注意以下几点：①剥完皮后的骨骼放入光滑容器中，加盖留一小缝，以防蚂蚁拖走骨架；②变形的骨骼，可放到温水中浸泡1～2h，用细针把变形的部分修整。

七、家兔骨骼标本的制作

（一）家兔附韧带骨骼标本的制作

1．选取材料

一般选成年体瘦的个体为好，这样的材料骨质坚硬，体内脂肪少，对剔除肌肉、脱脂、漂白等均方便和省时。取活兔时可饿几天，但不要使其饿死，因死动物血的淤积在骨髓中很难清除，从而导致漂白效果不佳，最终影响标本质量。

2．处死

用乙醚麻醉或在耳静脉注入空气处死活兔。实验室中一般常用空气注射法，就是用注射器套上针头，吸取3～5mL空气，将针头插入兔子耳朵后侧边缘的静脉血管中，注入空气，约1～2min后，兔子就会死亡。

3．剥去皮肤

一般工序为：左手抓紧兔嘴，右手持解剖刀在颈部中段横向开刀，切断颈总动脉和总静脉放血，待血流尽后，用湿布将周围的血迹擦净，然后右手置于兔的腹部，由上而下挤压，将尿液排出体外。完成后，将兔仰放于工作台上，从颈椎前端至肛门开一直线，开线时将刀刃朝上，贴着皮与肌肉间将皮挑开。四肢开口应从四肢内侧走刀，前肢到胸开口处为止，后肢到腹开口处为止。开线后，按由后向前的方向剥皮。剥离后肢后，用镊子或两根带棱的小木棍夹住尾椎，小心退出，然后向前剥离；剥完前肢后，将皮翻过头顶，向嘴的方向剥离，直到皮与躯体分离为止。

4．剔除肌肉

（1）初步剔除

先用手术剪剪开腹肌，剖开时注意不要伤及胸软骨和胸骨（如图4-9所示），右手伸至心脏上方，由上而下将整个内脏取出。将头骨从第一颈椎处断开，连同肩胛骨卸下前肢，注意保存好游离的两根短小的锁骨，后肢在股骨与髋骨之间断开。四肢卸下后，

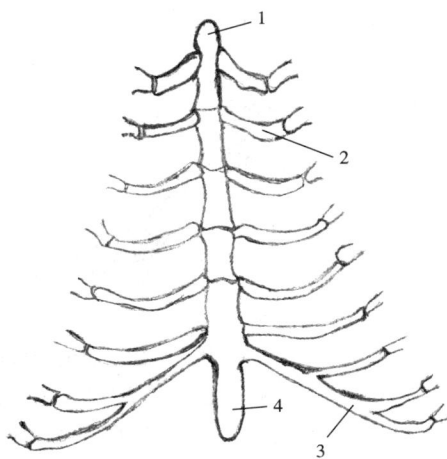

图4-9　兔胸骨和肋骨

1—胸骨柄；2—真肋软骨；3—假肋软骨；4—剑突

从骨盆处下刀，由后向前贴着骨头把脊椎上的肌肉剔除，到胸腔时，分别紧贴肋骨剔除。然后剔除四肢上的肌肉，连接各关节的韧带及软骨要保留，膑骨要带在胫骨上，便于装架和造型。最后清除头骨的肌肉、眼球和脑髓，由于头骨上的肌肉不易剔除，可以把头骨放在锅中烧煮片刻，这样头骨上的肌肉、脑和舌很容易剔除。但烧煮的时间不宜过长，否则导致头骨分散。

（2）彻底剔除

从颈椎开始，一点一点地将肌肉刮净，注意不要将相邻的两椎体间的椎间盘损害，同时避免将位于椎弓背面的棘突和椎弓两侧的横突剪坏。剔胸骨的同时，分别将肋骨刮净，刮之前先用解剖剪刀剪去肋骨间的肌肉，并将肋软骨、肋骨、胸骨连接在一起。依次将腰椎、荐椎、尾椎剔干净后，将头骨和四肢也一次性剔除干净。

兔子的肋骨共有 12 对（极少有 13 对），上端均与胸椎相连。前 7 对下端分别直接与胸骨相连，称为真肋。后 5 对（极少 6 对）不与胸骨直接相连，称为假肋，第八肋的软肋附在第七肋上，第九肋附在第八肋上。最后 3 对肋骨末端游离，称为浮肋。由于肋骨与胸骨之间有肋软骨相连，胸骨末端有剑状软骨。因此在剔除胸、腹腔肌肉时，应特别小心，避免把肋软骨和剑状软骨剪断或损坏。

附肢骨骼中，前后肢的构造基本相同。

前肢骨骼分为肩带、肱骨、尺骨和桡骨、前脚骨四个部分（图 4 - 10 左）。在剔除肌肉时，应注意后肩峰突和指骨。锁骨退化成一细骨条，埋藏在肩部肌肉中，以胸锁韧带连接于胸骨柄，另一端以锁肱韧带连接于肱骨，可将其取下，剔除肌肉，另行保存，以免遗失。

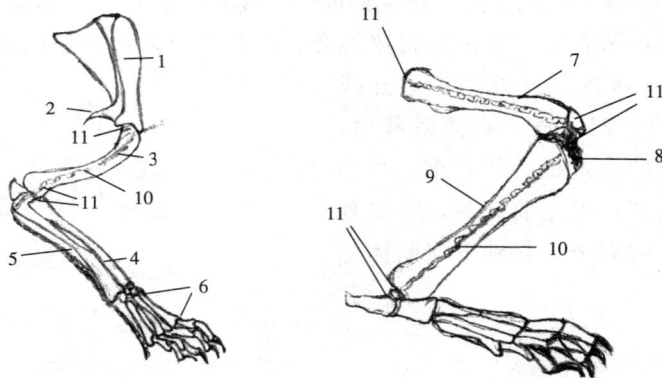

图 4 - 10　兔的四肢骨骼（左为前肢；右为后肢）

1—肩胛骨；2—肩峰突；3—肱骨；4—桡骨；5—尺骨；6—掌指骨；

7—股骨；8—膝盖骨；9—胫腓骨；10—串金属丝位置；11—钻孔位置

后肢骨可分为腰带、股骨、胫骨、腓骨和后脚骨四个部分（图 4 - 10 右）。腰带是后肢连接脊柱的桥梁，它由一对髋骨构成，左右髋骨在腹侧正中线相结合，形成骨盆合缝，在背侧与荐椎牢固地连在一起，形成不动的关节。股骨近端内侧有一圆球形的股骨头与腰带中的髋臼相关节，另一端则与胫骨、膝盖骨（髌骨）相关节。胫骨、腓骨、髌骨和趾骨之间均有韧带相连，因此在剔除肌肉时要注意各关节之间的韧带，避免造成关节之间的分离。

除去脊髓时，用一根 14 号铁丝从脊椎贯穿椎体，边拉边用流水冲洗。由于兔子前肢的肱骨、尺骨和桡骨及后肢的股骨、胫骨等骨髓腔中，具有主要由脂肪细胞构成的骨髓，如果不清除干净，放置一段时间后，脂肪就会从骨骼间隙中渗出，使骨骼由黄变黑，且易沾染灰尘，从而影响标本的洁净和美观。要清除骨髓，需用电钻分别在肱骨、尺骨、桡骨、股骨、胫骨后侧的两端钻孔，直达骨髓腔中，用打气筒吹出骨髓，直到骨髓排净，并用流水洗净。或用一根橡皮管，一端接在自来水龙头上，另一端套在注射器针头上，将针头插在钻孔中，利用自来水的冲力，将骨髓冲洗干净。将剔净的头骨捆好放在胸腔里。把两根锁骨绑在肱骨上，最后将整个骨架捆绑在一起。

除按上述方法剔除肌肉外，还可以采用浸腐法，就是把兔子整体或大部分肌肉剔除后的标本浸没于水中，让其自行腐烂分解，一般夏天需要 15～30d 的时间（须根据动物的个体大小和气温的高低而定），冬季则需要更长的时间，待肌肉腐烂后，用刷子刷去肌肉。浸泡的时间要适当，不宜太长，否则容易损坏韧带。此法虽然效果不错，但由于腐蚀作用缓慢，需要时间长，并且时间难以把握，容易造成关节分离，同时由于肌肉腐烂变质后会产生难闻的臭味，污染环境，因此目前一般不采用此方法。

5. 腐蚀和脱脂

常用的腐蚀剂主要是氢氧化钠和氢氧化钾等碱性溶液，它们除了有腐蚀肌肉的功能外，还有脱去骨骼中脂肪的功能，所以也常称为腐蚀脱脂剂。腐蚀剂的浓度，应根据材料的大小和气温的高低等因素而定，家兔常采用 1%～1.5% 的浓度。在气温高的时候要降低使用浓度，适当延长浸泡时间，这样比较容易掌握，避免由于过度腐蚀而造成骨骼关节的分离。

将已剔除肌肉的骨骼，放在清水中清洗干净（冬天用温水），然后将其浸入 1%～1.5% 氢氧化钠（或氢氧化钾）溶液中，一般 2～4d，冬季约 1 个星期，这时残留在骨骼上的肌肉，因受药液的作用而膨胀成半透明状态。接着把骨骼取出，放在清水中，待洗净药液后，再用解剖刀、剪刀把残留在骨骼上的肌肉细心细致地剔除，并且不断用流水冲洗，直到完全剔除干净。

值得注意的是，配制腐蚀剂时，切勿用金属容器盛放，也不要与易生锈的容器接触，防止容器受腐蚀损坏或铁锈污染骨骼而出现锈斑。

个体小的骨骼经过腐蚀剂的浸泡后，已有许多脂肪被脱除。但对于个体大，脂肪多的骨骼，光靠腐蚀剂的作用是无法把脂肪脱除干净的。当标本放置一段时间后，残留在骨骼中的脂肪就会从骨骼间隙中渗出，使骨骼由黄变黑，且易沾染灰尘。所以，还要将骨骼标本浸泡在汽油中进一步脱脂处理（特别是作为陈列用的骨骼标本）。

将剔干净的骨骼晾干后，放进密封的汽油缸里，然后加入适量的汽油浸泡，利用汽油溶解骨骼中的脂肪，达到脱脂目的。浸泡时间为 1 个星期左右。

6. 漂白

兔子骨骼的漂白常有三种方法：

①取出骨骼，待汽油挥发尽后，再用 5%～10% 的 H_2O_2 浸泡漂白 15d，每隔 2～3d 更换一次漂白液。漂白完后用清水洗净。

②直接用 H_2O_2 漂白，方法和浓度同上。

③前后用 H_2O_2 漂白 10d，中间入汽油浸泡 1 周。

在漂白过程中，如果在规定的时间内，部分骨骼尚未洁白，可适当延长一些时间，但需经常检查。如果已经漂白的骨骼上还有残留的肌肉和多余的肌腱，应当剔除干净，用清水洗净后晾干。

1. 装架和整形

将经过漂白的骨骼整理成适当的姿态，放在阳光下晒，当韧带尚未全部干燥，关节尚能活动时，再把它整理一遍，特别要注意四肢和脊椎的弯曲度。因为韧带一经干燥就无法大幅度弯曲了。为了防止干燥过程中骨骼变形，可用白纸团或塑料泡沫等垫在胸腔和肋骨等处。整理好姿态以后将其置于通风处晾干。

然后取一根 18 号铁丝，缠少许脱脂棉，刷一层乳胶，从颈椎脊髓腔中插入，沿颈椎、胸椎插至荐椎（如图 4-11 所示），颈椎前要留出 5cm 的铁丝以固定头骨。如果脊柱的姿态不符合要求，可以适当加以弯曲纠正。剪一条与尾椎同宽的铁片或硬纸片，依其自然

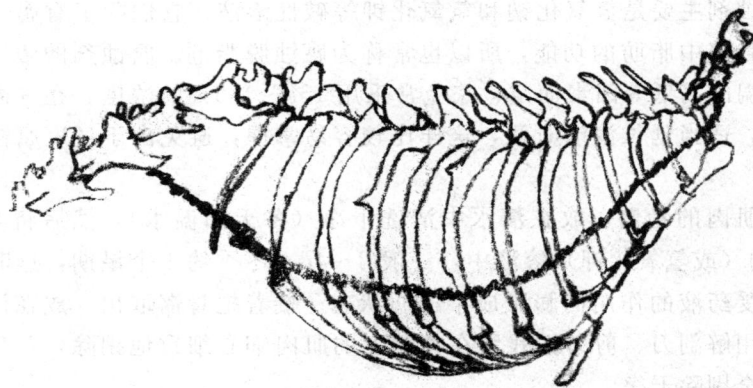

图 4-11　兔子肋骨的铰合方法和位置

状态向上弯曲，托住尾椎，用细线和荐椎相连，在髋臼、股骨突上打孔，使后肢与骨盆连接。为了保持各肋骨的距离和加强肋骨的强度，可在肋骨与肋软骨之间用硬纸片内外夹住，并用曲别针固定。或者用细铁丝进行连接并铰合，其方法是用两根 22 号铁丝，由第二、第三腰椎之间的骨缝中穿过，在铁丝的中间位置，分别将其铰合，使铁丝先固定在腰椎上。然后分别向两侧浮肋方向铰合，至适当位置时将浮肋铰合在铁丝中间，再继续按顺序向前逐渐铰合，直至到第一肋骨后扭合在胸骨柄上，并将多余的铁丝截断。固定时应注意各肋骨之间的距离和两侧肋骨之间的对称。取 4cm 长并缠有脱脂棉的铁丝，

弯成"V"形，将两头分别插在肱骨头上，使两前肢相连，并依其生态架在颈椎骨上，在肩胛骨背后涂上乳胶用曲别针固定在肋骨上方，在各关节处涂适量乳胶固定，待标本完全干后，取下固定材料。

骨骼有一定的重量，需要用支架来支持它才能使标本站立起来。制作兔子的骨骼支架（四肢）一般有两种方法：一是支柱法，就是用铁丝做两根支柱，支撑在前后脊柱上；二是串装法，就是将铁丝由四肢长骨中穿过，在四肢骨的外表面几乎看不到铁丝的痕迹。这两种方法中，第一种方法较为简单、省事，但金属支柱露在外面，影响标本的美观；第二种方法，较为复杂，技术要求也很高，肢骨串装时容易破碎，但标本比较美观。现将这两种制作方法分别介绍如下。

①支柱法：取两段长约18cm、直径5mm的熟铜条，一端用钢锯锯开2cm，另一端套3cm的外丝，上下加垫圈，用螺母固定在台板上。前后各用一根支柱分别托在第七颈椎和第六腰椎下面。在前肢肩胛骨上的网下窝位置，钻两个小孔，用细铁丝或尼龙丝，将其固定在第五肋骨上，用尼龙丝将锁骨结扎在肱骨和肩胛骨之间。再把四肢长骨关节整理成适当的曲度，并调整好脊柱的姿态，再用大头针（尖端剪去一半）将前后肢的指骨、趾骨、腕骨和掌骨固定在标本台板上。

②串装法：取一段16号铁丝，缠少许脱脂棉，刷一层乳胶，从胫骨下端所钻的孔中穿入（可利用清除骨髓时所钻的孔）通过骨腔和胫股关节，再由股骨中穿入至股骨上端。胫骨的下端需留5cm长的铁丝，作为固定标本时用。另一肢也可以做同样处理。如果髋臼关节和股骨头关节间韧带完好无损，可以不必将股骨头上的铁丝穿过骨盆。如果韧带已经损坏，必须将两个后肢从髋关节中卸下，并需在两髋臼窝中钻孔，股骨中的铁丝由髋臼窝中的钻孔通过骨盆后，再穿过另一肢骨中。

前肢用一段铁丝，由第七颈椎侧面的孔中穿出，横穿过颈椎，然后铁丝的两端分别由两肱骨头附近的结节间沟的钻孔处穿至肱骨下端，而后由后侧的肘窝伸出。肱骨头与颈椎间应保持1.5cm的距离。再将两端的铁丝附在尺骨和桡骨的后侧，这时将四肢弯曲成适当的曲度，并调整好姿态。取一块标本台板，在标本台板上量取四肢指骨、趾骨、腕骨、掌骨和跟骨的相对应位置，在台板上钻四个孔，并将四肢骨下端的铁丝，由孔穿入使其固定在台板下面。在前肢肩胛骨上的网下窝位置，钻两个小孔（如图4-12所示），并用用细铁丝或尼龙丝结扎在第四肋骨或第五肋骨上。

安装头骨时，先用电钻在左右颧骨和下颌骨及枕髁和寰椎两侧上各钻好小孔。再取一根细铁丝，使其绕成弹簧后剪成两段，分别钩在左右颧骨和下颌骨的钻孔中，使上、下颌相连（如图4-13所示）。把颈椎前端留出的铁丝绕上脱脂棉，刷一层乳胶，折回插入头骨孔中。然后用铁丝或尼龙线穿过寰椎和枕髁，将其扎紧，使其头骨和颈椎相连。

最后检查骨骼是否有损坏和遗失情况。如果牙齿等骨骼已经损坏和脱落，可用胶粘牢固。

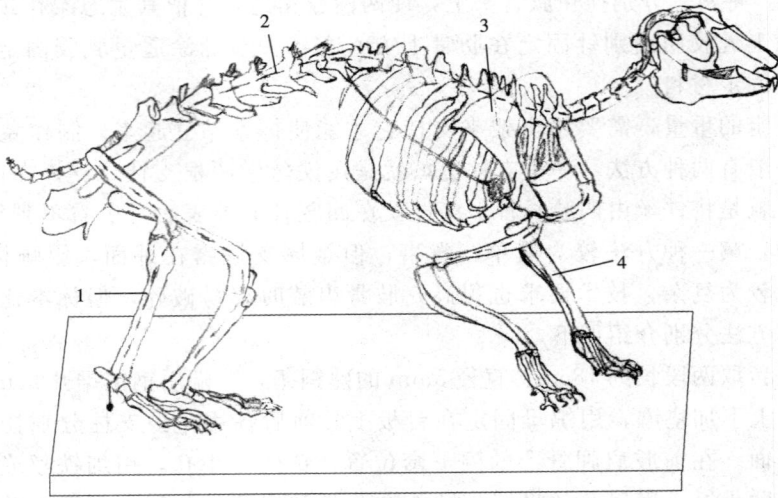

图 4 - 12　兔子整体骨骼标本
1—后肢的串连；2—脊椎的串连；3—肩胛骨的串连；4—前肢的串连

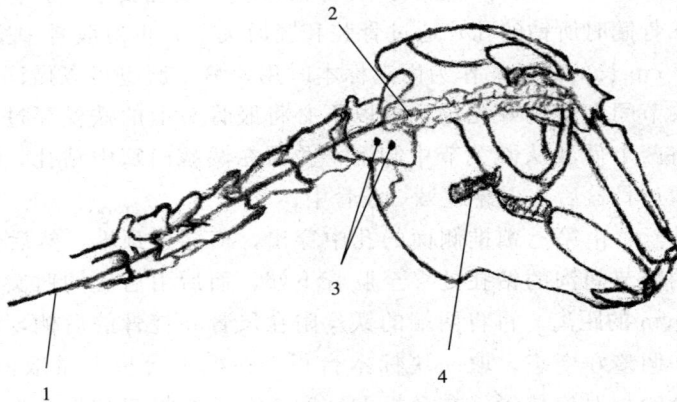

图 4 - 13　兔子头骨的固定方法
1—铁丝；2—脱脂棉花；3—头骨与寰椎的铰合位置；4—弹簧

（二）家兔骨骼染色透明标本制作

1. 选材

可取用未足月或足月胎兔、幼兔标本，也可取用成兔标本。但使用幼兔标本最为理想。

2. 药品及配制方法

（1）固定液　体积分数为 95% 的乙醇，或 5%～10% 的福尔马林。

（2）脱脂液　丙酮或二甲苯。

（3）染色液　茜素红 0.01～0.02g，氢氧化钾 0.5～1g，蒸馏水 100mL。

（4）透明液　A 液为氢氧化钾 0.5～1g，蒸馏水 100mL；B 液为氢氧化钾 0.5～1g，甘油 20 mL；C 液为梯度甘油（25％、50％、75％、100％）。

（5）保存液　A 液为纯甘油溶液；B 液为含体积分数为 0.1％石炭酸的甘油溶液；C 液为含体积分数为 0.5％福尔马林的甘油溶液；D 液为含少量麝香草酚的甘油溶液。

3. 处死兔子

兔子的处死方法同前所述。

4. 剥皮去内脏

将处死后的兔子剥去皮肤，剥皮的方法同前所述。胎兔可不去皮，幼兔也可不去皮，但要去毛。用注射器从枕骨大孔处穿刺抽去脑组织，经腹前正中切口去内脏，要求去净且不损伤骨骼及胸、骨盆壁为宜。用清水洗去血迹。

5. 材料的固定

将经过上述处理的标本放入固定液（体积分数为 95％的乙醇，或 5％～10％的福尔马林）中进行固定 2～7d，使标本有良好的形态，利于观察研究。

6. 脱水脱脂

将固定后的标本移入丙酮或二甲苯中进行脱水脱脂 3～7d，取出用体积分数为 95％的乙醇洗净丙酮，直到不再有丙酮气味，再将标本放在 95％的乙醇中浸泡 1～2d。

7. 氢氧化钾处理

将标本用蒸馏水清洗后，缚在玻璃板上，再移入透明液 A 中浸泡 1～7d，使标本组织膨胀软化，利于骨组织的染色。

8. 染色

从 A 液中取出标本，再浸泡于染色液中 1～7d，直至肌肉成冻状，并可见骨骼组织染成红色为止。

9. 褪色和透明

将标本从染色液中取出，用蒸馏水清洗后，浸入透明液 B 中 3～14d，直至肌肉逐渐变成白色，没有多余的颜色出现。然后将标本置于 C 液梯度甘油溶液中，继续逐级透明，每级 7～14d，直至肌肉等软组织无色为止。

10. 装瓶保存

将制作好的透明骨骼标本支撑固定，装瓶浸入保存液中，长期保存。制作好的透明标本其肌肉和软组织结构无色透明，而骨化中心和硬骨组织被染成紫红色，界线清晰，易于识别，能提供传统解剖方法不易得到的信息。

制作透明骨骼标本时，标本的材料一定要新鲜，腐败和淤血的材料不宜制作透明骨骼标本；药品要力求纯净清洁，若有杂质将会使标本染上杂色。脱水要彻底，脱水时间与材料大小密切相关，材料越大，脱水时间愈长。染色过程中要经常察看，掌握染色时间和染色程度，否则容易产生染色过度，造成脱色困难。

第五章　脊椎动物剥制标本制作

第一节　剥制技术和假体塑造方法

一、流行剥制法

1. 常见剥制法

（1）胸剥法　把动物体仰放在剥制桌上，将羽毛或体毛向两边分离，暴露出皮肤，从胸部的中央用解剖刀沿着胸部的正中线切开，以见肉为度，切口大小视动物体长而定。然后将皮肤向两边分离，剥离皮肤与肌肉之间的结缔组织，在剥皮时遇有出血或脂肪过多时，可撒些石膏粉，以减少污腻。剥离顺序为胸部→头颈部→前肢→背部→后肢→尾部。适宜采取胸剥法的动物有鸟类、兽类。

（2）腹剥法　从动物的腹部中央用解剖刀轻轻向后剖开皮肤，直切至泄殖腔孔前缘。注意不能切开腹膜，以免内脏流出造成污染。然后将腹部皮肤向两边剥离。剥离顺序为腹部→后肢→尾部→背部→前肢→头颈部，其他操作和注意事项均与胸剥法相同。此法适用于制作陈列标本和小型研究标本，做出的标本胸部丰满美观，但初学不易掌握。适宜采取腹剥法的动物有鱼类、两栖类（体型较大者）、鳄鱼、蛇类、鸟类、兽类。

（3）背剥法　将动物俯卧于剥制桌上，从背部中央将羽毛或体毛向两边分离，暴露出皮肤，用解剖刀沿着背部正中线切开，以见肉为度，切口长度视动物大小而定。然后将皮肤向两边分离，逐步剥离皮肤与肌肉之间的结缔组织，在剥皮时遇有出血或脂肪过多时，可撒些石膏粉。剥离顺序为背部→前肢→头颈部→后肢→尾部。背剥法的另一种剥离顺序为背部→尾部→腹部→后肢→前肢→头颈部。背剥法主要适用于哺乳类中呈站立姿态的猿猴、海豹等，鸟类中胸部暴露面大或需要展示飞翔姿态的种类，如适宜游泳与潜水，且脚的位置较靠近尾部的企鹅、雁鸭类等鸟类，或布置展览厅时要做成飞行姿态、悬挂于空中的鸟类。

（4）唇部剖剥法　将动物侧放于工作台上，用锋利的手术刀沿口唇与头骨的连接处切割，切割时刀锋偏向头骨，把唇部逐渐从颅骨上剥离，但口轮匝肌上的内层皮要尽可能地保持完整。边剥边将剥离的皮向后翻转，剥离顺序为头颈部→前肢→背部→后肢→尾部。此法适用于头骨较小，且口裂较大的小型食肉动物、除龟鳖类以外的爬行动物以及蛙等两栖动物。适宜采取唇部剖口剥法的有鼬科动物、蛇类、蛙类等动物。

（5）横向（腿部）剖剥法　横向剖剥法也称腿部剖剥法，是将动物腹部向上平放于工作台上，兽类是由动物后肢内侧向腹部中央剖开，腹部剖口线与动物身体中轴线相垂直，剥离顺序为后肢→尾部→背部→前肢→头颈部。鸟类的横向剖剥法其剖口线有 3 个位置（如图 5-1 所示）：第一种是经双腿内侧剖开，剖口向尾部在泄殖腔前汇合，剥离顺序为后肢→尾部→背部→前肢→头颈部；第二种是在两肋开口，向前在前胸部汇合，剖口呈倒"U"形，剥离顺序为前肢→头颈部→背部→后肢→尾部；第三种是选择在腹面的中段，横向剖开皮肤，将躯体拦腰截成两段，剥离顺序向前为胸部→前肢→头颈部，向后为腰部→腹部→背部→后肢→尾部。横向剖剥法适用于后肢常采用蹲踞姿态的小型兽类、啮齿类、躯体庞大的鸟类等动物。

图 5-1　鸟类横向剖剥法的剖口线

（6）侧面剖剥方法　适用于侧面剖剥法的动物主要有龟鳖类、大型鸟类等。由于龟鳖类动物的躯体覆以硬甲，剥制时将动物腹部向上仰卧于工作台上，用骨锯把腹甲（即两侧甲桥）锯开，用刀沿腹甲周围将与腹甲相连的前肢、后肢和尾部皮肤及肌肉割开，整个腹甲仅保留与颈部皮肤相连，接着将四肢跗蹠部及尾部的腹面剖开，依次剥离四肢与尾部，最后剥离头颈部，剥离顺序为腹部→前肢→后肢→尾部→头颈部。鸟类的侧面剖剥法是选择背部或腹部的一侧，由前向后剖开皮肤，剖口长度视动物大小而定，其剥离顺序可参照背剥法或腹剥法进行（如图 5-2 所示）。

图 5-2　鸟类侧面剖剥法的剖口线

常见剥制方法及适用动物见表 5-1。

表 5-1　常见剥制方法及适用动物

剥制方法	鱼类	两栖类	爬行类	鸟类	哺乳类
胸剥法				√	√
腹剥法	√	√	鳄鱼、蛇	√	√
背剥法				√	
唇部剖剥法		√	√		√
横向剖剥法				√	√
侧面剖剥方法			龟、鳖	√	

2. 新流行剥制法

前述的胸剥、腹剥、背剥和横剥等标本制作技术，都是百年来的传统技术，动物剖口线很短，肢骨都在体内剪断，又从体内推出，并且保留头骨和部分肢骨，充填物是铁丝（钢筋）、木头支架和棉絮、竹绒，有些地方用稻草、木屑和纸条等，这些材料，年久都有虫蛀和霉变之虑。而新流行剥制法为放射状剖口剥法。放射状剖口剥法，原是商品毛皮行业中最常用的剥法，现已被应用于兽类标本制作中。具体操作是将动物腹部向上平放于工作台上，首先，由动物的下颌正中沿腹中线向后剖开动物的皮肤直至尾端，在生殖孔和肛门处略偏向一侧，其次，由指（趾）端沿四肢内侧向腹面剖开皮肤。由于这种方法的剖口线似乎是在动物的腹部正中分别向头、尾和四肢呈放射状延伸出去，故被称作放射状剖剥法。

放射状剖剥法的优点是皮肤剥离容易，剥下的胴体很完整，是制作骨骼标本的好材料，并且剥离的皮肤可完全平摊开，不留死角，便于皮张的加工和储存，放射状剖剥法制作标本时不保留任何骨骼，包括有蹄动物的蹄骨也应剥去，其标本的假体多由木头、铁丝、泥巴和化学材料塑造而成，很大程度上减少了标本被虫蛀、霉变的可能性。

放射状剖剥的难点是假体的塑造。这是当今国际标本制作假体的一种领先制作法，在整个制作过程中，集多方位三度空间立体测量、细微描绘技术与精心设计、严谨塑造和合理翻模于一体。每个环节都渗透着新概念、新材料、新技术运用的方法。制作的标本更逼真，保存时间更长久。

放射状剖剥法最适合大、中型动物剥制。

二、假体塑造方法

假体塑造方法有传统的骨骼塑造法、木制假体法、石膏模型法和泡沫塑料法等，目前流行的是玻璃钢模型法。无论采用哪一种方法，为了使塑造的假体逼真、准确，都要对动物活体进行多方位的拍照，即使动物已死去也要对动物及剥去毛皮的躯体，进行多方位的拍照，并用生物制图方法画出正面、侧面、背面和必要的剖面图，准确注出重点的关节肌腱、肌肉、筋膜位置和比例。拍摄的照片可作为以后绘制外形图及塑造假体的依据。

1. 着重绘制的部位

如以家兔体表肌肉为例（猫和狗同比例），需要着重描绘出的部位有：

①头部：鼻、唇提肌，颞肌、夹肌、咬肌、下唇降肌、斜方肌。

②颈部：胸头肌、肩胛举肌、臂头肌、肩胛展肌、三角肌。

③四肢及躯干部：

前肢：臂三头肌、肱肌、臂二头肌、尺侧腕屈肌、挠侧腕伸肌；

后肢：臀浅肌、股二头肌、半膜肌、半腱肌、腓肠肌、趾总屈肌、股四头肌、缝匠肌；

躯干：大圆肌、冈下肌、斜方肌后部、背阔肌、背棘肌、背最长肌、髂肋肌、下锯肌、胸大肌、腹外斜肌、腹直肌腱鞘；

④外形图绘制完成并校对无误时，开始对动物肌体作全面细微的三度空间立体测量。在颈、躯干、四肢部位，以关节、肌肉起止点的基准设立若干个关节点，分别量出各部位的周长、宽度与厚度。一般来说，设的关键点越多，复制出的假体就越真实，其原理与电脑制作3D立体图像是一致的。在肌体上设立的关键点，要在所绘制的图稿上相应部位标注清楚（如图5-3、图5-4所示）。最常用的数据有：

额长：两耳中线至吻端长度；

咬肌断面周长：咬肌最厚处横剖口周长；

颈上围竖径：颈与头交界处剖面之垂直长度；

颈上围横径：以上剖面的最宽处距离；

颈上围：以上剖面的长度，

颈下围横、竖径：颈与肩、胸交界处横剖面的垂直长度和最宽处水平长度；

颈下围：以上横剖面之周长；

颈长：颈上、下围之间的垂直长度；

背侧全长：从两耳连线中点沿脊椎至尾根的直线长；

腹侧全长：下颌骨角连线中点，沿腹部中线至尾根的直线长度；

躯干长：胸前缘至臀后缘的水平间直线长度；

胸围：肩胛骨后角处垂直横剖面的周长；

腹围：腹部最宽处垂直断面的周长；

肋围：后肢前缘处肋部横剖面的周长；

胸和肋围的横竖径：以上三个横剖面的垂直长度及最宽处的水平长度；

体高（亦称肩高）：肩胛骨上缘至地面的垂直距离；

前胸宽：臀骨外侧结节间水平直线长度；

前肢上围：前肢与躯体交界处断面的周长；

前肢中围：前肢腕关节的周长；

前肢下围：前肢膝关节的周长；

尺骨长：前肢上、中围的垂直长度；

掌骨长：腕关节至膝关节之长度；

指长：前肢最长指（或中指）的长度；

后肢上围：后肢膝关节面周长；

后肢中围：后肢跗关节横剖面周长；

后肢下围：后肢膝关节横剖面周长；

膝跗长：膝关节至跗关节直线长度；

后足长：跗关节至足底的直线长度；

前肢上围宽、后肢上围宽：此两剖面纵向中线的长度；

前后肢间距：前肢肘突后缘至后肢关节膜与后肢交界处前缘的直线水平距离。

臀宽：左右两股内中转子间水平直线长度。

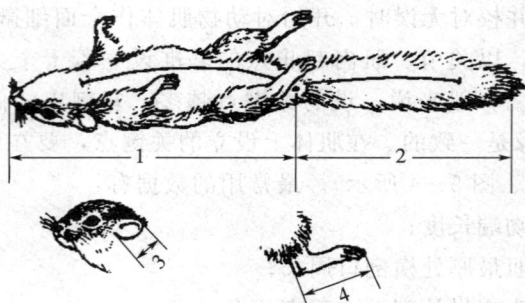

图 5-3 小型兽类的测量方法
1—体长；2—尾长；3—耳长；4—后足长

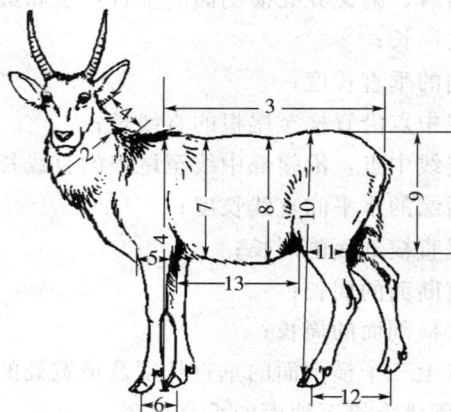

图 5-4 大型兽类测量方法
1—颈长；2—颈围；3—躯干长；4—肩高；5—前肢围；6—前肢左右间距；7—胸围
8—腹围；9—腰围；10—臀高；11—后肢围；12—后肢左右间距；13—前后肢间距

　　还有些数据，依动物形体的不同而需要专门增加测量基点进行测量后取得。为在弧形表面取得准确的直线长度，有时需要借助卡尺，或在卡规上量出长度，再在直尺上读出数据。在测量腿部上围等处时，会由于腿的屈伸造成肌肉的紧张或松弛，使测量数据发生变化，因此，在测量前最好先将肌体摆成需要制作的标本形态，然后再对各部位进行测量，这样得出的数据，在假体制作时更有准确性和指导作用。

　　2. 利用骨骼塑造假体过程

　　用制作骨骼标本的方法，将肌体内脏、肌肉和筋膜除去，骨骼的连接部位不要拆散，可直接用作假体塑造的支架，在颈椎、肩胛，四肢和尾等处要加装铁条，四肢的铁条要顺着各段骨骼的走势进行弯曲，并用线绳将铁条与骨骼在一起绑紧。如果骨骼在以后还要使用或另制作成骨骼标本，绑扎时就不要用铁丝缠绕，骨骼也要先用塑膜包裹后再绑扎上铁条，以免骨骼被锈蚀。

　　加了辅助支架的骨骼应能稳固站立，此时可以往骨架上糊泥，代替剥去的肌肉，这一步骤是整个制作过程中的难点。塑造材料可以是黄泥、纸浆、石膏粉等。具体操作，现以黄泥为例：选用优质黄泥（如附近有砖瓦厂，可取砖瓦机用泥），将黄泥晒干粉碎过筛；再购买凡士林，在热锅内将凡士林溶解，倒入泥粉中混合。混合后的这种黄泥不干燥，不开裂，可长期使用；其缺点是成本较高。条件差的可选用筛去杂质的优质黄泥加水调和备用。

塑造假体不是简单的堆砌操作，它不是将泥均匀地涂布于骨骼表面，而是根据肌肉在各部厚度不同进行立体堆塑，要边塑边与绘制的图样以及拍摄的照片相比较，不断地进行修正，塑造时先将明显的大块肌肉堆出，逐渐过渡到较细薄的部位。虽然深层肌肉的活动影响着表层肌肉的状态，但我们看到的毕竟只是表层肌肉，所以在绘制形态图以及塑造假体时，只要将深层肌肉的影响考虑到，而不必绘出或具体塑出深层肌肉的细节。

利用现成骨架进行假体塑造，是为了保证在形体大小及关节位置上的精确度。在精确测量的前提保证下，我们也能够用框架法代替真实的骨骼，这样，对解剖知识要求更高，在这种情况下，塑造假体完全成为雕塑手段。所以标本制作者塑造假体的表现能力，直接反映出他的空间想象力、艺术修养、手的灵巧程度以及对动物体的理解程度等方面的素质。因此塑造假体的实际操作尽管是短时间的，但需要长期的经验积累和素质培养，在不断的长期的实践中才能驾驭这门技术。

3. 利用木材制作假体过程

中大型哺乳动物，体高、皮厚、皮张收缩和变形较大，这就需要假体坚固、变形小、支持强度大。一般来说，用木板、木条制作的假体能够满足防止皮张收缩和变形的需要。但由于木材直、变形幅度小，因此主要用于制作假体的中心结构框架，如兽类的躯体，而动物的四肢一般选用 8～12mm 的圆铁或圆钢。

木制假体主要有两种制作方法，分别是主干板加支架法与木制假体框架法。

（1）主干板加支架法

首先选择一块木板（主干板），厚度约 3cm。在木板上画出动物的侧面图样，然后锯出多余部分。如果木板不够大，可以用多块木板进行拼接。主干板常用于标本的框架部分，偶尔也作为头部和颈部的支撑。与主干板连接的支架可以是粗铁丝、螺纹钢筋、铁条和角铁等材料，连接的方法因支架材料而异（如图 5-5 所示）。

①粗铁丝：将铁丝前端拧弯后放在主干板固定的位置，用小铁钉沿铁丝两边各钉数枚，但不要钉实，留出 1/3 钉尾，用铁锤将剩余的钉尾敲打弯，并卡住铁丝，使铁丝被固定。这种使用粗铁丝的方法也可以用于支架法标本中，所不同的是木板位于几根铁丝的胶合处，木板较小且多为平置。

②钢筋、铁条：在主干板的肩、髋部位，横向钉牢两根略短于实际肩、髋宽度的木条，形成"工"字形。然后在两根横木条相当于四肢基部的位置，钻好 4 个孔，与作为四肢的钢筋、铁条相连。

③角铁：多用作颈部支架，在铁条一端用电钻钻好两个以上的孔，孔的直径以能穿过螺钉为度，钻孔时最好左右略为错开，孔距不要太小。用螺钉将颈部角铁固定在主干板上，如果角铁的前端还要与头骨固定，可以在头骨下颌基部的侧面，选好位置，在角铁前端也钻几个孔，将角铁在颅骨下方贴紧颌骨的内侧，用螺丝螺母将颈部角铁与头骨相连。

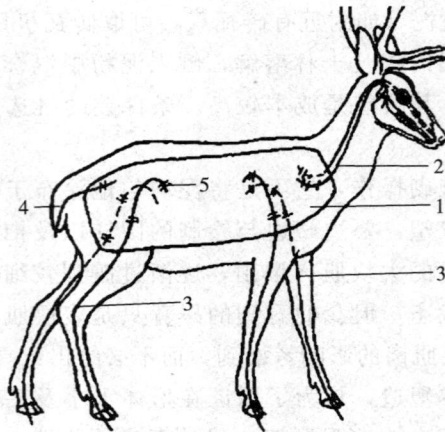

图 5-5 主干板加支架法示意图

1—主干板；2—头部支架；3—四肢支架；4—尾部支架；5—固定点

（2）木制假体框架法

用木板锯出动物颈部、胸部、躯干部、臀部、肘关节上下和膝关节上下等几个部位的横剖面图，再把锯好的木板按躯干、四肢各部的顺序及前后间距排好，用木条钉起来，做成木制假体框架（如图 5-6 所示）。

图 5-6　木制假体框架法示意图

①首先利用细铁丝的可塑性，在动物颈部、胸部、躯干前中后部、臀部、四肢等多个部位，以动物实体为例弯出外部轮廓图形。

②准备好多块木制台板（固定板），中型兽的台板厚 3～4cm，大型兽的台板 5～6cm，依据实际测量的铁丝轮廓在木板上画出头部与颈部相连处、颈部中段、颈与胸相连处、躯体前中后三段、臀部；肘关节上下、膝关节上下等几个部位的横剖面图。在锯出身体各部横剖面图时向内收缩约 5～7cm，在锯出四肢横剖面图时向内收缩约 3～5cm，为外围框架木条、最后的外部填充物进一步塑造动物体形留下空间。

③将锯好的木板横剖面图再锯成左右对称的两块，把锯好的木板按由前向后，至上

而下的顺序及前后间距排好，依次钉牢在主干板的两侧。最后用木条把前后多块横剖面木板钉起来，木条厚度中型兽 3cm 以上，大型兽 5cm 以上，宽度 6～10cm，木条间的距离不超过 3cm。

④将铁丝网蒙在做成的木制假体框架上，固定铁丝网的螺丝钉要钉在各支撑板上，钉子钉入木板后将钉尾弯曲别住铁丝网。由于薄木条不具有很大的强度，不要在薄木条上固定铁丝网。

这样木制假体框架就制作完成了。如用胶水把麻丝（纸浆）与黏土（水泥、石膏等）搅拌调和至一定的黏稠度，抹在木制假体框架表面，可进一步进行假体塑造。假体塑造，有时一天不能完成，因此，人在休息时应用湿布遮盖，保持湿润，以免干燥开裂难以修补。

4. 泡沫塑造假体法

从日用品商店购买泡沫塑料，或收集包装家电、玻璃制品等商品用过的废弃泡沫塑料板，先用胶水粘接成与动物一侧胴体形状相似、比胴体略大的材料备用。再按草图尺寸在材料上画出假体轮廓，然后依各部位横剖面的形状切割出高低起伏的细节，做成左右对称的两片，在留出主干木板的厚度之后，用做好的左右两片模块把主干木板夹住，并用细线将模块与主干木板在各处捆绑紧。泡沫塑料容易塑造出标本的头部、颈部和躯干部的假体，但这样的制作要有扎实的解剖学和雕塑的基本功。切割泡沫塑料的最好工具是用通电的电阻丝，也可以用木工的线锯和钢锯条，但后者操作不如前者方便。

国外很多自然博物馆均已采用泡沫塑料或类似的高分子轻质材料制作假体，并且在国外的标本制作中，用泡沫塑料等高分子材料一次成形制作假体的工作已不再属于标本制作者的工作范围。如澳大利亚博物馆制作兽类标本的假体材料配方为：用加入发泡剂的树脂材料与等量的异氰酸盐相混合，混合体迅速膨胀聚合，生成固化的硬质泡沫塑料——聚氨基甲酸酯。此反应如果在模具中进行，可一次铸造出假体模型。国内标本制作业中采用一次性倒模制作假体的不多，即使采用此制作方法，其标本制作工艺、制作水平与国际领先水平也有较大差距。

5. 石膏浇铸假体过程

（1）石膏硬模制作

浇铸石膏模是在利用骨骼塑造假体、木材制作假体和泡沫塑造假体的基础上进行的。具体方法是在动物假体制作基本完成时，在动物假体表面紧贴上一层湿纸或涂上一层肥皂膏，并在假体原型上划出分模线。以兽类为例，一般以脊椎为中心的分模线将整个假体分成三块：身体左外侧为左模，包括头部、颈部的左侧，左前肢外侧、左后肢外侧；身体右外侧为右模，包括头，颈右侧，右侧胸的一部分，右前肢、后肢的外侧、部分胸部；整个下腹及四肢内侧组成下模如图 5-7 所示。

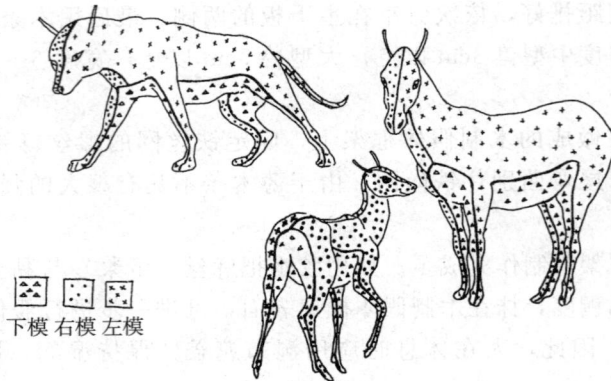

下模 右模 左模

图 5-7 假体分模示意图

在分模线上插上分模片，其材料可选用塑料薄片或木片。分模片垂直插入假体内，稍深插牢即可，外露部分应与石膏模等高，略高于模板也无妨，但片片要相连，构成一道分划墙。左模浇铸后，可将脊背与头颈部的分模片拔掉，留下与腹模相连的分模片。拔去分模片的地方，用黄泥修平。浇铸注右模时与左模相邻部分，用肥皂膏涂上分模液，与腹模相连部分仍需插上分模片，右模浇铸完后，所有腹部的分模片全部拔去，拔去分模片的地方，全部用黄泥修平，与腹模相邻的边都涂上肥皂膏，再浇铸腹模。在盛水的容器内，均匀撒上石膏粉至刚露尖为止，静置几秒钟后，搅拌至稠和，便可浇铸。第一遍浇石膏浆时可稀薄一些，保证模面全部浇到，以后的几层可稠厚些。补浇的外层石膏，可以掺入纸浆、麻纤维等材料，以增强硬度韧性，以避免开模时断裂。石膏壳模的厚度应不少于 3cm，大型动物还要适当加厚。

石膏的凝固时间很快，浇铸后数小时就可开模。先用铲刀沿分模线铲刮一次。用铲刀等伸入分模线内并轻轻敲击，多处逐渐加力，撬开模块，用水清洗模具，如有损伤，可用石膏粉加水修复，粗糙之处，用细砂纸磨平打光，将模块合拢，用绳索绑扎固定，放通风处晾干待用。

（2）石膏浇铸假体

石膏硬模做好后可掺入纸浆、麻纤维等石膏材料制作假体，如果采取直接浇铸的方法，制成的是实心假体，这种假体不仅重，而且还浪费材料，目前通常采取手工糊制的方法制作空心假体。具体操作通常是先在石膏模上涂二次清漆，漆干后刷二遍聚乙烯醇，作为脱模层，脱模层干后即浇石膏浆，第一遍浇的石膏浆可稀薄一些，以后的几层可稠厚些。动物分成三块分别进行浇铸，开模时将分块浇铸的假体拼合在一起，用线绳绑扎牢，再在拼缝两边各约 5cm 范围内刷黏合剂，使三块石膏模壳连接为一个空心假体。

6. 玻璃钢浇铸假体过程

玻璃钢浇铸假体是目前国际上最先进的假体制作技术，所谓玻璃钢制作假体就是利用其他材料（石膏、黄泥）已制成的动物假体硬模，用玻璃钢取代石膏等材料进行浇铸的过程，其浇铸的产品即是动物硬质空心假体。具体制作材料、过程和注意事项如下：

（1）聚酯树脂（低黏度，400～1000 泊秒）　在树脂厂采购，大桶装 1 吨，小桶装 100kg。

（2）配方　在适量的聚酯树脂中先加入相当于聚酯树脂总重量 1%～4% 的引发剂（过氧化甲乙酮），环境温度高少加，温度低多加。使用前再加入相当于聚酯树脂总重量 2% 的促进剂（环烷酸钴），引发剂和促进剂不能同时加入，一定要一先一后，以免热量剧增，发生危险。

（3）增强材料　聚酯树脂机械强度很低，需要加入增强材料，以提高其机械强度，才能满足假体要求，这种材料是玻璃纤维，它的抗拉强度是树脂的 34 倍，弹性是树脂的 18 倍，对树脂的增强效果极大，所以称作玻璃钢。玻璃纤维的制品有布和毡两种。假体选用的玻璃纤维材料为厚度 0.1～0.14mm、经纬密度 $10×10$ 根/cm^2 的方格布和短切纤维毡。

因玻璃钢固化很快，因此布和毡应在操作前按模块大小剪好。

（4）操作安全与要求　①聚酯树脂、引发剂、促进剂、溶剂及其他辅助材料都必须合理，小心地使用，注意安全，避免危险。②对合成高分子物质及溶剂等都必须尽量避免皮肤接触，可以用涂保护油脂、戴防护手套等办法避免与上述物质的接触。③在休息、吸烟、吃饭、喝水、上厕所时，要先用肥皂洗手，不可使树脂等材料入口或接触皮肤。皮肤上如有裂口、擦伤时，绝不可沾上树脂及各种添加剂。④在脱下手套前要先把沾染的化学品洗掉，不可使之接触皮肤或弄脏手套内部，已弄脏就不能再用。衣服如已沾污，就要洗净再穿。为预防树脂溅出，要戴面罩和系塑料围裙。⑤操作场所也要满足安全要求，能预防各种材料污染人体，又易于清洗溢溅物，在使用挥发性材料时，操作区应设抽排气装置。⑥如眼睛沾染化学品要立即用大量清水清洗 10～15min。皮肤沾染后要用清洗油清洗，再用肥皂和水彻底洗净，如无效，只得用丙酮或其他溶剂再洗，溶剂不可接触皮肤裂口或伤口周围。清洗后再用保护油脂涂覆。⑦人吸入化学品情况严重时，要立即抬到空气流通处，直到呼吸恢复正常为止，严重时还要立即送医院治疗。

（5）手糊法铺层　动物体表平面很少，只能手工铺层，事先要在石膏模上涂两次清漆，漆干后刷两遍聚乙烯醇，作为脱模层，干后即可用漆刷在石膏模上涂刷一层配好的树脂，稍干再涂刷第二遍，涂刷完立即铺一层玻璃纤维毡，并用漆刷在毡面轻轻击拍，使毡浸透树脂和排除气泡，接着刷第三遍树脂，铺第二层方格纤维布。羊、狗大小的动物假体铺二至三层，大型的要铺四至五层。三层铺好后，目测快固化时用铲刀把模板周边玻璃钢铲齐，约 15min 脱模，再糊刷第二块和第三块。三块糊齐，拼合在一起，用线绳绑扎牢，再在拼缝两边各约 5cm 范围内刷一条树脂，把剪好的约 10cm 宽的玻璃纤维毡按接缝贴上，用漆刷轻轻击拍，使三块玻璃钢模壳连接为一个空心假体。应该提醒的是，如要使标本有生态形状，应在做泥塑支架时设计好，因为玻璃假体不同于常规标本充填后还有可塑性，还可捏成任何生态形状。

第二节　毛皮的处理及毛皮在硬模上包蒙

除大部分鸟类或体重小于 250g 的兽类可一次性完成防腐固定外，鸵鸟及其他兽类的皮均应进行毛皮的深加工，尽量去尽皮肤下的油脂，进行彻底防腐，这样制作的标本才能有效降低虫蛀、羽毛（毛）脱落、生霉等的可能性，以有利于标本的永久收藏。

一、新鲜毛皮的处理

新鲜毛皮，是指刚从动物体上剥下的生皮，这种新鲜生皮，都要进行去肉、脱脂和防腐等处理措施。由于各类动物的皮肤厚度、皮下脂肪含量不同，其新鲜生皮的处理步骤亦有所差别。

1. 鸟类新鲜生皮的处理

（1）去肉　就是把留在皮肤上的肌肉和脂肪剔除干净。人工圈养或冬季获得的动物皮下脂肪较厚，在皮肤剥离完成之后，将碾压成粉末状的明矾粉，撒于内皮上，沾脂肪的部位略微揉搓一下，让其自然脱水。当明矾粉吸附部分油脂，鸟皮在失去一些水分后，变得更柔韧时，轻轻地揭去脂肪层，有些脂肪特别厚的地方，要这样反复几次才能清除干净。值得注意的是撒了明矾粉以后，要及时揭脂，揭脂必须在皮肤尚柔韧时进行，若皮肤在明矾粉中作用的时间过长，会发硬变脆，则不利于下一步的皮肤缝合和整形。另外揭脂肪时要遵循从尾部向头部、由中间向两边的方向揭，以免造成羽根松动、羽毛成片脱落。

（2）防腐　在鸟类剥制标本中，常将三氧化二砷（砒霜）、肥皂、樟脑和甘油配制成的防腐药膏均匀涂抹在骨骼及皮肤内侧，但根据制作时条件的不同，有时也会采取一些非常规的做法，如浸泡、冷冻、干燥、先充填后防腐及后期的补充防腐等措施。防腐措施的好坏，直接影响到标本是否能长期保存。以下就几种常用的防腐法分别予以介绍。

① 涂抹防腐：用毛笔或毛刷蘸防腐药膏（或防腐液）涂抹于鸟类皮张内侧，对于标本的翼、跗蹠部、肉冠及肉垂，通常可用苯酚酒精饱和溶液混合防腐。液态防腐药品的优点是药液能渗入到细微的部分，如翼尖、颅骨内部等部位，防腐不留死角，但对于脂肪较多的皮肤则效果欠佳；其缺点是药液涂抹时容易沾湿羽毛，药液的流动性易使得涂抹不均，每次涂抹药液有限，要增加涂抹次数。

② 堆埋防腐：将剥下的鸟皮堆埋在三氧化二砷与樟脑（冰片）配制的防腐粉末中，或将药粉均匀的撒在新鲜生皮的内侧面，使药粉黏附在湿润的皮肤上，在皮肤表面形成均匀的防腐药粉层。这种做法特别适合于中小型鸟类，在有些药粉不易深入到的细微处，需要就近多撒些药粉以强化防腐效果。这种防腐方法的优点是防腐药粉不会沾在干燥的羽毛上，且药粉在皮肤上涂布均匀；其缺点是防腐药粉使用量大，药粉对周围环境的污染、对人体的危害较大。

③ 搓揉防腐：将防腐剂或防腐药粉涂布皮张后，伴以手工搓揉，使药力深入皮肤内部。由于鸟类相对皮肤较薄，且羽毛容易脱落，搓揉防腐只适合配合其他防腐方法局部使用，同时注意搓揉的力度，以防止羽毛的脱落或皮张的损伤。本法主要用于处理皮肤较厚而坚韧的大型走禽或脂肪含量较高的水禽皮张。

④ 浸泡防腐：在鸟类标本制作中，此法仅限于局部使用，如鸟的长喙、跗蹠部、趾爪、肉冠及肉垂，浸泡液常用苯酚酒精饱和溶液。

⑤ 注射防腐：注射防腐是将防腐固定液用注射器注入其他防腐措施难以达到部位的

做法，如肉冠及肉垂内部，或某些不易（不能）完全剥出的部位，注射防腐也常作为标本制成后的补充防腐或加强防腐。

⑥充填后防腐：充填后防腐是用浸湿防腐液的充填物进行标本充填同时所进行的防腐方法。此法的困难在于充填物浸湿的程度要掌握好，太干可能达不到可靠的防腐效果，太湿又可能对羽毛带来潜在的损害。还有一种做法是，用干燥充填物对没有进行防腐处理的标本先进行充填，充填后再用注射器将防腐药水注入标本体内，使充填物吸收防腐药液后对皮张进行防腐。充填后防腐主要用于秋冬季节低温下野外大量制作半剥制标本。

2. 兽类新鲜生皮的处理

兽类新鲜生皮的常见处理有以下步骤：

(1) 去肉和脱脂　生皮上残留的肉屑，小块未铲尽的残肉，既可在皮张刚剥下时用小刀耐心地割除，也可以在皮张去脂后肌肉失去韧性时用手直接撕剥掉。大型毛皮上的残肉，用平直铲铲刮，铲的方向是由尾至头、由腹侧向背侧单向进行，逆铲可能引起掉毛。

兽类的皮板较厚，皮层中含有大量脂类和水分，需要以物理和化学手段并用的方法才能除尽皮层中油脂。物理脱脂法主要是压榨和吸附，在皮张内层铺上吸附性强的布片或吸油纸，榨出的油脂即被纸或布吸附；也可在皮张内面搓上明矾粉进行吸附。最常用的化学去脂法是有机溶剂溶脂萃取法，将新鲜毛皮浸泡在汽油、二甲苯、松节油或三氯乙烯中，隔数小时翻转搓揉一次，浸泡2d以上，浸泡后的毛皮，再用洗衣粉洗涤。采用压榨→吸附→浸泡→洗涤→再压榨→吸附的方法，将生皮中全部油脂除尽，把去脂后的毛皮晾至半干，此时在生皮内面衬以白纸，用钳子用力夹皮，如白纸上不见有油脂出现，表明油脂已除尽。

(2) 浸泡　浸泡兽皮兼有去脂、防腐和防硬化三大作用，处理毛皮的药液有很多种，而用于制作标本的，从经济、实用和方便操作出发，有以下三种：

①盐矾液。将盐矾按一定比例加以混合，具体是：50kg水、15kg食盐、2～5kg明矾加入热水中搅拌，促使盐矾溶解，待水完全冷却后即可使用。盐与矾的比例中，夏天明矾成分多些，冬天食盐成分多些。用盐矾液进行防腐固定的皮张必须全部浸泡在溶液中，溶液的最佳温度应保持在15℃，高于或低于15℃，不仅会影响时间和效果，还会使皮张发硬或掉毛。在浸泡头两天要经常翻动毛皮，使溶液均匀作用于皮张的每一个部位，以利于提高防腐固定的效果。对于皮层较厚的种类，在浸泡过程中要换几次药液，或者在原液中陆续加入盐矾以保证浓度，中小型动物毛皮浸泡5～7d，大型动物毛皮浸泡20d以上。此法优点是成本低，无异味；缺点是需要时间较长，不适于高温季节操作。

②酒精。采用纯度在95%以上的工业酒精，根据需要加水配成浓度不等的溶液，最低浓度为20%，将剥下的毛皮首先浸泡在低浓度酒精液中，以后每24h换一次较高浓度的酒精，直至70%的酒精中。中小型毛皮可直接在20%、40%、70%的酒精中各浸泡1d，皮肤较厚的必须经不同浓度梯度的酒精浸泡过程，这样做是为了防止表层蛋白质骤遇高浓度酒精时迅速凝固，而使溶液难以达到皮层深层，也可避免过快脱水引起毛皮皱缩。此法的优点是蛋白质凝固彻底，防腐杀菌效果好，费时较短，四季皆宜，适合实验

教学与中小型兽类标本制作；缺点是成本较高，有刺激气味，毛皮易发硬收缩。

③芒硝米浆液。民间常用硝皮法，将芒硝溶于 30 倍的水中（夏季浓度稍大），用手指蘸溶液浅尝，若有咸味则可，再加入水磨米粉，将溶液调成稀薄状态，把毛皮放入此液后每天翻动 2～3 次，每次翻动皮张时用手反复搓揉，对于皮层较厚的部位要多搓揉几次，使溶液作用均匀，提高防腐固定的效果。对于大型兽类毛皮，在浸泡过程中要换几次药液以保证浓度。此法的优点是毛皮缩水率小，略加铲刮后毛皮即可柔软，整形工作可以从容完成，毛皮不易发硬；不足之处是费时费工，不适合大批量制作。

（3）漂洗　从浸泡液中取出的毛皮，要用清水冲洗，目的是洗去皮张表面残留药液，使毛皮恢复柔软和原色，不让药液成分在毛皮干燥后留下影响外观的结晶或粉末，有利于标本的长久保存。用酒精浸泡的毛皮，用清水冲洗目的是为了适度回软，便于对毛皮形状做还原处理。

冲洗前应将毛皮在冷水中浸泡，皮张在清水中浸泡的时间，可根据具体情况而定，皮张厚的浸泡 2h，皮张薄的浸泡 1h。冲洗时可将皮张置于水龙头下，边轻轻搓揉边冲洗。毛皮的外侧部、面部和四肢是冲洗的重点，冲洗时间不必太长，洗净即可，等毛皮洗净后用竹条将其撑开或平摊在阴凉通风处晾干。

（4）回软　所谓回软，就是将滴干水的毛皮进行搓揉处理，使皮张具有柔软性和韧性，便于在假体上包蒙和整形，回软的主要手段是用铲或搓揉，使绷紧的皮肤纤维变松，产生可塑性。

当毛皮晾到表层无水分，约六七成干时，先按铲脂去肉的方法将皮肤摊平铲软，回复毛皮原先的形状和大小，但不要铲得比生皮大。铲的过程中要经常对照原先测量的数据，特别是毛皮的宽度。干皮常有不同程度的横向收缩，特别是颈、躯干和四肢部位，因此一定要铲至原先的宽度，铲和搓的动作要反复多次，以保证各部位的毛皮无僵硬现象。考虑到缝合及干后的收缩率，颈部、躯干和四肢三处的毛皮允许铲的尺寸比生皮略大些（大 1～2cm）。

将铲好后的毛皮拿起，使毛面在外光面在内，用手在各部位搓揉，使毛皮内层表面互相摩擦。操作时也可在内面表层涂布补充防腐膏，透过揉搓作用使药力渗透，进一步提高防腐效果。

（5）补充防腐　经过上述多道工序处理的毛皮已能用于假体包蒙，但有时为防止毛皮中可能有微生物生长繁殖，并使毛皮有一定的湿润度，应再用砒霜肥皂膏在毛皮内层涂抹一次，这样更有利于蒙皮、整形和缝合操作。

二、干皮的处理

有时在山区毛皮收购站，经过合法手续能采购到一些较珍贵的动物皮张，偶尔林业派出所在执法中也会收缴到一些禁止狩猎动物的皮张。这些皮张，大多是充分干透的，而且多数还是未经回软的生皮板，如果要以此皮张制作标本，其工作程序要比对新鲜生皮的处理更繁琐，必须做好以下几项工作：

①检查外形。仔细检查皮板的正面和反面，检查有无破损、虫蛀及霉变蜕毛现象，

主要部位有残损或残损超过一定面积的皮张和已发生虫蛀、霉变变质的皮张则没有处理的必要，应采购有利用价值的皮张。

②泡软。将干皮平放，完全浸泡于清水中一昼夜，使皮张充分吸水软化，在浸泡过程中皮张往往会浮起，可加压重物使皮张完全沉于水中。

③检查皮张的内在质量。皮张经过浸泡后，一切瑕疵及最初的加工状况都会显示出来。检查方法是用力挤干皮张表层水分，如果皮张内面呈现洁净的白色，表示皮张经过加工；如果皮板内表面色泽不均匀或呈现灰色、黄褐色，表明未经彻底的加工，则需按前面叙述的方法去脂、浸泡、漂洗及回软等常规工序进行处理；如皮张已经过加工处理，则可直接进入回软程序。

④加脂回软。未经回软处理的皮张经长期干燥后，皮层纤维束会因失去活性而变脆，在铲皮揉搓时要加入适量脂类物质，才能使皮张更好地恢复弹性。常用的方法是将肥皂切成片状加入水中熬成稀糊状，如在水中添加甘油则对皮张的回软效果会更好。这种加脂回软膏熬好后，铲皮时可边铲边在皮张内侧表面均匀涂抹这种加脂回软膏，使药剂深入到皮肤深层发生作用，在四肢、头部等皮肤较厚的部位可铲皮前先涂抹加脂回软膏，经过上述工序处理的皮张称为熟皮。

三、毛皮在硬模（假体）上的包蒙

硬模法剥制标本，采取的是放射状剖剥法，毛皮是充分剖开的，成为一张能完全摊平的毛皮，而在装置标本时又要将其还原为立体形状，因此定位和固定措施显得特别重要。皮张在包蒙前要先进行试披，试披时先对准背侧中线，在硬模假体上先用药棉乳胶把义眼装上，刷胶时先固定的地方先刷，后固定的地方后刷，然后将毛皮覆盖在假体上进行包蒙。

整理头部时，先确定好两耳和眼睛的位置，并用小钉将毛皮与假体模钉牢固定，钉子只能钉进大半，钉帽要留有余地以便日后拔钉。然后整理两颊皮肤，并在颏下将其缝合，口唇部可暂不缝合，以便在最后的修饰时向鼻吻和口唇部作可能的补充充填，鼻孔深处要填上油灰泥。鼻、唇、口裂及颊部凡有粘膜处均须将粘膜妥当粘贴，并于唇周围、耳根周围以及头部的一切凹陷处用大头针钉上。耳廓两侧可用薄纸板夹住，再用回形针沿耳廓边缘固定纸板。如果确信头部不再需要太多的修饰，亦可用强力胶挤入内唇部位，将内唇皮粘贴在颌骨上，并在皮外口唇周围间隔较密地钉上小钉，最后再用线绑扎，防止皮肤后缩。

头部装好后，接着装躯体的皮被。首先对准背部中线，以颈与背的交界处钉上小钉作为定位点，然后拉住尾部毛皮使毛皮背中线保持在背部的正中直线位置，分别依次由尾向颈方向钉入数枚小钉固定，将体侧的毛皮向腹部抽拉，使体侧毛皮绷紧于假体上，并对胸部、腹部的剖口进行缝合，如果发现剖口线不直，就应检查背部毛皮定位是否准确无误，身体两侧毛皮是否有起皱和不对称的情况。下腹部两后肢之间的剖口，在缝合时有时会有比较松的感觉，这是因为后肢基部与躯干相连处还有阔筋皮膜构造，不要认为度量有误而用充填物在下腹或后腿基部将皮肤绷紧撑起。缝合下腹部时，可以顺便将尾缝合。

四肢的缝合顺序，是由足趾部向上缝合，直至肢体上端接躯体腹部剖口线为止。缝合时要经常停下来检查外观是否令人满意，不足之处要及时填补再行缝合。腿部经常会出现毛皮不能完全包住假体的现象，这是由于毛皮的收缩所致，此时可以对局部皮肤作横向铲刮，或用钳子夹住毛皮边缘在剖口线拼合处适度用力拉扯。在腿部剖面周长度量无误的情况下，不要轻易去磨削假体以适合毛皮缝合，这样做会造成肢体两侧不对称和局部的凹陷失真。遇到毛皮过长，缝至最后略有盈余时，可以用手握住已缝合的肢体作来回扭动，使多余部分消化到肢体之中，如仍有盈余空间，可用弹性充填物作适当充填。位置平行的两腿，在外观上是对称的，当肌肉屈张时，腿部会变得较粗而短，这种差异应该在塑造假体时就加以表现，缝合时，屈腿部分的剖口缝合要困难些，但仍应该以皮肤的弹性伸展来使剖口合拢，不能片面追求两腿粗细完全一样。

后腿的阔筋膜是膝盖部与躯体间的三角形皮膜，不能将该处用填充物充满，而应在附近用小钉将该区域绷紧。这个局部唯有在硬模假体中才能完美表现，在后肢大幅度向后伸直时清晰可见，对后肢有一定的牵引作用。

毛皮缝合完成后，要在各凹陷部位钉上图钉以保持皮肤与假体表面的胶粘层贴紧，防止因皮肤收缩而使凹陷处绷平，特别要注意的部位是鼻梁、颊、颧、耳后、颈背交界处，前胸和下腹以及四肢与躯体的交界处。

犀、象等巨兽的皮厚而坚韧，缝合时针难以穿透，应先用电钻，套上小号钻头，在皮肤两侧边缘对应部位钻孔后，再穿针引线缝合。缝合用的线一定要有充分的强度，否则在毛皮收缩时很可能将缝线拉断。缝合的针脚比鸟类要紧密些，以避免针脚之间因毛皮收缩而露出空隙。也可在缝合剖口后，再在剖口处涂上少许白胶以弥合接缝，在不沾染毛羽的情况下，对增加缝合的牢固度是有利的。

第三节　脊椎动物的剥制

一、剥制标本的准备与要求

1. 常用工具和器材

标本剥制中所用的工具和器材极为繁多，为避免工作中缺东少西，临时购买，常在剥制前尽量准备好必要的工具与器材。一次剥制工作完成后，有意识地将所使用的工具与器材收好，集中放在工具箱或纸箱中保管，下次剥制时只要将工具箱取出即可。这样反复进行几次，以后剥制工作中缺少工具和器材的现象就会越来越少。通常剥制中要准备的工具、器材如下：

①解剖刀：解剖剥皮时使用。

②镊子：装填假体，整理羽毛等，应备有直头、弯头和各种不同长度规格的镊子。

③剪子：剪断细小骨骼及关节肌腱等。

④骨剪：剪断动物肢骨用。

⑤铁丝钳：剪断铁丝和做骨架时用。

⑥台虎钳：夹持制作假体支架等。

⑦游标卡尺、卷尺，两脚规等：测量动物身体各部位的长度等。

⑧钢锯、木锯：锯断金属丝、树木条等。

⑨钉锤：钉支架及台板等。

⑩斧头、木锉和凿子等：制作头骨模型和标本支架等。

⑪天平：称量药品和动物的重量。

⑫小台钻及大小钻头：在台板及其他方面钻孔用。

⑬搪瓷盘大小各一个：解剖动物盛放标本用。

⑭铁丝：制作标本支架，承受标本重量（应备有各种规格，见表5-2）。

表5-2　鸟类动物剥制标本支架用铁丝规格参考表

铁丝号数	铁丝直径（mm）	适 用 种 类
8	4.19	白鹳、丹顶鹤、白鹈鹕、天鹅、白尾海雕
10	3.40	灰鹤、孔雀、小天鹅、金雕、黑脚信天翁、斑嘴鹈鹕
12	2.76	鸢、大白鹭、苍鹭、豆雁
14	2.11	绿头鸭、白鹇、环颈雉、银鸥、苍鹰、蓝马鸡、褐鲣鸟
16	1.65	鸳鸯、花脸鸭、白骨顶、乌鸦、池鹭、家鸽、冠鱼狗、褐翅乌鸦
18	1.24	黄鹂、绿啄木鸟、杜鹃、画眉、蓝翡翠、沙雉、斑鸠、黑头蜡嘴雀
20	0.89	白头鹎、小翠鸟、长尾翁、云雀、雨燕、大苇莺
22	0.71	麻雀、白眉鸫、白脸山雀、绣眼、鹡鸰、黄喉鹀
24	0.56	黄腰柳莺、太阳鸟、红头长尾山雀、长尾缝叶莺

注：头颈部铁丝、展翅标本翅膀上的铁丝应比躯体支架铁丝稍细一点。

⑮竹绒（细刨木花）：填入动物作假体用。

⑯棉花：填入小动物和其他动物颈部和腿中作假体用。

⑰标本台板：供站立标本用，应有长、方、圆等多种规格。

⑱针、线：缝合标本的剖口，宜用牢度强的晴线。

⑲毛笔漆刷：洗涤动物体上的血污和涂防腐剂用。

⑳铁钉、大头针、回形针：均用于标本不同部位、不同强度的固定。

㉑竹片铲、木铲：用于兽皮的铲皮。

㉒石膏粉：剥皮时减少油污对羽毛的污染。

㉓标签及记录本：记录动物标本的编号、名称、各部位量度、性别、采集地点和日期等。

2.常用药品和防腐剂

（1）常用药品

①三氧化二砷（As_2O_3）：俗名砒霜，白色无臭粉末，性剧毒，常用防腐剂。手有伤

口接触后会发生剧痛。

②明矾粉［硫酸铝钾，$K_2SO_4 \cdot Al_2(SO_4)_3 \cdot 24H_2O$］：无色透明的晶体，有酸味，溶于水。具有硝皮、防腐及吸收皮肤水分之用，需研磨成粉末使用。

③樟脑（$C_{10}H_{16}O$）或樟脑精块：无色透明晶体，有特殊气味，有驱虫防蛀功能。

④苯酚（石炭酸 C_6H_5OH）：无色晶体，有特殊气味，有消毒防腐之功能。

⑤硼酸（H_3BO_3）：白色片状晶体，稍溶于水，无毒性，配作无毒防腐剂，但效果差。

⑥丙三醇［甘油，$C_3H_5(OH)_3$］：滋润皮肤，防止皮肤快速干燥。

⑦乙醚［$(C_2H_5)_2O$］：易燃，氧化后毒性增加，用作动物的麻醉剂。

⑧敌敌畏：用作标本和树枝熏蒸消毒。

⑨松香水：作调稀清漆等用。

⑩酚醛清漆和各色油漆以及颜料：涂在动物的喙、脚、角、蹄等处，能增强光洁度、有防腐作用，并用作玻璃义眼调色用。

（2）防腐剂的配制

①适用于鸟类的砒霜樟脑膏配制比例：三氧化二砷（砒霜）100g，肥皂（削成碎片易融化）80g，樟脑（压磨成粉、小块状）10g，甘油少许。

先将肥皂削成碎片状加水浸泡数小时后，放入三氧化二砷和樟脑粉，用玻棒搅拌均匀，再加入数滴甘油搅拌，调成糊状待用，此膏适用于鸟类。如急用可将削成的肥皂碎片放在装有温水的烧杯中水浴加热，促进肥皂融化，加快砒霜樟脑膏的配制。

②通用砒霜樟脑膏配制比例：三氧化二砷（砒霜）30g，明矾粉60g，樟脑粉10g。

将上述三种粉末混合调匀即成。使用此防腐剂应特别小心，因它散撒时易飞扬。可加入肥皂糊搅拌，这样涂抹使用时安全，效果也很理想。此膏适用于鱼类、两栖类、爬行类、鸟类和哺乳类等多种动物防腐。

配好的砒霜樟脑膏，如果一次没有用完，残留部分应用塑料薄膜覆盖烧杯口并扎紧，贴上标签，收藏好留着下次再用。下次用前水浴加热，凝固的膏体融化后即可以使用。

③盐矾液的配制：将50kg水、15kg食盐、2～5kg明矾加入热水中搅拌，促使盐矾溶解，盐与矾的比例，夏天明矾成分多些，冬天食盐成分多些。用盐矾液浸泡兽皮兼有去脂、防腐和防硬化三大作用。

④芒硝米浆液的配制：将1kg芒硝溶于30kg的水中（夏季浓度加大），再加入适量的水磨米粉将溶液调成稀薄状态即可。用芒硝米浆液浸泡的兽皮缩水率小，毛皮不易发硬。

3. 剥制的特点和要求

①剥制动物应是在自然条件下生长的新鲜、身体完整的成年个体，损坏的皮肤不在主要表面并且是可修复的。

②要有完整的测量记录。

③剥制前要清洗体表的污垢和血迹，用棉絮塞进肛门及口腔，以免污物外流。

④剥皮要到边，去肉去脂要除净，小型动物头颅骨和四肢骨要保留，破裂皮肤要

修好。

⑤做骨架的铁丝粗细要与剥制动物大小对号，不能随便使用，以免影响整形。

⑥砒霜（As$_2$O$_3$）饱和溶液涂料，有剧毒，应有专人保管。鱼类涂一次砒霜膏，稍干后，加涂一次10％明矾水，干后再涂一次砒霜膏。鸟类及中小型兽类，配砒霜＋明矾混合膏。大型兽类用明矾和砒霜混合研碎的粉状物撒涂，撒涂时必须戴口罩操作。

⑦小型动物假体用清洁干燥的竹绒装填，有的假体用细小的刨（木）花做成。但都必须比生活时稍大。

⑧一律做成生态标本（特殊要求除外）。鳞片要完整，四肢及羽毛要整齐美观，皮毛要顺毛向梳理好，及时装义眼，四肢及喙、鳞片等干后涂一层清漆。

⑨每件剥制标本要有一份资料卡片，记录标本的来源和产地、采集时间、剥制时间、动物性别、制作人员姓名（或制作人员编号）、标本编号等信息，以备日后查用。

二、鱼类的剥制（以鲫鱼或鲤鱼的剥制为例）

1. 材料的选择和处理

鱼类剥制标本常选鲫鱼或鲤鱼为材料。选做剥制标本的鲫鱼或鲤鱼应是在自然条件下生长的新鲜成年个体，挑选时要看看鳍条是否完整，鳞片有没有脱落，鱼体有没有损伤。活的鱼会蹦跳，容易把鳍条鳞片弄坏；而不新鲜的鱼，内脏和肌肉又往往开始腐败。最好选择刚死不久的鱼。如果活鱼没有缺鳞少鳍等缺陷，选好后应及时将鱼头插入10℃～50℃冷开水中让其窒息死亡。把鱼挑好后，先用水冲洗一下，特别要把口内鳃内的污物洗干净。冲洗鱼体时，水要从头上流下来，倒冲会把鳞片冲脱。选做剥制的鱼体不仅要体形完整，不得有缺鳞少鳍等缺陷，还要控制大小，鲫鱼体长应在15～20cm，鲤鱼应稍大些，约30cm左右。

2. 鱼体的测量和记录

鱼洗好后用直尺和两脚规测量鱼体的全长、胸围、腹围、躯干长、尾长等（具体测量方法见第三章），并作详细记录，特别对长、宽、厚各部形态。再绘一简图，准确记录胸、腹、尾柄三处的剖面图尺寸，背、腹面部的体色，瞳孔的直径，巩膜的颜色等，以为作假体填充的依据。

3. 鱼体皮肤的剥离

在操作台上铺一块湿毛巾或湿布，用以减少鱼体与台面的摩擦，防止损坏鱼鳞，使鱼体侧卧在台板上，如图5-8所示，用解剖刀沿腹中线的剖面线，在腹鳍前入刀后行至臀鳍前，绕过臀鳍（如图所示）直至尾柄基部转向上至尾椎骨止。再用解剖刀沿剖面两侧皮肤与肌肉之间逐渐剖剥，剥至腹鳍和臀鳍时，可用剪刀（或骨剪）在体内的腹、臀鳍基部将鳍担骨剪断，将内脏除去，继续用解剖刀沿尾柄两侧剥至尾基部，在尾的前端剪断。接着从腹中部向背方渐次将肌肉和皮肤分开达背鳍基部，用剪刀（或骨剪）由尾部背脊向前逐渐将鳍担骨剪断，再往前剥至头部后侧肩带骨位置时，从头的后侧剪断颈椎，这时除留下数块颈椎和几块尾椎外，大部分脊椎都和鱼体分离，鱼的躯干部即可拿出。注意鳃盖内肌肉和鳃丝应全部除净，挖去眼球和眼窝肌肉，用小钓从颅腔内挖净脑髓，再用棉球将颅腔洗净，最后把残留在躯体各部的肌肉、脂肪等除净。如在翻转皮肤时脱落了一些鳞片，可收放在一小培养皿集中保存，在装架后用明胶粘上。

图5-8　鲤鱼肌体的剖离

4. 鱼皮的防腐

鱼类防腐剂有粉剂和糊状两种：一是糊状亚砒霜膏，称取亚砒霜5g、樟脑1g、肥皂4g、明矾3g。先将肥皂切成薄片放入烧杯中，加水浸泡数小时，隔水加热溶化后将亚砒霜、樟脑、明矾（已磨成粉状）放入，搅拌成糊即可。二是粉剂，取砒霜2g、樟脑1g、明矾7g混合研成粉状即可，因为粉状撒涂易飞扬，危险性较大，工厂不采用。防腐膏配制好后，先从鱼的口腔、颅腔到鳃盖内部涂抹，然后涂抹鱼体皮肤，因这种防腐膏内有亚砒霜是防腐的，樟脑是防虫的，明矾是收缩的，所以涂抹一次即可达到防腐效果。

对大型鱼类，应将剥离的皮肤浸于75%～80%的酒精中，隔几小时后翻动一次，使酒精渗透到各部位的皮肤中去，从而达到迅速固定蛋白质的防腐目的，这比单纯涂抹防腐膏防腐效果快。剥离的鱼皮在酒精中浸泡1～2d后取出，此时鱼皮因在酒精中的失水而发硬，故将鱼皮浸泡于水中缓慢冲洗数小时，待皮肤柔软后取出，吸干皮肤上的水滴，在皮肤内侧再涂擦防腐药膏或防腐药粉，以达到长期防腐目标。当皮肤内侧的防腐药膏半干时就可以进行充填。

5. 制作假体和装架

制作假体有多种方法，常用的有两种：一是依照测量所绘简图，找一块与鱼体厚薄相当、长宽相当的软木板，或泡沫塑料板，在上面绘上鱼体的简图，用锯按图形除去多余的部分，再用木锉和砂纸把上下轮廓磨去、打光即成为鱼的假体，如图5-9所示。另一种是依据简图的轮廓线，用相应粗细的两根铁丝扭结成为图5-10所示的图样即为鱼的骨架，两侧绕上棉絮，厚薄与鱼体相等稍大。

由于鱼皮干燥后是要收缩的，因此，软木做的假体，应比鱼体稍小，一般缩小厚度为3mm，以便装入假体后与鱼皮间有一定空间。因木料加工后可能有凹窝和不平整，所以还要在鱼皮内涂一层白灰（即瓦工用白灰）或石膏软泥。在两眼窝内塞进两团棉球，其上也涂上软泥。软泥的调制很简单，即在白灰或石膏中加一点樟脑粉和畜毛（兔毛）即成。鱼皮普遍涂上软泥后，接着装假体，装好后，用手在鱼皮表面抚摩，使鱼皮与假体完全贴附，务求软泥充塞于鱼皮与假体之间的所有空隙。

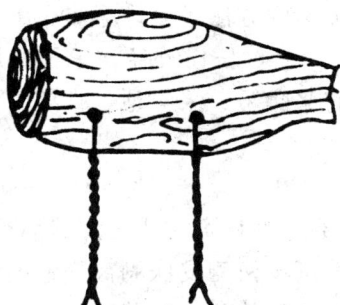

图 5 - 9　软木制假体

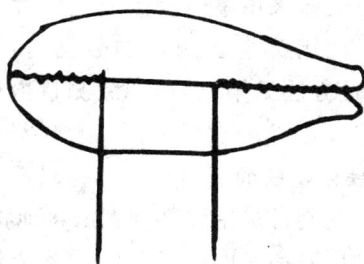

图 5 - 10　铁丝骨架扭结法

6．缝合和修整

假体装上后，要将剖口缝合，一般选用与鱼体同色的尼龙线，缝合后把假体上预设的两根支柱铁丝穿在一块合适的台板上，将脱落的几块鳞片用明胶粘在鱼体的原处。为使鱼鳍竖起展开，可以用硬纸板剪成鳍条展开时的形状，每鳍两块，分别夹在鳍的上下或左右，用回形针沿纸板边缘固定。鱼口应稍微张开，呈自然生活状态，鳃盖部分要用细长的纱布条捆绑，以防标本干后鳃盖翘起。标本放空气流通处自然干燥，切忌在阳光下晒，以防鳞片卷曲翘起。几周后鱼体充分干燥，用油画颜料掺一些清漆和松香水进行着色，颜色应由浅至深，逐步上色，最后再在鱼皮表面涂一层清漆，既可保护鳞片，防止脱落，又可增加光泽，酷似生活时的状态（如图 5 - 11 所示）。

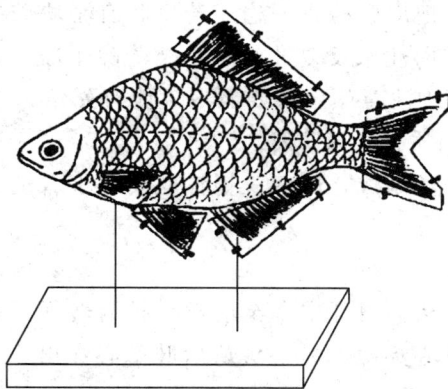

图 5 - 11　鲫鱼的生态标本

三、两栖类的剥制（以青蛙或蟾蜍的剥制为例）

1．动物的选择和处理

应选较大个体的活蛙或蟾蜍，放进一密封的容器中，滴入少量乙醚，麻醉致死。也可用解剖针从头部后枕骨大孔刺入脑颅腔，稍加搅动，蛙即死亡。

2．蛙体的测量和记录

我国所产两栖类，主要为有尾目和无尾目。这两目的躯体除少数种类较大外（如大鲵和棘胸蛙），一般都很小。某些种类在分类检索时，往往需要根据内部特征构造来确定。所以大多采用整体浸制方法保存。因此采用剥制标本的方法不多，除非布置生态环境需要。两栖类主要测量的数据有：体长、头长、头宽、吻长、眼径、尾长、尾高等（具体测量方法见第三章）。除测量数据记录外，还应将采集号、采集地、日期、性别一并详细记录在册。

3. 蛙体皮肤的剥离

蛙的剥制常采用腹部剖剥法，即将蛙体仰卧于解剖台，在腹面中央把皮肤纵行剖开。由于蛙类皮肤和肌肉组织之间联系疏松，只要用手指即可将两侧皮肤剥离。蛙的后肢发达甚长，用手将两腿推出至趾骨处，在股骨与胫、腓骨之间的关节处剪断，这时就可把蛙体翻出，让蛙头、蛙背朝向解剖盘，再把前肢在肱骨与尺、桡骨之间关节处剪断，把前肢翻至指骨处，再一手提起躯干，另一手翻出头部，在头骨与颈椎连接处剪断，除去剥皮的躯干部，仔细剔去附着在头骨上的肌肉，挖去眼球及周边肌肉，然后顺次将四肢肌肉剔除直达指、趾端，剥皮工作完成。

由于蛙的口裂很大，还可以采取唇部剖剥法进行剥制。具体是沿上下颌骨划开皮肤，并在口角处向后剖开皮肤，边向后剥离边剪断颈椎、颈部的肌肉、两前肢、两后肢，在保留头骨的同时，把剥离的颈部肌肉、躯干部、四肢等分批从口中取出。这种方法的优点是做成标本时剖口线不明显，但缺点是剥皮费事，充填和安装支架困难，初学者不容易掌握。

4. 防腐和做骨架

蛙的皮肤剥离后，首先把皮肤检查一遍，若皮肤有小块破裂，可用针线修复，脑髓有残留，可用注射器向脑腔内注水反复冲洗，直至清除干净。在蛙皮肤内侧涂擦的亚砒霜膏，其配制与鱼类同。特别注意颅腔和四肢内不能有死角。蛙的四肢末端可采用70%酒精浸泡2h，快速固定蛋白质并杀菌防腐。

蛙的骨架主要由三根铁丝制成，所剪三根铁丝要粗细合适，长度为蛙体长与后肢长之和的4/3。

5. 装架和充填

蛙皮仰卧，取一根铁丝从胸腹部中心至前额对折后转回。将另两根较长的铁丝两头用锉刀磨光，一头从前肢掌心穿出，另一头从后肢掌心穿出，三根铁丝在胸腹中线用细铁丝结扎在一起，如图5-12所示，然后开始充填。其方法是：用清洁的木屑，加适当乳胶及樟脑粉在一起拌和后慢慢装进四肢，注意铁丝在中间位置，最后装填胸腹部；青蛙口腔大，也可在口腔补充装填物。

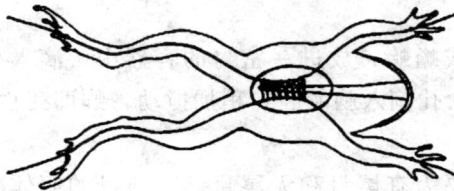

图5-12 蛙铁丝骨架的制作和安装

6. 缝合和整形

蛙体假体装填之后，即把四肢整理成合适的生活状态，将后肢铁丝固定在标本板上，并根据测量依据，选好并嵌入义眼。然后用手揉捏蛙的腰背部，使形成生活时昂头挺胸的状态，最后放在通风处晾干。青蛙皮肤容易变黑色，需根据蛙的体色，涂一层油画颜料，干燥后，再在标本体表涂一层清漆，既有保护作用又可增加生态光泽。

四、爬行类的剥制

1. 龟类的剥制

（1）标本的选择和处理　选用头、尾、四肢的皮肤和硬甲等完整无缺且新鲜的龟类为标本材料，如采用活龟，则必须先行处死。由于龟类生命力很强，即使绝食很长时间也不会饿死。剥皮前将活龟的口腔强行张口，用针筒在喉头开口处向气管中注入氯仿 4～5mL 使其麻醉，或向泄殖腔深处注入氯仿，其效果相同，都可杀死。

（2）测量和记录　龟体覆以硬甲，剥制后不致改变外形，故在剥制时一般不需测量。标本制成后要进行登记、编号，记录性别、采集地点、采集日期，并书写在标签上，用线穿挂在龟脚上。

（3）龟类皮肤的剥制　龟类体被坚甲，剥皮前，将处死的龟头拉向一边，用小锯在左右两侧背腹甲之间的骨缝处锯开，再将前肢与腹甲间，后肢、尾与腹甲间相连的皮肤切开（如图 5-13 所示），并用刀割离附在腹甲内壁上的肌肉，直至腹甲完全脱离躯体肌肉，然后除去内脏，并将前肢的肩带骨和后肢的腰带骨连同肌肉用刀全部割除干净。在剥离小型龟类皮肤时，可不必剖开四肢翻剥，要将肱骨、尺桡骨和股骨、胫腓骨保留，并将附在肢骨上的肌肉剔除干净。然后由颈向头部剥去，当剥到头骨出现时，由于龟的头颅顶的皮肤骨化，非常坚硬，无法再向前剥离，所以，可在第一颈椎与枕骨孔之间将颈项剪断，把头骨下的基枕骨、基碟骨和上颌等除去，但须确保头部外表不受损坏，接着将两颊等处肌肉除尽，挖出眼球。

但对那些较大型的龟类必须将四肢的腹面剖开，把四肢逐渐剥离后除去四肢骨（包括掌骨和跗蹠骨），随后在尾的腹面剖开，将尾部剥离。大型龟类的背腹甲很厚，骨内中间有很多骨髓和脂肪，因此还须用凿凿开背腹甲内侧，除去其间的骨髓和脂肪。

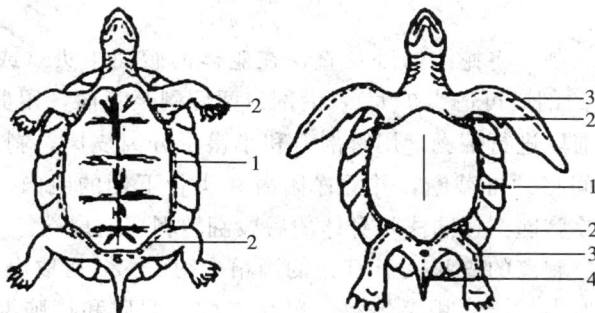

图 5-13　龟的剖口线（左为小型龟的剖口线；右为大型龟的剖口线）

1—腹甲剖口线；2—皮肤剖口线；3—四肢剖口线；4—尾部的剖口线

（4）防腐和做骨架　标本厂为了降低成本，并不用75％的酒精浸泡1～2d，再取出晾干涂防腐剂，而是剥离完成，即涂上稀砒霜膏（稀砒霜粉＋明矾粉＋樟脑粉＋肥皂膏调制而成），然后安装铁丝骨架。首先取一根比由头至腹长两倍的铁丝，在中间处折回成镊状，在铁丝上缠绕药棉或细竹绒，粗细如龟颈，铁丝端部留出少许，将铁丝不相连的一端伸进头部，并由脑颅腔插入，直至鼻孔中，再使铁丝固定在头骨上。然后用针线把尾部剖面缝合，量取腹至尾端长度的铁丝一段，用竹绒缠绕成略似尾椎的形状和大小，插入尾部。随后量取约等于两肢伸直长1.5倍的铁丝两段，将铁丝两端锉尖。一根连接左上肢与左下肢，先伸进左上肢，并由左上掌心穿出，再伸进左下肢，并由左下掌心穿出；另一根连接右上肢与右下肢，方法同上。再用铁丝在躯干中心把三段铁丝结扎在一起，然后在肢骨和铁丝上缠绕上竹绒，将其翻转复原（如图5-14所示）。

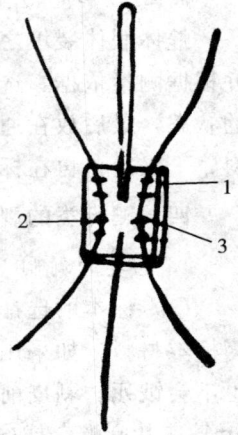

图5-14　龟类铁丝骨架安装法

1—硬木块；2—铁丝；
3—骑马钉

（5）缝合和整形　当龟颈、四肢、躯干装填完成后，把腹甲盖上，在腹甲剖口两侧边缘，用手钻每侧钻小孔4～5对，顺次用细铁丝串联铰合，并用针线把四肢与腹甲之间的剖口及尾部与腹甲间剖口的皮肤缝合，最后用一块合适的台板，根据四肢的生态形状，在板上钻四个孔，将四足上的铁丝穿进孔内，在板下固定好即可。龟类生活时的姿态变化不大，头部呈仰起状，可用木板等物把它垫起，以防干燥过程中下垂。待干燥后，在龟的外表涂一层清漆，增加光泽和保护。

2. 蛇的剥制

（1）标本的选择和处理　选择蛇体剥制的标本必须鳞片完整，皮肤完好，标本无损伤。在剥制前1～2h用乙醚置于密闭容器中将蛇麻醉致死。对于有毒蛇，处理时更要谨慎，防止发生毒蛇逃走或被毒蛇咬伤。初学者最好戴防护手套。

（2）测量和记录　蛇类标本剥制前需要测量其体长、胸围和腰围，以作充填时的参考。对于不认识的蛇还要依据鳞片的构造进行分类鉴定。标本制成后，应进行登记、编号，并将蛇的学名、体长、性别、采集地点、采集日期和躯体的颜色等记录下来，同时填写在标本底座的标签上。

（3）蛇类皮肤的剥制　将蛇体仰卧拉直，在躯体的腹面中央（或颈部）纵行剖开约10～15cm（大型蛇类的剖口可适当扩大），沿剖口两侧剥至背面，用剪刀将皮内躯体部分剪成两段，先对身体前段进行翻剥，用解剖刀和小镊子分离皮肉，剥离至头部鼻端为止，在颈椎与枕骨大孔之间将颈椎截断，并除净附着在头骨下侧的肌肉，再挖去眼球、剪去舌头，最后用镊子去除脑髓。按同法将身体的后段翻转剥离至尾端。

（4）防腐　将蛇类剥离的皮肤浸于75％的酒精中约1～2d后取出，再浸在水中冲洗2～3h，待皮肤柔软后取出拭干，用毛笔将三氧化二砷、明矾和樟脑混合成的防腐剂在蛇体皮肤内侧涂抹均匀，颅腔、眼窝等处应多涂些。防腐剂配方可与鱼类相同，也可以用樟脑、三氧化二砷、明矾按30：50：1500的比例配制而成。

（5）充填和整形　由于体长，为了便于充填，蛇类在做假体时常取两段铁丝，分别作为身体前、后部分的假体。先在铁丝上缠绕、捆绑药棉等，使其比躯体略细，其中一根由剖口处插入止尾端，做躯体后段，另一根向前插入头骨中，两根铁丝在剖口处相接，并用钳绞合成索。充填时，填充物搓成条状，先填充身体后部，再填充头颈部，充填的粗细与测量数据相同或略大即可。缝合切口时要对准，缝前用夹子在剖口中间固定，针口由鳞片下穿入，以隐蔽缝线痕迹，并细心操作，避免鳞片脱落。如果标本体表有凹凸不平现象，可用手稍加掀捏。

蛇类标本的整形应根据蛇在生活状态时的自然姿态，如头胸部略抬起，身体紧贴附于固着物，呈弯曲状爬行于地面，或缠绕于树上。无毒蛇常做成闭口姿态，毒蛇一般做成开口姿态。整理好体形后，刷去标本上的灰尘，置通风处晾干，此时最好用稀薄的清漆对蛇体表面进行一次油漆，这样既能增加鳞片的光泽，又能防腐、防灰尘，还便于日后擦洗。

五、鸟类的剥制

根据不同的要求和标本材料的具体情况，剥制出的标本有三种类型：一种是作为陈列标本，又叫姿态标本或生态标本——将标本制成生活时的形态，供陈列或展览之用；另一种是研究标本，又叫教学标本，按统一规格剥制，不装义眼，缝合后僵直平放；还有一种叫半剥制标本，因为标本稀少，但已损坏，剥皮后无法填充，仅涂防腐剂。半剥制标本和研究标本均为教学科研应用。各种标本剥皮方法基本是相同的，标本剥制是一项细致的工作，只要细心认真，按顺序按要求进行，剥制方法不难掌握，难的是剥制标本的逼真与质量保证。

1. 鸟类标本的选择和处理

剥制用的鸟类，不外是活的和死的两种。活的有饲养的和网捕的；死的以枪击的为多。不论鸟体是活的或死的，主要是选择鸟体新鲜、羽毛完整、喙脚齐全、皮肤无损或轻度损伤的，作为制作标本的材料。当然，如果是极其珍贵的种类，即使损伤较大，亦应制成半剥制标本，作为研究之用。采用活的鸟类制作标本时，如果鸟体表面有污迹，应在活体时洗涤，擦干水分，待羽毛彻底干燥后再行处死。中小型鸟类需要在剥制前 1～2h 处死，处死的方法一般是一手捏住口鼻，另一手掐捏胸部两侧腋下，使其窒息而死。也可在翼部内侧肱静脉中注入空气，阻断其血液循环，使其迅速死亡。鸟死亡后待血凝固方可进行剥皮，否则，剥皮时血液流出，易沾污羽毛。如果没有洗涤干净，不仅影响标本的美观，且易遭害虫蛀蚀，造成损失。

枪弹击毙的鸟类，有时尾羽、翼被打烂击断，或者由于距离太近，散弹过于集中，致使羽毛整片脱落，甚至主要部位受伤严重的，这些都不适于剥作标本。死鸟躯体一经腐败，羽毛极易脱落，即使勉强制作，以后羽毛也会逐渐落脱，造成前功尽弃。

闷死的鸟类或枪击的鸟类往往从口腔和泄殖腔内流出血液或污物而污染羽毛，所以在采得标本后，都应用棉花团塞进口腔和泄殖腔，以防污物外流。如果已沾上血污，应用毛笔蘸水慢慢洗净。如果血液已凝固不易洗净时，可加少量肥皂粉，洗净后，用干布拭去水分，然后置解剖盘中，用新鲜石膏粉（也可用稻壳灰，此法不宜用于具白色羽毛的鸟类）撒在洗涤处，吸收羽毛上的水分，一般约半小时。这时，石膏粉因吸取羽毛上的水分而结成块状，用毛刷刷去石膏粉块，使羽毛呈松蓬状态。

　　2. 鸟类的测量和记录

　　鸟类标本是鸟分类的主要材料，而鸟类的主要分类依据是其外部的形态特征，因此在剥制前还要进行测量和记录。这些测量和记录的也可作为标本填充时的参数。没有测量和记录的标本，是没有意义的。测量时将标本放在桌上，腹部向上，主要测量以下数据（重量单位为 g，长度单位为 mm）：

　　全长（体长）：自上喙先端至尾端的自然长度。

　　嘴峰：自上喙先端至嘴基开始着生羽毛部位的长度。

　　翼长：自翼角（腕关节处）至最长飞羽先端的长度。

　　尾长：自尾的基部至最长尾羽先端的长度。

　　跗蹠：自胫骨与跗蹠关节后面的中点处至跗蹠与中趾关节前下方的长度。

　　体重：称量鸟体重量。

　　翼展：双翼水平展开的最大长度。

　　有些鸟类还需测量嘴裂、中趾、后趾和爪的长度，测量鸟眼（眼球直径，瞳孔直径、虹膜颜色）等，如图 5-15 鸟体测量法。

　　将上述量度按标本编号，登记入册，同时填写标签，系在脚上。

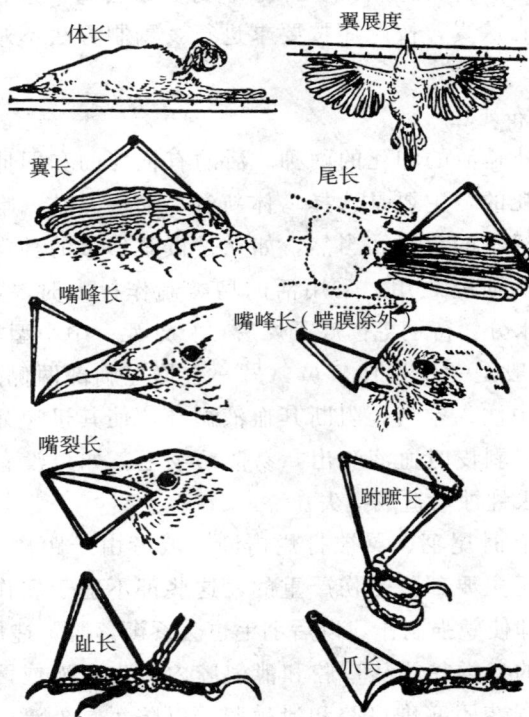

图 5-15　鸟体测量法

3. 鸟体皮肤的剥离

根据刀口的位置不同，分为胸剥、腹剥和背剥三种。

（1）胸剥　把鸟体仰放在剥制桌上，从胸部的中央，将羽毛分向两侧，露出表皮，用解剖刀沿着胸的正中线切开，以见肉为度，切口前到嗉囊，后至前腹，伤口长度约为躯体长的1/2，如图5-16和图5-17所示。然后将皮肤向两边分离，划离皮肤与肌肉之间的结缔组织，直至两侧腋部。在剥皮时遇有出血或脂肪过多时，可撒些石膏粉，接着剪断颈椎，左手拎起连着躯体的一段颈椎，右手按着皮肤，慢慢剥离肱骨和肩部之间的皮肤，用剪刀在肱骨与躯干部连接处剪断（在肱骨中间剪断也可）。剪时用食指引导剪刀插入，避免剪破两腋下皮肤。继而由背部剥向腰部，因为一般鸟类的腰部、荐部处皮肤较薄，羽轴紧附于荐骨，因此需慢慢用拇指指甲沿荐骨刮离皮肤。

图5-16　鸟类的剖口线

图5-17　鸟类胸部两侧皮肤的剥离

在剥离腰背部的同时，相应的向腹部剥离，直至腹部和腿部露出，用剪刀在股骨与胫骨之间关节处将骨剪断，再向尾部剥离（如图5-18所示尾部的剥离和剪断位置）。在靠泄殖腔处将直肠剪断，在尾基处呈楔状（即"V"字形）剪断尾综骨，特别要注意不能剪断尾羽轴根，以免造成尾羽脱落。这时鸟的躯体与皮肤已脱离，立即将剥下的躯体腹部剪开，检查生殖器官，辨认性别，并在标签上写明，以免遗忘（指雌雄同色、外形难分的）。随后，进行翼部皮肤的剥离，一手提起肱骨，另一手将皮肤渐渐剥离。当剥至尺骨，因翼部飞羽根牢固地着生在尺骨上，比较难剥，要用拇指指甲紧贴飞羽根部，一根一根剥离尺骨，操之过急，就可能拉裂皮肤。当剥至尺骨与腕骨关节之间时即可停止再向前剥，转而清除尺桡骨上的肌肉，至此翼部已全部剥好。

如果是制作两翼展开的标本，一般不用上述方法进行。可按如图5-19所示翼的切口线从翼下剖开，除去在肱骨和尺桡骨上的肌肉，不能将着生于尺骨上的羽根划离，否则，会增加展翅的难度。

图5-18　尾部的剪断位置

图5-19　鸟翼的剖口线

两翼剥离后，就可进行头部的剥离，剥到喙基部为止。先将一段气管、食道拉出，一手持颈椎，一手以拇指、食指把皮肤渐渐向头部方向剥离，剥至枕部，两侧出现略呈灰褐色的耳道时，即用解剖刀紧靠耳道基部将其割断。再往前剥，两侧出现黑色部分，即为眼球，用刀把眼睑边缘的薄膜划开，注意眼睑损坏是不能修补的，会影响标本的美观。两眼睑划离后，用镊子从眼眶边沿插入，把眼球抬起取出，并把上下颌之间的肌肉剔除干净，在枕孔周围剪下存留的一段颈椎，使枕孔稍加扩大，用镊子夹住脑膜取出脑髓，并用棉花团将脑颅腔揩擦干净。剥离后的皮肤和骨骼如图5-20所示。

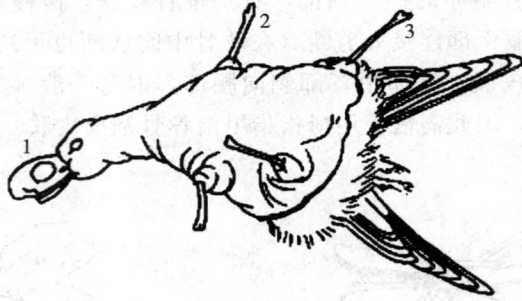

图5-20 肌肉剥离后未复原的皮肤和骨骼

1—头骨；2—尺骨；3—胫骨

有些鸟类，头大颈细强行剥离，往往使颈部皮肤撕裂剥断，故须在头和前颈背中央直线剖开（如图5-21所示），对于头部具有肉冠种类，应在肉质冠后部剖开（如图5-22所示）。

图5-21 肉冠剖口线

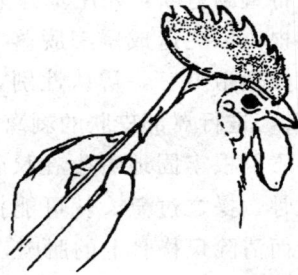

图5-22 头大鸟类头部剖口线

（2）腹剥 从龙骨突后缘中央用解剖刀轻轻向后剖开皮肤，直切至泄殖腔孔前缘。注意不能切开腹膜，以免内脏流出污染羽毛。然后将腹部皮肤向两边剥离，剥至腿与躯干的交界处，一手抓住鸟的跗蹠，将腿部向剖口方向推送，用手推出一腿，在股骨与胫骨关节处剪断，使之与躯体分离，待两腿都与躯体分离后，用左手拇指、食指和中指捏住尾基部，剪断直肠和尾综骨，继而由后向前翻皮至两翼处，剪断肱骨。然后再沿颈部剥至嘴基。在枕部剪断颈椎，这样整个躯干就同羽皮分离了，再剔除前后肢骨骼上的肌肉。其他操作和注意事项均与胸剥相同，此法适用制作陈列标本和小型研究标本，做出的标本胸部丰满美观，但初学者不易掌握。剥完后，立即剖开腹部观察性别，并作记录。还要取下胃及嗉囊，留作食性分析。

（3）背剥　有些种类的鸟，尤其是适于游泳、潜水的各种水禽，脚的位置均较靠近尾部，为保持重心，这些鸟在站立时，身体一般站得较直，胸、腹部完全显露，对此无论是采用胸剥或腹剥，则正面的姿势都会受到影响。有时，一些标本需要做成飞行的姿态，使其腹面完全暴露在视线之下，在胸腹部剖口，不如在看不到的背部的剖口更隐蔽。某些鸟类，如雁鸭、企鹅、潜鸟等，胸腹部羽毛密布，没有裸区，在此部位剖口势必会损伤部分羽毛，致使缝合后在剖口部位出现明显的疤痕。

背剥时将鸟俯卧于桌面，分开鸟背部正中线的羽毛，用剪刀从鸟的两翼之间顺脊椎向尾部方向划一条剖口线，直至腰部。小心地从剖口线的两侧将皮肤与肌肉分离，在鸟的肩部及两肋露出后，先在翼根处将两翼分开，从躯体上切断。然后，将鸟的背部适度拱起，往颈部方向剥离，配合颈的后推动作使颈背暴露，用剪刀伸入颈的下方将颈椎挑起并于中间剪断。剩下的剥离与胸剥、腹剥相同，拎住颈椎，将鸟的躯干部分提起，向尾部方向环剥胴体，并依次剪断剥离腿部、尾部。

4. 鸟类皮肤的防腐

在剥下的皮肤内侧一面必须进行防腐处理，在防腐处理过程中，相应的将有羽毛的一面翻转朝外，简称还原，边防腐边还原。

防腐顺序是先在两腿内侧皮肤涂上防腐膏，并在胫骨上缠绕棉花或竹绒，其粗细可比原来小腿稍粗，待干燥收缩后即可与原来小腿粗细相等。待腿部皮肤涂防腐膏后，将胫骨塞入，使腿脚翻转还原，然后再涂抹尾、腹和腰各部，并翻转还原。两翼的涂抹是先在尺桡骨皮肤内侧涂抹，翻转还原。最后，涂抹颅腔、眼窝、口腔及其头部内侧皮肤。取两团与眼球大小相等的棉花塞入眼眶，代替眼球，慢慢将头部翻转还原。在高温季节剥制标本，最好先在头部内侧涂擦一层石炭酸酒精饱和液，以增强防腐的速度和效果。至此，全部防腐工作完毕。

5. 鸟类剥制标本的充填

鸟类标本的充填有两种方法：一种是平放的研究标本；另一种是呈站立姿态的生态标本。其充填方法略有区别。

（1）研究标本的充填　取一长度为自嘴基至前胸的竹签，一边用刀纵切一小口，使呈分叉状，在分叉基部缠棉花，粗细与原颈部相仿。将竹签的分叉端嵌入头骨后部的开孔，夹住鸟嘴的上颌，然后将竹签上的棉花轻轻前推，使竹签把上颌夹得更加牢固。也可将削尖的竹签直接插入上颌，在枕骨开孔处向颅内塞入棉花。竹签的另一端放在胸部，在它的背腹两面均铺上棉花，稍加固定。小型鸟类可不用竹签，用一条棉花直接填入脑腔作为颈部。两翼的尺骨平放在两层棉花之间，勿使尺骨随翼活动，这样可使两翼紧贴在体侧不致下垂。

较大的鸟类须用线将尺骨系紧，以增加牢固性，然后再填棉花或竹绒。填充材料尤以竹绒为好，它具有弹性，且价廉、方便。先从尾部开始逐渐向前填装，最后填装颈部。如果采用的是腹剥法，则先填装颈部和胸部。最好用一块棉花，其大小要与鸟躯干部的大小相似，前端用镊子夹紧，直塞至颈的前端，其余的平铺在躯干背部，最后填装腹部，进行缝合。

上述是头至胸部采取较短的竹签，也有采用一根长竹签的，一端插入脑孔达上颌骨部，另一端达尾基部埋在棉花之中。还可以采用两根竹签，一根置于头部至胸部，另一根放在胸部至尾部，两根扎紧。这样做出的标本比较挺直、牢固。

有些鸟类颈项较长，如苍鹭、丹顶鹤等，可将竹签改为较细的铁丝，以便制成标本后，将头、颈向后弯向体侧。脚胫特长的种类，应将两脚弯向腹面（如图5-23所示）。头顶具有凤冠种类，应将头部侧转，使凤冠显现。研究标本装填完毕，进行整形，主要是理顺羽毛，将眼眶拔圆，两脚在腹部交叉，成仰卧状。一般研究标本姿态如图5-24所示。

图5-23 长颈长脚鸟类研究标本　　　　　图5-24 一般研究标本的姿态

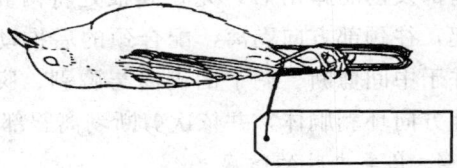

（2）生态标本的充填　生态标本和研究标本，其剥皮的方法基本是一致的，但在充填方法上是不一样的，研究标本假体内只有一两片竹签，而生态标本要用铁丝做骨架来支撑身体的站立。其充填过程分下列步骤：

取两根不等长的铁丝。铁丝的粗细以能充分支持鸟体重量为度。短的一根铁丝，是鸟从头至脚的长度；再加上台板需要的长度。长的一根铁丝较短的那根再加长约4cm。将两根铁丝的一端并齐，用钳子钳紧，将两铁丝互相扭绞五六转（如图5-25所示鸟类铁丝支架制作法）。纽绞之点以从头至腹部的长度为准则，然后将两铁丝分开，与纽绞之交垂直成90°，视鸟体的大小，将两铁丝向上再向后方折回，做成左右脚的支柱。另一端的两根铁丝将短的作为头的支柱，缠上棉花，略粗于颈项，较长的一根折向后方，作为尾的支柱。在翼部穿一铁丝（小型鸟类除外），这样可以避免标本整形时翼部下垂（如图5-26所示两翼铁丝的支架制作及安装）。

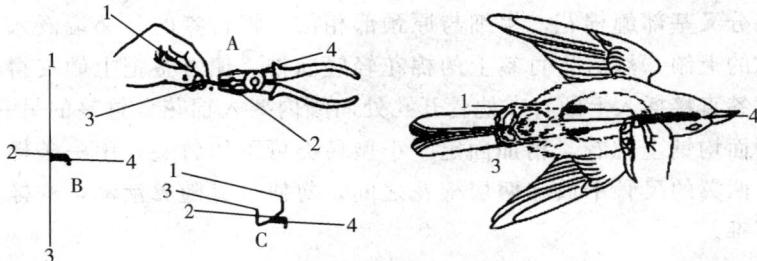

图5-25 鸟类铁丝支架的制作及安装

如果要做展翼标本，支持两翼的铁丝要更长一些，其长度较展翼时两指间的直线长度长4cm。将该铁丝弯成"V"形，即成展翼支架。将做好的支架装入皮内，装时先穿透两脚，再装入尾部、头部，把支架放好后，再按研究标本装填方法装填。

6．缝合

标本装填完成后，可进行缝合。缝合由腹部向胸部进行，边缝合边按压，随时比对剖口两边没缝合的长度，针距不要超过1cm，进针的方向始终是由皮肤外向内（如图5-27所示）。缝合好后用细竹针从羽毛根部挑起、梳理剖口两边的羽毛，特别是与缝合线纠结的羽毛。

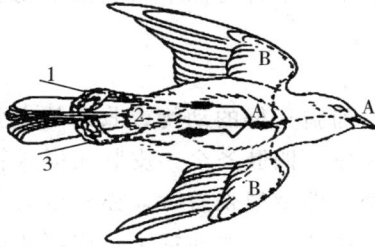

图5-26　两翼铁丝的支架制作及安装　　　　图5-27　鸟体剖口的缝合

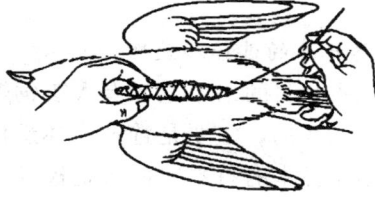

做好的生态标本其栖息、飞行等各种姿态力求与生活中相似。水鸟和陆栖鸟类可直接固定在台板上。

树栖鸟类要选一合适的树枝，若能选一造型雅致的树根则更好。先将选定的树枝或树根固定在台板上，再将鸟固定到树枝或树根上。

标本固定在台板后，应该继续整理羽毛，矫正各部位的姿势。展翼标本，应把两翼和尾用竹片（纸板）夹住，待干燥后取下。鸟体羽毛在干燥过程中，容易变形和松动，可用一层薄药棉或纱布包覆鸟体，待标本干燥后取下。

7．装配义眼

首先根据剥皮前测量记录的数据取两只义眼（有成品买），如无成品，取两个半圆形玻片，用毛笔沾颜料或油漆在凹的一边先画瞳孔，颜料一般为黑色，但要浓稠，画得要既圆又光，干燥后画虹膜，颜料干燥后再涂上一层薄清漆。再等干燥后用尖头镊子拨开眼睑，嵌入眼眶中，再拨正眼睑和义眼的配合。具趾鸟类，应使趾张开，并用大头针固定在台板上。具肉冠和肉垂的种类，需用厚纸夹紧固定。这些部分干燥后，再经过一些时间，原有颜色会褪去，可用油漆或油画颜料涂上，以使其可长期保持鲜艳。对于鸟喙、足爪应涂上一层薄的清漆，使其保持光泽。

标本制成后应放入通风、整洁、干燥的楼房上层房间或标本室保存。

六、哺乳类的剥制

与鸟类标本相比，兽类的皮张较坚韧，被毛着生牢固，剥褪肌肉显得较容易，但总体来讲兽类标本制作较鸟类困难得多。一是兽类被毛较短，在形体上的解剖特征均十分明显，绝大多数种类在外观上都反映出肌肉、骨骼、筋腱的位置和特点，因此不像鸟类那样，丰厚的羽毛将皮肤完全遮住，形成流线体型，剥制中只要轮廓填充到位即可。兽类随着身体的运动，外部形态会有细致的变化，剥制时需要将其生动真实地在标本制作中加以体现，这是兽类标本制作中的重点和难点。二是兽类具有鸟类所缺乏的面部表情，剥制中再现其丰富的面部表情，更具有相当的难度和挑战性。

哺乳动物不仅体形大小相差很大，而且形状也不一致，大的如虎、野牛、梅花鹿等，小的如家鼠、巢鼠等，常用剥制方法有腹部剖剥法、腿部剖剥法、唇部剖剥法、背部剖剥法和放射状剖剥法，因此制作方法应根据动物的具体情况而定。一般经常遇到的是中小型动物，如猫、狗、兔的剥制，多采用的是腹部剖剥法，相对于其他剥制方法，腹部剖剥法也是初学者容易学习、掌握的方法，在此对中小型兽类标本的腹部剖剥法进行重点介绍。

1. 兽类标本的选择和处理

兽类标本材料的来源主要有人工饲养的动物、捕猎获得的动物或收购的皮张。不论动物是活的或死的，主要是选择身体新鲜、被毛完整、四肢齐全，皮肤无损或轻度损伤的，作为制作标本的材料。如果是极其珍贵的种类，即使损伤较大，亦应尽力制成剥制标本，作为研究之用。获得的动物如果是活体，在注意安全的前提下，应在活体时洗涤动物体表的污迹，若被毛油污重不能用热开水洗，最佳的清洁溶剂是汽油、二甲苯等有机溶剂，受条件限制也可在水中加洗发膏洗涤。洗涤后擦干水分，待毛发彻底干燥后再行处死。中小型兽类需要在剥制前 3～5h 处死，处死的方法主要有溺水窒息而死、机械性窒息而死（勒死）、打空气针和麻醉致死等。动物死亡待血凝固方后可进行剥皮，否则，剥皮时血液流出，易污染被毛。获得的动物如果是死体，体表经常有寄生虫和病菌存在，为保证标本质量和制作安全，对死亡动物的消毒程序是必不可少的。小型动物可直接浸泡在 70%酒精中数小时，中型和大型兽类既可将皮张浸泡于较大容器或消毒池中，也可在皮张表面喷洒杀菌剂及灭虫药物。但切忌用开水烫泡皮张，或用酸碱等腐蚀性强的溶液作为消毒剂使用。消毒后要用清水将毛皮上残留的药物彻底冲洗干净，否则极易沾染手部皮肤引起操作人员中毒。如果没有经过洗涤或没洗涤干净的动物，制成标本后被毛不顺，不仅影响标本的美观，且易遭害虫蛀蚀，造成损失。收购的皮张处理可见本章第二节的有关内容。

2. 兽类的测量和记录

兽类标本制作前必须对标本的解剖形态先有充分的了解，在精确测定身体各部位数据的基础上，预先将标本的形态设计好。因为很多兽类制作中采用模型或框架做假体，事后无法更改形态，同时标本选择的姿态不同，也需要采取与之相适应的剥制方法。了解兽类各部位的解剖学名称，掌握体表各定位点的位置，既便于剥制前的数据测定，也便于充填后的整形。兽类标本制作中常用的测量值：

①体长：鼻端至尾基部的直线长度（以肛门前缘为界）。
②尾长：尾基部（肛门后缘）至尾骨末端的长度，尾端毛发长度不计在内。
③颈长：耳后至肩的前缘长度，或咬肌后缘至臂肌前缘的长度。
④躯干长：颈后至尾基部的直线长或肩峰至尾基的长度。
⑤肩高：前肢与躯体垂直时，足底至背脊（或肩峰）的直线距离。
⑥臀高：后肢与躯体垂直时，足底至背脊的直线距离。
⑦兽类四肢通常是分段测量：

前足长：桡骨与掌骨关节处最长趾端的长度。

后足长：跗关节的最后端至最长趾端的长度。

前腿长：躯体与前肢的内侧交界处桡骨下端的长度。

后腿长：躯体与后肢的内侧交界处胫骨下端的长度。

前肢左右间距、后肢左右间距、前后肢间距。

(8) 各种围径长：包括颈围（颈中段的周长）、胸围、腹围、腰围、后肢围。

3. 兽类皮肤的剥离

据刀口的位置不同，分为腹部剖剥法、腿部剖剥法、唇部剖剥法、背部剖剥法和放射状剖剥法几种。

（1）腹部剖剥法

适合比狗小的动物，在剥皮前用棉花阻塞肛门及口腔，以防止污物外流。将动物仰卧解剖盘中，头向左，尾向右，用解剖刀在腹部中央向后划开外皮，到肛门前2cm为止，如图5-28所示。下刀要轻，只要切开皮肤，不要划剖腹部肌肉，以防污物流出。剥离顺序为：

①后肢。由切口两边将皮肌与肌肉分开，慢慢将右后肢胫骨推出切口，露出膝盖骨，在此处用骨剪切断，并将筋骨拉出，与皮肤分离，到足部为止，随后以同样的方法将左侧后肢剥出（如图5-29所示后肢的截断位置）。

②尾。剥离后肢，继续向肛门处剥离。割开肛门处的肌肉，用手捏紧尾基部的毛皮，另一手将尾椎全部抽出，愈新鲜的标本，尾椎愈易抽出，如此即剥出身体的后半部（如图5-30所示抽取尾椎的方法）。

③前肢。将躯干部分的皮翻转，露出肩部和前肢上半部，切断右桡骨与肱骨的关节，把右肢的皮肤翻出至掌上，以同法剥出左前肢。

④头。由颈部剥向头部，头部是比较困难的部分，剥至枕骨大孔处剪断颈椎，拿出躯干部分后继续向前剥离。在耳朵处，用刀片紧贴颞骨将耳道割断。剥眼需特别小心，下刀时刀锋要偏向头骨眼窝，沿着眼睑边缘看清皮与结缔组织的间隔做细致剥离，切勿割破眼眶，造成标本破相。兽类的鼻部通常有软骨与颅骨前端相联系，剥离鼻部时可允许鼻镜后方略带一些软骨组织，留待去脂时除净。兽类动物的头骨在分类学上和形态学上是最主要的依据，绝大多数情况下是将头骨与皮张分开，做成标本后与皮张形态标本一起保存。剥下头骨时，在与唇皮的联系处切割时要保留皮张内侧的唇皮，如需塑造张口露齿的形态时，一定要保留头骨，对初学者最好保留头骨。剥离后动物如图5-31所示。

图5-28　一般兽类的剖口线　　　　　　图5-29　后肢的截断位置

图 5-30 抽取尾椎的方法

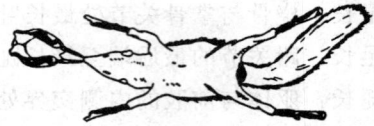

图 5-31 已剥离的皮毛、头骨和四肢

（2）腿部剖剥法

腿部剖剥法也称横向剖剥法（如图 5-32 所示），剖口线起始于后肢内侧股骨髁，两侧的剖口线在腹部中央汇合，严格地说，这种腿部的剖口并不是呈直线形，而是在肢体内侧沿股骨方向分别向前斜剖，为避开生殖器官所在，剖口线偏向肢体的内侧前缘，汇合于生殖器官前方。当剖口位于后肢时，先剥去膝盖部分，并在此关节处将后肢与躯干断离，继而依次剥出荐臀部、尾部，

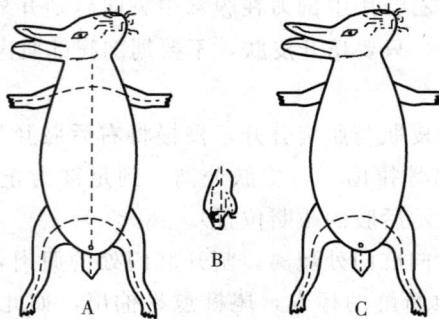

图 5-32 腿部剖剥法（也称横向剖剥法）

A、C 为腿部剖剥法的切开线；B 为腿部剖剥法指掌和趾掌的切开线

接着进行前半身的剥制，剥出肩胛部后将前肢断离，再剥出头颈部。其他剥法与腹部剖口的剥法相同。

（3）唇部剖剥法

特别适用于头骨较小、口裂较大的小型食肉类动物。在其他类型的标本制作中，最常用于龟以外的爬行类剥制。这种剥法不损伤任何部位的皮毛，常为猎手和制裘商所采用，剥下的皮张呈圆筒状，又称筒皮。

首先用锋利手术刀沿口唇与头骨的衔接处切割，将唇部逐渐从颅骨上剥离，切割时刀锋要偏向头骨，口轮匝肌上的内层皮要尽可能地保持完整。边剥边将剥离的皮向后反转，依次翻剥出头颅、颈项及肩胛，剥出肩胛后，将两前肢从躯体上断离。接着一手拽住已剥下的皮张部分，另一手捏住剥出的前半段各向相反方向缓缓用力拉扯，胴体能顺利地翻剥至尾基部。再按前面说过的方法抽出尾椎，剥净四肢。剥制中最好保留头骨，在标本充填完毕后纳入头骨，拉紧皮张到位后在剖口线上用强力胶将唇皮与头骨黏合，在胶水起作用前要继续拉紧固定皮张，以免剖口被缓慢挣开。

唇剥的标本外形美观，没有缝合线，但美中不足的是这种剥法很大程度上受到动物体形的限制，而且在支架安装时比较麻烦，新手不易掌握。常采用唇剥法的有鼬科动物。

（4）背部剖剥法

将动物卧趴在工作台上，在颈后沿脊椎向后做纵形剖口，剖口线的长度没有明确规定。用手指插入皮肤与肌肉之间分离结缔组织，自剖口线向两侧剥，剥至肋骨半露时弯曲脊椎，使动物背部拱起，继续往腹部方向剥，直至两边贯通，躯干与皮张分离，接着分别将四肢与躯干断开，再剥出头部和尾部。如剖口线在胸椎处，可将肩胛充分剥出，再捏住前肢向剖口处推出肘关节切断，使前两肢分别在肘部与躯干分离，继续剥至颈椎，切断颈椎，将头部由此剖口剥出，而后剥离躯干、后肢和尾部。如剖口线选在腰椎、荐骨处时，先剥离荐臀部，抽出尾椎后剥出坐骨，在骨盆与肢骨关节处将后肢与躯干断开，继续向肩胛骨、前肢剥离，最后剥离颈部，断离颈椎，剥出头部。头部剥离同上述方法。

背剥法主要用于呈站立姿态，展现腹部的猿猴类或取后腿站姿的袋鼠等动物。

（5）放射状剖剥法

放射状剖口的剥法也称大开刀剥法，原是商品毛皮业中最常用的剥法。剖口线从下颌正中向后直至尾端，在生殖器和肛门处略偏向一侧，四肢内侧各有一条剖口线，自掌后直至腹面的纵剖口线。由于四肢与躯干已充分剖开，剥皮操作十分容易，而且剥下的胴体很完整，是制作骨骼标本时的首选剥法。剥下的皮张能充分摊平，不留死角，便于皮张的加工和储存。大面积剖开的皮张，非常适合假体硬模的新颖制作法，蒙皮操作方便。但考虑到假体塑造较难，初学者不宜尝试。

4. 兽类皮肤的防腐

小型兽类新鲜生皮可直接用防腐粉、防腐膏进行防腐处理。如用砒霜明矾粉涂擦在皮内面各部，特别是足、耳、头、尾等处不能遗漏。明矾的作用是保持皮不发生掉毛现象，砒霜有毒死皮上蛀虫及防止虫蛀的作用，所以进行这项工作要小心。也有用砒霜防腐膏的，因为砒霜防腐膏成膏状，无粉末扬飞，但如皮下脂肪厚不宜使用，因为砒霜防腐膏不易干燥，会引起脱毛现象。

大型兽类新鲜生皮要经过脱脂、浸泡、漂洗、回软等步骤后才能涂抹防腐粉或防腐药膏。

5. 兽类剥制标本的充填

（1）研究标本的充填：就是标本制成之后呈僵直死的形态，装填时不做铁丝骨架，不装义眼，而且一般应将头骨取下，制成头骨标本，放在标本一侧，用同一号码的标签，供研究之用。这种标本也叫死态标本。

（2）生态标本的充填：就是中小型兽类标本制成之后能够表现出它在生活时的某种自然姿态。这种标本主要供教学、科普宣传等陈列展览之用，所以也称陈列标本。

①先在后肢的胫骨上分别用竹绒（竹丝）或棉花缠绕，使其与原来腿部一样大小，然后将其翻转复原，前肢也用同样方法处理，头部骨骼外铺垫一层薄药棉。

②将躯体仰卧伸直，量取头至腹部两部长度的铁丝一段（铁丝的粗细参阅表5-3）于中点折转并靠拢，在折转处的端部嵌入少许棉花，然后把不连接的两端分别从两鼻孔中向后插入，由枕孔中穿出。左手持铁丝钳，在靠近枕孔处夹住铁丝，顺绞数圈。牢牢地将头骨固定在铁丝上，避免头骨动摇。再用镊子夹竹绒或棉花填充颅腔，头骨后端的

铁丝用竹绒缠绕，大约比原来颈项稍粗。待干燥收缩后与原来颈项粗细相等。

表 5-3 兽类标本铁丝支架的规格

铁丝号数	铁丝直径（mm）	适用种类
2	7.21	虎、豹、马鹿、梅花鹿、大猫熊
4	6.05	苏门羚、云豹、野猪、虎（中）、梅花鹿（中）
6	5.16	岩羊、野猪（中）、狗熊（中）
8	4.19	狼、猞猁、黑鹿、黄羊、江豚
10	3.40	獐、麂、海豹、麝
12	2.76	红面猴、狗、水獭、小猫熊
14	2.11	猪獾、豪猪、鲮鲤
16	1.65	黄鼬、树狗、野兔、刺猬
18	1.24	松鼠、黄鼠、豚鼠
20	0.89	鼹鼠、社鼠、树鼩、蝙蝠
22	0.71	花背仓鼠、小仓鼠、小蝙蝠

③眼眶中用两团棉花填满，以代替被挖去的眼球。两颊也裹入适当填充物，以代替被剔除的肌肉。这里应该特别指出，制作生态标本一般头骨并不取下，而是唇部与头骨相连的。把头骨支架的固定方法另外作图，是为了表示结构的清晰起见。把头部翻转复原，这时，毛皮已全部恢复原状，即可着手安装躯体内的铁丝支架。

④安装躯体铁丝支架。将前肢向前伸直，后肢则向后伸直，量取比前肢至后肢爪端的最大长度多 20cm 的铁丝两段，铁丝的两端要用锉刀锉尖，先取一根铁丝，其一端从体内靠近后肢的后侧，由缠绕在肢骨上的竹绒中插入，再由脚底穿出，铁丝的另一端，由同侧的前肢骨内侧插入，也由脚底穿出（前后两脚底穿出的铁丝，应保持等长度，以便将标本固定在标台板上）。

此外，量取等于兽体胸部至尾端长度的铁丝一根，其一端用棉花缠绕成与原来尾椎大小的形状（要缠绕均匀、结实，缠在铁丝上不能活动，否则，遇到阻力棉花往后退，无法插入尾端），由尾部插入。最后，在胸、腹部中央，把头部、四肢和尾部所用的五根铁丝，紧紧扎在一起（如图 5-33 所示），结扎前应注意头和尾的长度。

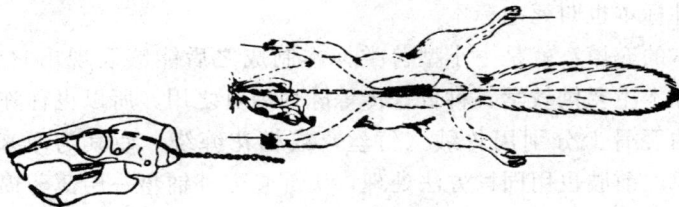

图 5-33 小型兽类的头骨固定及躯体支架安装方法

有些动物耳壳较大，需用马粪纸或塑料板填入耳壳的皮肤中，以代替除去的软骨。有的中型兽类，如獐、河麂等，体形较大较重，需强度较大的支架，支撑标本的重量。

所以对头部、四肢和尾部的铁丝支架的连接，不是用绳子结扎，而是采用铁丝和硬木结构，用一块长方形硬木块，其长度为前肢和后肢之间的距离，其上打上与所用铁丝直径大致相等的孔，取不同长度的四根铁丝，穿扎而成铁丝硬木结构的支架。这样，木块将头、四肢和尾部牢固地连接成整体，使标本支架不致松动变形。由于木块的面积较大，可以加强支架承受压力强度，减轻四肢铁丝的负荷量。

　　固定的方法是：先把头骨用铁丝固定好，再由颈项中伸入，留出铁丝长度之后，穿进硬木孔中，并用铁丝钳拧死，同样可将缠好棉花的尾部铁丝插入尾部，注意缓缓伸入，不能心急，插入尾部后，使铁丝的另一端也插入硬木的孔中，并用铁丝钳拧死。

　　固定前应根据标本的姿态确定头部、颈部和尾部的长度，因为铁丝拧死后，其长度就难再伸长或缩短。固定铁丝的木块要朝向毛皮的背面。然后在胸腹部用同样方法把穿入四肢的铁丝，再穿入硬木的孔中，并用铁丝钳拧死，使其不会松动。

　　⑤支架安装结扎好之后，即可进行装填。首先在支架的背面，填上一层薄而均匀的棉花，然后再向头、颈、胸等部周围装填，从难到易，顺次进行，力求装填均匀、饱满、边装填，边观察，边按压。然后装填前肢和后肢及周围，要注意腿部的大小，并注意对称，胫跗关节需充填均匀、适度，并需突出关节度，最后顺次检查各部装填情况，适度进行增减，最后缝合，缝合时应由腹部向胸部进行，针距不能超过 1cm，注意毛发勿压在线的下面。

　　充填的方法基本与小型动物相同，但在充填中要经常对照剥制前所测得数据，要充填得既结实又适度，才能保持原来的大小。在缝合过程中，要边按捺边充填边缝合，直至全部缝合为止。

　　充填跗蹠剖口处时，应充填至适当大小时即可缝合。对于头部的充填，可在整形时把标本站立在台板上进行。

第六章 生 物 制 片

生物组织制片的制作方法很多，但总的来说可以归纳为非切片法和切片法两大类。

非切片法是将小型动植物或较大动植物的一部分或其组织不用刀切成薄片而制成玻片标本的方法。优点是组织的各个部分不被切断，保持原有的形态；制作方法比较简单。缺点是标本被挤压时会使某些结构的正常位置关系有所变动。非切片法包括整体装片、离析材料装片、涂片、压片、铺片、撕片、磨片等。

切片法是必须依靠切片机将组织切成薄片的方法。在切成薄片以前，必须设法使组织内渗入某些支持物质，使组织保持一定的硬度，然后使用切片机进行切片。根据所用支持剂的种类不同，可分为石蜡切片法、冰冻切片法等类型。

第一节 石 蜡 制 片

石蜡切片是组织学常规制片技术中广泛应用的方法。石蜡切片不仅用于观察正常细胞组织形态结构，也是病理学和法医学等学科用以研究、观察及判断细胞组织形态变化的主要方法，而且也已相当广泛地用于其他许多学科领域的研究中。教学中，光镜下观察切片标本多数是石蜡切片法制备的。活的细胞或组织多为无色透明，各种组织间和细胞内各种结构之间均缺乏反差，在一般光镜下不易清楚区别出；组织离开机体后很快就会死亡和产生组织腐败，失去原有正常结构，因此，离体组织要经固定、石蜡包埋、切片及染色等步骤以免细胞组织腐败，从而能清晰辨认其形态结构。

石蜡切片法是显微技术上最重要、最常用的一种方法。它是把材料封埋在石蜡里面，用切片机切片，可以切出很薄的切片。凡是精细的结构，大都用石蜡切片。石蜡制片法起始于十八世纪，1869 年为 Klebs 所引用，但当时仅仅是组织为石蜡所围绕，并非为石蜡所渗透，直到 1882 年 Bourne 发表一篇关于石蜡包埋技术的报告之后，石蜡包埋法才被广泛地采用。石蜡包埋法用得最多，因为它有很多优点，如比较节省时间，操作容易，可切成极薄的片子，能制作连续切片，组织块还可包埋在石蜡中永久保存。其缺点是石蜡包埋的较大组织块不易切好，容易破碎，组织在脱水、透明过程中会产生收缩，易变硬变脆。

一、石蜡制片的设备和药剂

1. 石蜡制片的设备

切片机：切片用，通常为了能够得到连续切片，多用轮转切片机。

切片刀：为切片机必备配件。

磨刀机：磨刀用。

电热温箱：体积较小，温度调节一般在 60℃～75℃，用于融蜡及浸蜡。

显微镜：用于观察染色情况及检查切片效果。

电热温台：为了展平蜡带或烤干制片。

天平：配溶液用。

玻璃器皿：染色缸、烧杯、量桶、试剂瓶、滴液管等。

其他：剪子、镊子、解剖针、毛笔、刀片、小木块等。

石蜡切片机通常是轮转式切片机，其构成包括：E 型持刀架、持刀架前后移动调节轮、持刀架左右移动手柄、持刀器角度设定和清除锁定装置、刀锋夹杆随意调节装置、切片刀防护杆、标准标本固定夹、标本修剪器水平调节装置、粗标本推进手轮、细标本推进手轮、切片厚度调节旋钮、切片厚度指示、手轮锁定装置、手臂托、切片机底座等部件（如图 6-1 所示）。

图 6-1　生物组织切片机的外形

轮转式切片机的使用方法：

①先将包好的组织蜡块黏着在木托或金属托上，然后将蜡块托用标本固定夹固定。

②将待用的切片刀固定在持刀器上并锁定，用粗标本推进调节摇轮调整蜡块与切片刀距离。

③旋转切片厚度调节旋钮设定切片厚度，一般为 5～10μm，切片厚度指示即可显示相应的厚度。

④转动标本推进手轮，每转动一周，标本固定台就向切片刀侧移动相应厚度的距离，同时还垂直下降上升往返一次，于是得到一张相应厚度的组织切片。

⑤如手轮连续转动，就可获得一条连续的蜡带。

⑥取下一段蜡带，置于通过表面胶化处理的载玻片上，再通过展片器展片和烤片后，展平的蜡带干燥并牢固地附着于载玻片后，即可进行染色。

2. 石蜡制片的药剂

（1）常用固定剂

Bouin 氏固定液：苦味酸饱和水溶液 75mL，甲醛（40%）25mL，冰醋酸 5mL。本液临用时配制。组织块置于 Bouin 液固定 12～24h 即可（小块组织只需固定数小时）。经

Bouin 液固定的组织被苦味酸染成黄色，可用水洗涤 12h 后进入乙醇脱水（兼脱色）。不必将组织中的黄色除净（残存于组织中的苦味酸无碍染色）。该固定液适用于无脊柱动物，其渗透力强，固定均匀，组织收缩小，不易变形。苦味酸能沉淀蛋白，对脂类无作用，不能固定多糖，渗透力弱，对组织收缩不明显，不使组织硬化，固定组织容易着色。用于固定大多数器官和组织，适用于结缔组织染色。

Helly 氏液：重铬酸钾 2.5g，氯化汞 6g，蒸馏水 100mL，40％甲醛液（用时加入）5mL。临用时加入甲醛，因其加入后 24h 后可发生沉淀而失效，因此用时应特别注意。该液是白细胞颗粒的优良固定剂，因此凡为白细胞或造血器官如骨髓、脾脏及患先天性梅毒的肝脏等，均可用此液固定。此固定液是骨髓及含血器官的最佳固定液。

Carnoy 固定液：无水乙醇 60mL，氯仿 30mL，冰醋酸 10mL。固定组织常用 5％的溶液，能沉淀核蛋白，不能沉淀白蛋白、球蛋白，不能保存糖，也不能固定脂质，可使染色体保存较好。其穿透力强，渗透快。其缺点是使组织膨胀，特别对胶原纤维及纤维蛋白，高浓度的醋酸易破坏线粒体和高尔基体。Carnoy 液能固定胞浆和胞核，尤其适宜于染色体等。常用于糖原及尼氏体的固定，对显示 DNA、RNA 的效果好。固定液可防止乙醇的硬化及收缩作用，增加渗透力，特别适合外膜致密不易透入的组织。

（2）常用脱水剂

酒精：制片最常用的试剂，可与水在任何比例下相混合，酒精的脱水能力比较强，又能硬化组织。高浓度的酒精（95％以上）对组织有强烈的收缩和脆化的缺点，因此材料在水洗后不能立即投入高浓度酒精中。脱水时为了避免材料萎缩、僵硬，应在不同浓度的酒精里逐渐脱水。一般组织（除神经组织、柔软组织外）可从 70％酒精开始经 80％、95％、100％酒精，使它逐步脱水。对一些柔软组织如胚胎组织、低等无脊椎动物组织，要从 70％酒精以下的 50％或 30％或 20％开始，否则组织收缩较大。以上各种浓度就经常用 95％酒精加蒸馏水稀释而成，而不用纯酒精稀释，因为它的价格太贵。

正丁醇：是较好的脱水兼透明剂，可与酒精及石蜡混合，用于脱水先经过各种不同浓度的正丁醇和乙醇混合液，再入正丁醇，进行石蜡包埋时，可先用正丁醇和石蜡等量混合液，然后浸入纯石蜡包埋。正丁醇用于脱水的优点是很少引起组织收缩和脆硬，可替代二甲苯，是很好的脱水剂，但由于价格较贵，不常使用。

叔丁醇：可与水、乙醇、二甲苯混合，可以单用或与乙醇混合使用，是一种使用较广的脱水剂，它不会使组织收缩或变硬，因而使组织不必经过透明而直接浸蜡。电镜上为常用的中间脱水剂。

丙酮：脱水能力比酒精强，但对组织的收缩更大，毒性强，价格高，在组织学制片中较少使用，多用于病理快速切片，或用于某些组织水解酶的固定。因此一般不用于常规组织的脱水，主要用于快速脱水及固定兼脱水。此时应注意个人防护，最好在带有抽风功能的装置中进行，脱水时间 1～3h 左右。丙酮还可作为染色后的脱水剂，用于甲基绿—派洛宁显示 DNA 及 RNA。

（3）常用透明剂

二甲苯：是现在应用最广的一种透明剂，价格较便宜，不能和水混合，遇水则变成乳白色浑油，因此必完全脱水后才能使用；易溶于酒精又能溶解石蜡，透明力强。其最大的缺点是容易使组织收缩变硬变脆，所以组织不能在其停留过久，透明时间视组织块的大小、性质而定；有的组织如肌肉、肌腱、软骨、骨、皮肤、头皮及眼球等，不宜用二甲苯透明，因组织过硬不易切片；长时间接触，会对粘膜有刺激作用。

苯：性质与二甲苯相似，对组织收缩也较小。缺点是透明较慢，组织在其内可以滞留 12~24h，且苯的毒性较大。

氯仿：不易使组织变脆，其透明能力较二甲苯差，因此透明时间相对较长，易挥发，多用于大块组织的透明。

香柏油：用作透明剂，效果很好，有高度透明作用，能与醇和二甲苯混合，香柏油对组织的硬化及收缩程度比任何其他透明剂都要小，但透明的速度较慢，3mm 以下厚度的组织块需 12h 以上。香柏油与石蜡不易融合，即香柏油不易被石蜡取代，因此经香柏油透明以后，可经过二甲苯短时间媒浸，再进行石蜡包埋。肌肉、皮肤、血管、膀胱、垂体及肾上腺等用香柏油透明效果较好。

（4）常用粘片剂

明胶粘片剂：明胶 1g，蒸馏水 100mL，石碳酸 2g，甘油 15mL。

蛋白粘片剂：新鲜蛋白 25mL，甘油 25mL，石炭酸 0.5g。

（5）包埋剂

石蜡：在制作切片时，由于组织是柔软的，或局部的软硬不均，这样制作厚薄均匀的切片是困难的。所以有必要用一定物质浸透组织内部，使整个组织一样硬化，以利于切成薄片，这种物质叫做包埋剂。石蜡是一种碳氢化合物，也是一种优良的包埋剂。石蜡有软蜡和硬蜡之分。软蜡的熔点有 45℃、52℃~54℃；硬蜡的熔点有 56℃~58℃、58℃~60℃和 60℃~62℃。浸蜡的顺序是先软蜡，后硬蜡。浸蜡的时间根据组织不同而确定不同的时间。

（6）封固剂

加拿大树胶：加拿大树胶是半透明的固体树脂，能溶于二甲苯、苯等溶剂。加拿大树胶溶于二甲苯后，它的折光率是 1.52，接近于玻璃的折光率（1.51），透明度很好，用以封片几乎无色，干后坚硬牢固，可长期保存。因此，它是封片常用的封藏剂。

（7）常用染剂

代氏（Delafield 氏）苏木精：苏木精 4g，95％酒精 25mL，10％铵明矾水溶液 400mL；瓶口用纱布封盖，置于向阳处，3~4d 后加入甘油 100mL，甲醇 100mL。该液两月后成熟，色彩蓝紫色，时间越长效果越好，为生物制片技术中最常用的核染剂。染色后，一般用 0.1％盐酸水溶液褪去染色，称之为分色。

伊红（Eosin）水溶液：0.1％~1％伊红又称曙红，是酸性染料，一般与苏木精共同使用，主要染细胞质、胶原纤维及肌纤维。

固绿染液：0.5g 固绿溶于 100mL 95％酒精溶液。

番红染液：1g 番红溶于 100mL 50％酒精溶液。制备植物石蜡切片常用固绿——番红对染，结果是木质化的细胞壁及细胞核染成红色，薄的细胞壁（纤维素）和胞质染成绿色。

苏丹 Ⅲ 染液：苏丹 Ⅲ $0.3\sim0.5$g，70％酒精 100mL。此染液主要用于染脂滴。

二、石蜡制片的原理和过程

石蜡切片法包括取材、固定、洗涤和脱水、透明、浸蜡、包埋、切片与粘片、脱蜡、染色、脱水、透明、封片等步骤。一般的组织从取材固定到封片制成玻片标本需要数日，但标本可以长期保存使用，为永久性显微玻片标本。

1. 取材

应根据要求选取材料来源及部位。例如植物细胞有丝分裂，多选取洋葱根尖，细胞分裂快又便于切取；猪的肝小叶边界清晰明确；耳蜗以豚鼠的内耳易于定位和剥离。材料必须新鲜，搁置时间过久则产生蛋白质分解变性，导致细胞自溶及细菌的滋生，而不能反映组织生活时的形态结构。

2. 固定

用适当的化学药液——固定液浸渍切成小块的新鲜材料，迅速凝固或沉淀细胞和组织中的物质成分、终止细胞的一切代谢过程、防止细胞自溶或组织变化，尽可能保持其活体时的结构。固定能使组织硬化，有利于切片的进行，而且也有媒浸作用，有利于组织着色。固定液的种类很多，其对组织的硬化收缩程度以及组织内蛋白质、脂肪、糖类等物质的作用各不相同。例如纯酒精可固定肝糖而能溶解脂肪，甲醛能固定一般组织，但溶解肝糖和色素。固定液可分为单一固定液及混合固定液。前者有甲醛（蚁醛、福尔马林）、酒精、醋酸或冰醋酸、升汞、锇酸（四氧化锇）、重铬酸钾及苦味酸等，单一固定液不能固定细胞中的所有成分；混合固定液可以互补不足，常用的混合固定液有 Bouin 氏液、Zenker 氏液、FAA 液、Carnoy 氏液、SuSa 液。因此，应根据所要显示的内容来选择适宜的固定液。10％福尔马林（4％甲醛）或 10％磷酸缓冲福尔马林是病理切片常规使用的固定液，不仅适用于常规 HE（苏木精－伊红）染色，还可以用于组织学有关的其他技术的切片染色。固定液的用量通常为材料块的 20 倍左右，固定时间则根据材料块的大小及致密程度以及固定液的穿透速度而定，可以从 1h 至数天，通常为数小时至 24h。

3. 洗涤与脱水

固定后的组织材料需除去留在组织内的固定液及其结晶沉淀物，否则会影响以后的染色效果。洗涤时，多数用流水冲洗；使用含有苦味酸的固定液固定的则需用酒精多次浸洗；如果组织经酒精或酒精混合液固定，则不必洗涤，可直接进行脱水。固定后或洗涤后的组织内充满水分，如不除去水分就无法进行以后的透明、浸蜡与包埋，因为透明剂多数是苯类，苯类和石蜡均不能与水相融合，水分不脱尽，苯类不能浸入。酒精为常用脱水剂，它既能与水相混合，又能与透明剂相混，为了减少组织材料的急剧收缩，应使用从低浓度到高浓度递增的顺序进行，通常从 30％或 50％酒精开始，经 70％、85％、95％直至纯酒精（无水乙醇），每次时间为一至数小时，如不能及时进行各级脱水，材料可以放在 70％酒精中保存，因高浓度酒精易使组织收缩硬化，不宜处理过久。正丁醇、叔丁醇、丙酮等也可做脱水剂。

4．透明

纯酒精不能与石蜡相溶，还需用能与酒精和石蜡相溶的媒浸液，替换出组织内的酒精。材料块在这类媒浸液中浸渍，出现透明状态，此液即称透明剂。透明剂浸渍过程称透明。常用的透明剂有二甲苯、苯、氯仿、正丁醇等，各种透明剂均是石蜡的溶剂。通常组织先经纯酒精和透明剂各半的混合液浸渍 1～2h，再转入纯透明剂中浸渍。透明剂的浸渍时间则要根据组织材料块大小及属于囊腔抑或实质器官而定。如果透明时间过短，则透明不彻底，石蜡难于浸入组织；透明时间过长，则组织硬化变脆，就不易切出完整切片，最长为数小时。

5．浸蜡与包埋

用石蜡取代透明剂，使石蜡浸入组织而起支持作用。通常先把组织材料块放在熔化的石蜡和二甲苯的等量混合液浸渍 1～2h，再先后移入 2 个熔化的石蜡液中浸渍 3h 左右，浸蜡应在高于石蜡熔点 3℃ 左右的温箱中进行，以利石蜡浸入组织内。浸蜡后的组织材料块放在装有蜡液的容器中（摆好在蜡中的位置），待蜡液表层凝固即迅速放入冷水中冷却，即做成含有组织块的蜡块。容器可用光亮且厚的纸折叠成纸盒或金属包埋框盒。如果包埋的组织块数量多，应进行编号，以免差错。石蜡熔化后应在蜡箱内过滤后使用，以免因含杂质而影响切片质量，且可能损伤切片刀。通常石蜡采用熔点为 56℃～58℃ 或 60℃～62℃ 两种，可根据季节及操作环境温度来选用。

6．切片

包埋好的蜡块用刀片修成方形或长方形，以少许热蜡液将其底部迅速贴附于小木块上，夹在轮转式切片机的蜡块钳内，使蜡块切面与切片刀刃平行，旋紧。切片刀的锐利与否、蜡块硬度适当与否都直接影响切片质量，可用热水或冷水等方法适当改变蜡块硬度。通常切片厚度为 4～7μm，切出一片接一片的蜡带，用毛笔轻托轻放在纸上。

7．贴片与烤片

用粘片剂将展平的蜡片牢附于载玻片上，以免在以后的脱蜡、水化及染色等步骤中二者滑脱开。粘片剂是蛋白甘油。首先在洁净的载玻片上涂抹蛋白甘油，再将一定长度的蜡带（连续切片）或单个蜡片置于温水（45℃ 左右）中展平后，捞至玻片上铺正；或直接滴两滴蒸馏水于载玻片上，再把蜡片放于水滴上，略加温使蜡片铺展，最后用滤纸吸除多余水分。将载玻片放入 45℃ 温箱中干燥，也可在 37℃ 温箱中干燥，但需适当延长时间。

8．切片脱蜡及水化

干燥后的切片需脱蜡及水化后才能在水溶性染液中进行染色。用二甲苯脱蜡，再逐级经纯酒精及梯度酒精直至蒸馏水。如果染料配制于酒精中，则将切片移至与酒精近似浓度时，即可染色。

9．染色

染色的目的是使细胞组织内的不同结构呈现不同的颜色以便于观察。未经染色的细胞组织其折光率相似，不易辨认。经染色可显示细胞内不同的细胞器及内含物以及不同类型的细胞组织。染色剂种类繁多，应根据观察要求及研究内容采用不同的染色剂及染色方法，还要注意选用适宜的固定剂才能取得满意的结果。经典的苏木精（Hematoxy-lin）和伊红（曙红，Eosin）染色法是组织学标本及病理切片标本的常规染色，简称 HE 染色。经 HE 染色后，细胞核被苏木精染成紫蓝色，多数细胞质及非细胞成分被伊红染成粉红色。由于苏木精是带阳离子的染料，染液呈碱性，核内染色质及胞质内核糖体等物质对这种染料有亲和性，称嗜碱性；而带阴离子的染料伊红配制的染液呈酸性，对这种染料的亲和性，称嗜酸性。有时不同的组织结构还需要用特殊的染料及染色方法加以显示，称特殊染色。有些细胞组织经硝酸银浸润后，可使溶液中银离子还原成金属银或银粒附着在细胞组织上，呈棕黑色，这种性质称亲银性，而有些细胞组织本身不能使硝酸银的银离子还原成金属银，还需加还原剂才能将银离子还原，称嗜银性。

10. 切片脱水、透明和封片

染色后的切片尚不能在显微镜下观察，需经梯度酒精脱水，在 95% 及纯酒精中的时间可适当加长以保证脱水彻底；如染液为酒精配制，则应缩短在酒精中的时间，以免脱色。二甲苯透明后，迅速擦去材料周围多余液体，滴加适量（1~2 滴）中性树胶，再将洁净盖玻片倾斜放下，以免出现气泡，封片后即制成永久性玻片标本，在光镜下可长期反复观察。注意有些染料需特定厂家生产的产品。根据各种染色方法、组织类别及切片厚度，掌握适宜的染色时间，才能达到较好的染色效果。

石蜡制片程序及环节繁多，需数日才能完成 1 个周期，但切片可长期保存，供教学、科研及病理诊断及复察，并可利用蜡块作其他项目的回顾性研究。病理常规制片过程中已简化了一些细的环节或缩短了部分处理时间以适应临床需要（可缩短至 2d）。

近些年来，在病理常规制片过程中采用了微波技术，从而大大缩短了制片过程，而且对形态结构并没有影响。微波是一种波长很短、频率却很高的高频电磁波，其波长为 1m~1mm，频率为 300 兆赫（MHz）~300 千兆赫（GHz）。组织经微波辐射后加速组织内部分子的高速运动，以使液体的运输加快，增加弥散、渗透和交换效率，从而加速组织的固定、脱水、透明、包埋和染色各个环节。例如常规福尔马林固定需数小时至一天时间，而且能引起组织收缩及某些抗原成分不同程度的受到破坏，微波固定仅需 1~2min，且可减少抗原的丢失和损害。选择适当的档次（功率）、辐射时间和温度是极为重要的。目前微波技术的应用在国内尚处于起步阶段，许多技术应用环节尚需进一步摸索。

三、石蜡切片与其他技术方法的结合

石蜡切片虽然是经典的方法，但又是最基本的方法，它与其他新的技术方法相结合，使传统的老技术扩大了其应用范围，开辟了许多新领域，增加了许多新的研究、观察内容。随新的仪器及新的研究技术的不断问世及使用，使组织学的观察研究从简单的形态结构深入到各种成分的定性观察，又从定性转向定量计测，使细胞组织的形态、功能及代谢三结合，从而达到定性可靠、定位准确及定量可测。

1. 与免疫学技术结合

组织制片技术与免疫学技术结合构成免疫组织（细胞）化学技术，利用抗原与抗体的特异性结合原理，检测组织切片中细胞组织的多肽及蛋白质等大分子物质的定性和定位观察研究。不论哪种免疫组织化学技术都包括抗体的制备、组织材料处理、制备玻片标本以及免疫染色。冰冻切片手续简便，制片过程中抗原活性丢失少，但组织细胞形态较差；石蜡切片步骤繁多，制片中抗原活性有所减低，但组织细胞形态清晰，是免疫组织化学常规制备切片方法之一。一般石蜡包埋的组织切片用于检测胞浆或核内的抗原，不宜做表面抗原染色。有人将新鲜组织浸泡于冷磷酸缓冲液内48h，再固定于96%乙醇或其他固定液的组织切片，可用表面抗原染色。乙醇、丙酮等固定剂对抗原破坏较轻，但结构保存较差。最常用的固定液有中性和缓冲福尔马林，它可与蛋白质交叉结合封闭抗原，在进行免疫染色前，切片再用蛋白酶消化，以暴露抗原部位、增强抗原的反应。在石蜡切片上常进行的免疫组化染色有免疫酶组织化学技术中的PAP法（非标记过氧化物酶－抗过氧化物酶法）及亲和免疫组织化学技术中的ABC法（抗生物素－生物素－过氧化物酶复合物技术），其特异性强、敏感性高。使用两种染色法的组织切片都需先经第一抗体（各种抗血清）孵育；再经第二抗体或生物素标记的第二抗体孵育；后经PAP复合物或ABC复合物孵育；最后以DAB（二氨基联苯胺）－H_2O_2液显色呈棕黄色沉淀。常规复染、脱水、透明、封片成永久性玻片标本，光镜下检测常规或特殊染色法难以显示的成分及其精确定位，可用于基础研究及临床病理研究及诊断。微波用于石蜡包埋切片免疫组织化学染色既简化步骤又节省时间，且能促进免疫染色效果。

2. **石蜡包埋组织流式细胞仪 DNA 含量分析**

石蜡包埋组织切片与流式细胞术（flow cytometry，FCM）结合使用来测量DNA含量及倍体分析，这一结合是流式细胞仪在临床应用中，特别是在肿瘤研究方面开拓了新的研究途径。FCM是激光、电子和电子计算机、流体喷射技术的综合发展应用，是快速定量分析细胞的技术，要求被检细胞呈悬浮状态。目前已可测量细胞的大小、体积、DNA含量、DNA合成速率、RNA含量、表面抗原、染色体等。由于制备样品技术的原因，过去许多流式分析资料仅限于采用新鲜组织标本，Hedley等1983年首先报道了FCM分析石蜡包埋组织切片制备分散细胞悬液技术来进行DNA含量的检测，从组织切片中能获得足够数量的单个细胞，且与新鲜组织分离获得的单个细胞在形态及DNA含量组方图上均极为相似。目前国内也在逐步开展这方面的研究。由于这种方法取材可在病理组织观察或诊断基础上进行，比活检或手术切除标本更为准确，又可做回顾性研究分析；且对DNA检测速度快、数据客观可靠，在肿瘤诊断、预后的预测和治疗反应上具有重要价值；利用过去的标本可成批制作细胞悬液、成批上机测试，避免了仪器调试状态不同带来的影响，石蜡包埋块保存时间的长短对结果影响不大。

常规固定（多数用福尔马林）、石蜡包埋的组织块均可用于流式细胞术，但含苦味酸或汞的固定液均不宜使用。切片厚度以30～50μm为宜。切片脱蜡要干净、彻底，否则制备出的细胞悬液中碎片多，影响测定。梯度酒精水化后用胃蛋白酶或胰蛋白酶消化，消化后镜检呈单个分散状态；由于福尔马林固定可使DNA和核蛋白产生共价交联，影响DNA和染料的化学定量结合，导致荧光强度下降，蛋白酶可破坏其联结，改善测定的组方图质量，消化时间以能分散细胞及细胞碎片尽量少为适度，以100目尼龙筛网滤去未消化完的组织片，离心去上清液后，加入冰冷的70%酒精固定，放入4℃冰箱备用。上机前染色。DNA 特异荧光染料主要有：碘化丙锭（PI）、溴化乙锭（EB）、4，6－二脒基－二苯基吲哚（DAPI）。FCM 检测石蜡包埋组织细胞 DNA 含量可作为以形态学为基础，多参数综合诊断中的一个重要的新手段。但由于仪器设备价格昂贵及制备样品的诸多环节均可能影响测定的数据，限制了临床的广泛使用。

3. 石蜡切片标本是形态计量技术的基础

形态计量技术是近年发展起来的一种新的定量检测技术，用全自动图像分析仪对组织和细胞内各种有形成分的数量、体积、长度及表面积等的图像数据进行数学处理，以便对生物组织细胞及其结构成分的形态进行定量分析，如线粒体个数、内质网、细胞核及胞质面积、胰岛的数量及各类细胞的数值、肾小体的数量和体积比以及 Feulgen 染色测定细胞核 DNA 原位定量等，使组织学及细胞学的研究由形态及定性观察转向形态定量化。形态计量是从石蜡组织切片或涂片以及组织的光镜照片和电镜照片上的各种结构获取二维图像数据，通过软件程序处理，得出有价值的结构参数。这种数据准确性高、客观性强、重复性好，可减少或弥补观察者的主观性差异。形态计量已应用于临床病理诊断工作，包括非肿瘤病变与肿瘤病变。国内对非肿瘤性病变的研究已涉及动脉粥样硬化、肝硬变、前列腺肥大、克汀病、胰腺炎及精索静脉曲张等；而对肿瘤病变的研究则是形态计量学在临床研究的重点，目前较集中于消化道、肝、膀胱、乳腺和肺等器官的肿瘤。此外，在疾病的发生过程中把形态计量参数与功能变化指标有机地结合，有利于探讨疾病的发病机制；形态计量参数对肿瘤病变的治疗效果及预后判断的估计亦有参考价值。

在形态计量学的研究中，首先是对样品质量要求较高，例如制片过程中组织的收缩、膨胀与挤压、切片厚度与方向，特别是切片染色技术，染色是使组织或细胞各成分能染成不同色泽而便于识别，提高待测成分图像的可测性及其内在组分的表达性，使待测成分的色彩和亮度清晰地区别于它的背景。采用常规染色、特殊染色以及免疫组织化学染色，可对不同着色的成分及反应物作形态定量测定；利用免疫组织化学和原位杂交技术使病灶染色，再作形态定量测量。其次是要找出特征结构参数或定量指标，可先检测组织或细胞的各种可测参数或根据待测成分的形态特点设计一些参数，再用统计学方法筛选出有用的参数作定量测定。由于仪器昂贵，目前国内尚处在实验研究阶段，临床上的广泛应用尚有一定困难。形态计量技术与常规技术和其他新技术综合研究方法的使用，具有较好的应用价值及效果。

随着各种新仪器的问世和新技术方法的不断建立与使用，石蜡切片技术也逐渐扩展、渗入许多新领域中，作为基础技术提供有效的实验或使用样品。石蜡包埋组织切片还可用于细胞原位核酸分子杂交技术中，可对材料中被杂交的 DNA 分子进行定位、含量分析或观察基因表达（mRNA）水平；聚合酶链式反应（PCR）技术可用于固定、石蜡包埋组织的 DNA 分析，使研究进入了分子水平，但在短期内这些技术尚不能做常规使用。

四、制作切片时应注意事项

一张理想的切片，除组织固定适当和染色清晰之外，还应具备薄、平整、无皱褶压缩、无裂损及擦痕，同时贴片排列密集整齐，位置适当，透明度好，封片用胶适量，盖玻片端正，无气泡等。影响切片质量的因素见表 6-1；石蜡切片中的异常原因及处理方法见表 6-2。

表 6-1　影响切片质量的因素

制片程序		影 响 因 素
取　材		组织形态不规则，过大，厚薄不均
组织的处理	固定脱水，透明浸蜡，包埋	不及时，固定液选择不当； 脱水不良，或时间过长； 透明过长，或透明不足； 时间不当，石蜡质量不纯，熔度选择不当； 石蜡的硬度组织位置安排不当，包埋不平，碎组织散乱
切　片		切片刀不够锋利，刀身角度固定不当
		切片机性能掌握不够，保养不当
		技术熟练程度不够

表 6-2　石蜡切片中的异常原因及处理方法

异常表现	原因和处理方法
切片纵裂或纵断	（1）刀刃损，须磨或鎏； （2）刀口黏附细丝，须擦净刀口； （3）组织内有细小过硬异物或骨质等；剔除异物，骨质脱钙
切片弯曲或滚卷	（1）刀钝须磨或鎏； （2）刀的倾角过大，调整倾角
切片厚薄不均，宽窄相间，或在每张切片上有厚薄区带	（1）切片机调整螺旋须紧固； （2）组织过硬，需用软化剂处理，湿润组织切面，稍冰冻，均匀而慢切； （3）刀的倾角过大，须调整
切制时组织破碎	（1）刀钝，须磨； （2）蜡太软，须用冰块处理蜡块切面； （3）蜡内形成冰晶，凝固时冷却得慢或含水及透明剂，须重新脱水； （4）温度过高使组织变硬变脆，先用温水浸润而后切；若有过多的胶质，则可浸入 70%酒精甘油软化后切片

（续表）

异常表现	原因和处理方法
切片带呈弧形弯曲	（1）组织形状不规则，蜡边缘区不平行并与刀刃不平行； （2）由于阻力不同，切片带组织内成分复杂，向阻力小的方向弯曲，修蜡块应视组织情况将蜡块切修成倒梯形，阻力大的一侧窄些，小的一侧宽些； （3）切片过厚，刀角偏大，刀钝须磨或鉴调整厚度及刀角，选择锋利处切片
组织压缩，切片变窄，切片周围蜡边粘连使皱褶不易展开	（1）蜡块被压缩，系由于刀刃斜面不平，须研磨、鉴刀； （2）组织内纤维成分过多，细心处理组织； （3）组织浸蜡不足，石蜡硬度不够，室温过高，冰蜡块增强蜡块硬度或选换硬蜡； （4）组织块不必要的过大
切片出现抓痕和擦迹	（1）刀口不清洁，尝试擦净刀口； （2）刀钝或组织内结缔纤维较多，其中还有钙化灶，异物、毛、发、线；剔除异物，选择刀口锋利处切片； （3）刀刃有细缺口，须磨刀
间歇出片	刀、刀座、蜡块固定过松，须旋紧螺旋
切片带中组织皱褶（呈泡样皱褶）	（1）蜡块组织双侧留有蜡边，切片前组织两侧石蜡全部切除； （2）组织厚薄不均脱水变形，包埋不平，取材时注意厚薄均匀，注意组织脱水处理，包埋要平整； （3）碎组织包埋时排列不整齐，密集、组织成分较复杂；包埋应将碎组织排列密集整齐，切片水温不宜过高，摊片后尽量缓缓拉展
切片不成带	切片贴在蜡块上：（1）刀钝，擦净刀口，选锋利处切； （2）组织内纤维成分过于集中（如皮肤）消化道组织切片时将皮下组织或浆膜置于下面
	切片贴于刀口：（1）卷刀、磨刀； （2）刀口黏附石蜡过多，擦净刀口

第二节　临时制片

一、整体装片法

整体装片法一般是指对身体很小或自身为一薄片的动植物体或较大动植物体的某一部分，如藻类、水螅、草履虫、昆虫的翅、鸟的羽毛等，不经切片而直接制成玻片标本的方法。

整体装片既可以做成临时装片，也可以做成永久装片。

二、涂片法

对于液体或半流动性的材料，如血液、精液、痰和微生物等，不能切成薄片而直接将材料在载玻片上涂成一薄层，再经固定与染色制成标本的方法，称为涂片法。

血涂片制备：

①载玻片的准备。新载玻片常带有游离碱质，须用浓度为 1mol/L 的 HCl 浸泡 24h，再用清水彻底冲洗，干燥后备用。旧载玻片要用含洗涤剂的清水中煮沸 20min，洗掉血膜，再用清水反复冲洗，最后用 95％乙醇浸泡 1h，干燥备用。使用载玻片时，不要用手触及玻片表面，保持玻片清洁、干燥、中性、无油腻。

②血涂片制作方法。取血液标本一滴置载玻片的一端，以边缘平滑的推片一端，从血滴前沿方向接触血液，使血液沿推片散开，推片与载玻片保持 30°～45°夹角，平稳地向前推动，血液即在载玻片上形成薄层血膜。涂片的厚薄与血滴大小、推片与载玻片之间的角度、推片时的速度及血细胞比容有关。血滴大、角度大、速度快则血膜越厚；反之则血膜越薄。一张良好的血涂片，要求厚薄适宜，头体尾明显，细胞分布均匀，血膜边缘整齐，并留有适当的空隙。

③血涂片染色，观察。

三、压片法

将一些较幼嫩、柔软的材料夹在载玻片或盖玻片间，用一定的压力将标本压碎或压开，使组织散成一薄片，经染色后制成玻片标本的方法，称为压片法。如观察果蝇幼虫唾液腺，植物根尖观察染色体和花粉粒观察发育阶段等。

四、磨片法

磨片法主要用于含有钙盐等矿物质成分比较坚硬材料的制片。先用磨石磨成薄片，再封固成玻片标本。如脊椎动物的牙齿、硬骨，软体动物的贝壳，珊瑚虫的骨骼等。

五、铺片法

铺片法是将一些成膜状结构的标本展平放在载玻片上，经固定、染色制成玻片标本的方法。如肠系膜等材料。

六、分离法

分离法是为了观察研究组织或器官里的单个细胞或纤维的形状，必须设法使细胞与细胞间质分离，将细胞各自分离开，再经染色制成玻片标本的方法。一般可分为化学分离法和撕碎法。

（1）化学分离法　利用药物使细胞间质溶解，细胞便能自动分离，取出单个细胞进行染色、脱水、透明等处理制成玻片标本。此方法适用于观察肌肉、叶片、茎等部位。

（2）撕碎法　材料经固定或浸到一定的程度后用解剖针在解剖镜下撕开的方法，如观察单个的神经纤维可用此种方法制片。

第三节　冰冻切片

冰冻切片是指将组织在冷冻状态下直接用切片机切片。冰冻切片的优点是简便，组织可不经过任何化学药品处理或加热过程，大大缩短了制片时间，十分钟左右即能制成切片。常用于临床病理手术诊断，因材料不经处理就可直接进行切片，组织没有显著的收缩，细胞形态不致有很大的改变，也因冰冻切片不需有机溶剂的处理，所以能保存脂肪、类脂等成分。因此冰冻切片常用于组织化学、组织学、临床病理学等方面的研究。

一、冰冻切片机

目前冰冻切片机有以下两类。

（1）恒冷冰冻切片机　冰冻切片机（如图 6-2 所示）主要有制冷系统和切片系统构成。制冷系统包括恒冷箱和样品冷却系统；切片系统包括切片机和一次性不锈钢刀片。基本结构是将切片机置于 -30℃ 低温密闭室内，故切片时不受外界温度和环境影响，可连续切薄片至 $2\sim4\mu m$，完全能满足免疫组织化学标记要求。切片时，低温密闭室内温度以 -15℃ ～ -18℃ 为宜，温度过低组织易破碎。抗卷板的位置及角度要适当，载玻片附贴组织切片，切勿上下移动。

图 6-2　冰冻切片机的外形

（2）开放式冰冻切片机　包括半导体制冷切片机和甲醇制冷切片以及老式的 CO_2、氯乙烷等冷冻切片机。其切片时暴露在空气中，温度不易控制，切片技术难度大，在高温季节，切片更加困难。切片厚 $8\sim15\mu m$，不易连续切片。其优点是价廉，国内有生产。

二、冰冻切片的过程

1. 取材

应尽可能快地取新鲜的材料，防止组织腐坏。未固定的组织取材，不能太大太厚，厚者冰冻费时，大者难以切完整，最好为 24mm×24mm×2mm。

2. 速冻

为了较好地保存细胞内的酶活性或尽快制成切片标本的需要，一般在取材后就要立刻对组织块进行速冻，使组织温度骤降，缩短降温的时间，减少冰晶的形成。

对未固定的组织块常采用液氮速冻切片法。具体做法是将组织块平放于软塑瓶盖或特制小盒内（直径约 2cm），如组织块小可适量加 OCT 包埋剂浸没组织，然后将特制小盒缓缓平放入盛有液氮的小杯内，当盒底部接触液氮时即开始气化沸腾，此时小盒保持原位切勿浸入液氮中，大约 10～20s 组织迅速冰结成块。在制成冻块后，即可置入恒冷箱切片机冰冻切片。若需要保存，应快速以铝箔或塑料薄膜封包，立即置入−80℃冰箱贮存备用。

对已固定的组织块，可在组织支承器上放平摆好，周边滴上包埋剂，迅速放于冷冻台上，冰冻。对于小组织应先取一支承器，滴上包埋剂让其冷冻，形成一个小台后，再放上细小组织，滴上包埋剂。

3. 切片

将冷冻好的组织块，夹紧于切片机持承器上，启动粗进退键，转动旋钮，将组织修平。

调好欲切的厚度，根据不同的组织而定，原则上是细胞密集的薄切，纤维多细胞稀的可稍为厚切，一般在 5～10μm 间。

调好防卷板。制作冰冻切片，关键在于防卷板的调节上，这就要求操作者要细心，准确地将其调校好，调校至适当的位置。切片时，切出的切片能在第一时间顺利地通过刀与防卷板间的通道，平整地躺在持刀器的铁板上。这时便可掀起防卷板，取一截玻片，将其附贴上即可。

应视不同的组织选择不同的温度。冷冻箱中温度的高低，主要根据不同的组织而定，不能一概而论。如切未经固定的脑组织、肝组织和淋巴结时，冷冻箱中的温度不能调太低，在−10℃～−15℃左右；切甲状腺、脾、肾、肌肉等组织时，可调在−15℃～−20℃左右；切带脂肪的组织时，应调至−25℃左右；切含大量的脂肪时，应调至−30℃。

4. 染色

冰冻切片附贴于载玻片后，立即放入恒冷箱中的固定液固定 1min 后即可染色。可根据需要进行不同染料染色或用锡纸包好封存于−20℃冰箱。

冰冻切片的快速染色法：①切片固定 30s～1min。②水洗。③染苏木素 3～5min。④分化。⑤于碱水中返蓝 20s。伊红染色 10～20s。⑦脱水，透明，中性树胶封固。冰冻组织 1～2min，切片 1min，固定 1min，染色共 5min。总共在 10min 内完成快速制片过程，结果与石蜡切片不相上下。

三、制作切片时应注意事项

①防卷板、切片刀和持刀架上的板块应保持干净，需经常用毛笔挑除切片残余和用柔软的纸擦拭。有时需要每切完一张切片后就用纸擦一次。因为这个地方是切片通

过和附贴的地方，如果有残余的包埋剂粘于刀或板上，将会破坏甚至撕裂切片，切片便不能完整切出。

②多例多块组织同时做冰冻切片时，可各自放于不同的支承器上，于冷冻台上冻起来，然后依据不同的编号，依序切片，这样做既不费时也不会乱。

③放置组织冰冻前，应视组织的形状及走势来放置，如果胡乱放置，就不能收到很好的效果。

④组织块不需固定液固定，而组织切片后应立即放入甲醇中固定，甲醇作用快，收缩小，染色较清晰，是冰冻切片理想的固定液。

⑤速冻是冰冻切片的关键，因为只有速冻才能减少组织内的冰晶，最好的办法是将速冻头压在组织上，冻好后就可切片。特别适用于较脆的组织。而含有脂肪较多的组织，最好放在液氮里处理。在液氮里冷冻要注意不要冻过头，2~3s就要拿出来看一下，只要有4/5的组织已经冻住就可以了，待冷冻头拿出后刚好全部冻住，否则就会引起组织发脆，或冷冻头与组织分离。当切片时，如果发现冰冻过度，可将冰冻的组织连同支承器取出来，在室温停留片刻，或者用大拇指按压组织块，等组织软化后，再切片，或者调高冰冻温度。不同的组织，有不同的温度要求，如肝脏、甲状腺组织温度控制在−15℃左右，脂肪组织一般控制在−35℃以下。

⑥用于附贴切片的载玻片，不能存放于冷冻处，要存放于室温处。因为当附贴切片时，从室温中取出的载玻片与冷冻箱中的切片有一种温度差，当温度较高的载玻片附贴上温度较低的切片时，由于两种物质间温度的差别，当它们碰撞在一起时，分子彼此间发生转移而产生了一种吸附力，使切片与载玻片牢固地附贴在一起。如果使用冷藏的载玻片来附贴切片，由于温度相同，不会发生上述的现象。

⑦冷冻切片机应长期处于恒温冷冻状态，经常的开关机器容易造成压缩机损伤。

第七章 标本的保养与管理

第一节 标本的保养

一、自然标本的损害原因

自然标本损害的原因主要有两方面，即内因与外因。

内因是标本在制作过程中，其本身产生的不稳定性造成将来标本的损害，如标本制作中保留下来的部分骨骼、骨腔中的物质，鸟类尾羽着生处保留的肌肉等，都是将来标本损害的隐患。

造成标本损害的外因主要是物理因素、化学因素、生物因素、机械性磨损等。其物理和化学因素如温度、湿度的变化，光照，灰尘，氧气、空气中的杂质，酸、碱、盐等有害物质都可以使标本受到损坏。生物因素如昆虫、微生物的寄生，鼠类啃咬等对标本的损害。机械性磨损如陈列过程中的不正确拿放等所造成的人为破坏，还包括不正确的保护方法。

二、标本保存须知

一件标本不管其防腐措施如何周到，如果在日后的保存过程中，处在不良的环境下，仍然会引起各种形式的损坏，因此要注意下面几点。

1. 防蛀

虫蛀是导致标本损坏的最大原因。虽然标本在制作过程中已经采取了防腐措施，但这些措施主要是防止标本自身有机体的腐烂，其毛皮、羽毛的蛋白质结构仍然对啃食有机质的昆虫具有很大的吸引力。防腐不等于防虫，即使有一时的防虫措施，也不能保证经年累月后仍对害虫有驱避作用。除了定期对标本进行检查和维护外，每年至少要有1～2次对标本存放处进行熏蒸、喷洒药物杀虫。为防止外来昆虫的危害，用于标本支架的树桩、台板要确保杀死所有虫子及卵、蛹后才能使用。存放标本的场所，要关紧门窗，隔绝潮湿，形成不利于害虫滋生的局部环境。如能将标本进行密封或真空保存则防虫效果更佳。

2. 防霉

有些地区空气湿度很大，标本如长时间处在高温、高湿环境中，极易发生霉变，严重时可使标本报废。因此，在大量存放珍贵标本的场所，要有恒温除湿空调设备。标本室要尽量避免选择在潮湿的底层，阴雨天要尽量少开门窗和标本柜。雨季过后要对标本进行通风透气，标本室有空调的要开机进行除湿，平时存放标本的小环境空间要放些干燥吸湿的药剂。在存放标本的房间内不推荐安装冷气或洗手池。因为夏日冷气机停止运作时，会在室内形成大量冷凝水汽，增加空气湿度；同样，在使用洗手池时，也会令周围环境中的湿度增加。

过去一般认为有机质才生霉，但目前发现石头、塑料、金属等都生霉。标本初生霉时，常不容易发现，可一旦形成霉斑就不容易去掉了。常用防霉方法是制作防霉纸，用防霉纸包裹标本。将水杨酸苯胺或邻－苯基酚配成 0.5%～1.0% 的溶液，把溶液刷在纸上，干后即为防霉纸。此法适合少量珍稀标本的保存，对标本室主要采用福尔马林、高锰酸钾熏蒸消毒。高锰酸钾与福尔马林按 3：5 配比，70g/m³。操作时在容器中先放入福尔马林药液，再慢慢倒入高锰酸钾，此时立即出现强烈反应，有浓烈的气体升腾，人要立即撤出，密闭房门不少于 24h。

3. 防阳光直射

光对标本的损害是相当严重的，它常与潮湿、高温互相作用。光是一种活化能，能加速物质老化，主要是破坏有机质的碳链，使有机质的机械强度降低，对纤维物质起到光氧化作用。阳光中的紫外线，对标本毛、羽中的色素有分解破坏作用，造成标本逐渐褪色。长时间的阳光直射，也会加速标本毛、羽表面的脂性物质分解，使标本表面失去光泽感。标本室一般选在楼层的北面房间，使标本处在阴凉、光线较弱的地方，标本室的窗户要装有遮光用厚窗帘，室内照明采用日光灯管。

4. 防尘埃

灰尘对标本的破坏作用也是很惊人的，生活状态的鸟在梳羽时会将尾脂腺分泌的油脂擦抹在羽毛表面，以保持羽毛的防水及光泽，制成标本后空气中的灰尘会黏附在这层油脂上，日积月累就会形成黏附性很强的顽固污渍，难以消除。标本不能靠换羽来更新，人们所能做的是保持环境清洁，将标本放置在封闭的抽屉或橱柜中。在每年的定期检查时，要及时除去落在标本表面的少量浮尘，以防止太多的灰尘吸附潮湿的空气及其他有害物质。

5. 防外力损坏

对标本可能带来损害的外力作用，包括人力作用和自然力两个方面。人力包括对标本多次的捏摸和拍打，堆放时挤压，放置不稳而跌落，搬运中的叠放及拉扯等；自然力作用包括小动物的啃咬、昆虫的蛀蚀等。在平时的管理中，要防止外人接触标本，标本室内要禁止烟火、禁止活的宠物进入。有关人员在使用标本时，要做到轻拿轻放。

三、标本的保护措施

1. 防虫措施

防治标本虫害，是确保标本长期安全保存的重要工作。动物标本主要是由蛋白质、脂肪、几丁质及其他有机物质构成，它们是某些昆虫喜爱的食物。有些标本的充填物或附加支架，如竹绒、稻草等，本来就会滋生微生物；有的虽是由高分子化合物组成的塑胶制品、化纤织品等，同样也会遭受某些虫害。标本发生虫害，造成使用价值降低或丧失，会给教学和科研工作将带来难以挽回的损失，特别是对一些已灭绝的物种和模式标本来说，那更是无法弥补的灾难。

　　标本害虫的防治，应贯彻"以防为主，防治结合"的方针，预防虫害的措施主要有以下几方面：

　　① 经常保持标本存放环境的清洁卫生。清扫工作要建立制度，定期进行，对标本室的地面、门窗、墙壁、天花板等处出现的孔洞缝隙，要及时发现，及时修补。

　　② 加强对温度、湿度管理，正确掌握通风控温控湿防潮的方法，适时采取密闭、避光措施，创造不利于害虫滋生的环境条件。

　　③ 撒放防蛀药剂，定时喷洒杀虫剂，或对存放标本进行分类套袋密封充氮，熏蒸消毒药物，对可能潜入的害虫进行杀灭。

　　④ 做好标本入库验收和储存期的检查。标本入库前要仔细察看是否带入虫体或虫卵，加强对易生虫的标本支架做检查。发现害虫先消灭后保存，并注意不与其他标本混放，然后做好记录便于复查。

　　对收藏标本中出现的局部虫蛀现象，无论是台板还是标本都可用 5%～8% 福尔马林进行滴注处理。

2. 杀虫剂的种类

　　目前防治标本害虫主要是使用化学药品。对化学药品的要求是高效、低毒、无污染，即杀虫效力大，对环境污染小，对标本不产生污染、腐蚀和损毁等不良影响。按药物作用方式，大致可分为胃毒剂、触杀剂、熏蒸剂、驱避剂等。

　　（1）胃毒剂　是利用害虫吃了沾有药剂的食料后，破坏虫体组织，使害虫生理机能失调，导致死亡。如防腐用的砒霜。

　　（2）触杀剂　是当虫体表皮接触到药品后，毒素经体表向内渗透，使害虫中毒死亡。使用中主要进行喷洒，常用的除家庭罐装喷雾剂外，还有以下几种：

　　① 敌敌畏：微黄至浅棕色油状液，挥发性较强，稍有芳香味。将浸沾该液的布条悬挂在绳索上，在室内任其自然挥发。

　　② 溴氰气酯：用 2.5% 原液稀释于 250 倍的水中用喷雾器对标本室、标本柜进行全面喷药。

　　③ 敌百虫：50% 可湿性粉剂或乳剂加水 100～200 倍喷洒。

　　④ 锌硫磷：50% 乳剂加水稀释至 0.5% 浓度进行喷洒，消毒最好在光线较暗时进行。

　　⑤ 各类家庭用喷雾杀虫剂：主要成分为拟除虫菊酯，毒性较小，对害虫直接喷射有杀灭作用。

　　用以上任一种药剂进行喷洒后，都要待药剂水分干燥后再将标本封藏保存。

　　（3）熏蒸剂　熏蒸剂是指有些化学药剂能从固体或液体状态转化为气体，经呼吸系统进入虫体，使害虫神经麻痹或生理机能破坏而死亡，常用有以下几种：

　　① 磷化铝：在空气中能吸收水分而分解出磷化氢气体，该药片要放在阻燃衬填物上，同时严防沾水。

　　② 溴化甲烷：适合在气温高于 6℃ 的情况下使用。

　　③ 高锰酸钾—福尔马林：将高锰酸钾与福尔马林按 3∶5 的比例混合，使用剂量 70g/m³，此方兼具防霉作用。

采用熏蒸剂杀虫时，应严格按照规定操作，以确保人员安全。应注意以下几点：

① 有条件的熏蒸场地要采取密封式，与人居住或办公的地方要隔开；如必须在标本室进行，也要选择假期。操作时及药剂作用期间要悬挂明显的警戒标志，严禁非操作人员进入，并严禁烟火。

② 参加施药人员至少两人，应明确分工。操作人员应加强自身防护，穿戴长袖防护衣裤、手套、头罩及防毒面具。施药后应迅速离开现场。

③ 熏蒸过程完成后，要经过 3～5d 的散毒，方可自由进出。如学校标本室在假期熏蒸后，暂时无教学任务可延长标本室密封时间，在使用前一周打开散毒。

当需要熏蒸的标本较少时，可选择密封塑料袋、密封式小型熏蒸柜进行操作，以节省药物投入量和环境污染。

（4）驱避剂　驱避剂是某些易挥发并具特殊气味和毒性的固体药剂，在标本周围经常保持一定的浓度，蛀虫的嗅觉器官受到药物刺激后，不敢接近，除常用的樟脑丸外，还有以下几种：

① 萘：萘是常用药品，易挥发，有特殊气味，以往的卫生球（又称臭矾）即是以萘压制而成的，使用时用纸包或纱布包裹后散放在标本周围。

② 对位二氯化苯：使用方法与萘相同，用药量 $\geqslant 100g/m^3$。

③ 冰片：可如樟脑丸般使用，亦可溶于酒精，以小杯盛溶液放在标本附近。

有些药剂兼具杀灭和驱避作用，但各种药剂有一定的适用范围，各种害虫对药剂的反应也不相同，因此在具体操作时，必须首先了解其性能和使用方法，才能取得理想效果。

（5）充氮降氧　是利用窒息性气体替换空气中的氧，使害虫缺氧死亡。一般采用塑胶膜密封或密封舱来进行操作，但此法使用成本较高，目前还未普及。

危害标本的害虫种类很多，有的是直接蛀食，也有的是破坏支架、标签及充填物，造成间接危害。现将我国各地常见的标本害虫及其主要防治方法列表附于本章后面，以供读者使用中参考。

四、标本灰尘及霉斑的处理

尘埃与细菌几乎是无处不在的，空气的流动会将微小的尘埃颗粒带到任何角落。微生物除在标本的机体上孳生以外，还与标本毛、羽表面的油脂相互作用，形成顽固性附着物，菌丝能侵蚀并损害标本。黏附的尘埃除了影响标本的外观外，还给各类细菌、蛀虫的繁殖创造了条件。

尘埃和菌丝要在定期的检查和清洁中及时地加以消除。有时标本已经沾附一层灰尘或出现了菌斑，此时若用常规的湿抹布揩擦，既容易损坏标本又起不到消除灰尘和霉斑的效果，这时可以考虑采取局部浸湿的方法来操作：在一杯湿水中滴入洗洁精（或洗发精）数滴，并加入有机溶剂（如：汽油或二甲苯）一起，洗涤液的浓度没有严格的规定，对污染严重的，洗涤液浓度可稍加大些，甚至直接用洗涤液和有机溶剂进行局部擦洗。在清洁全身为白色羽毛但已呈现浅黄色的标本时可加入过氧化氢溶液（双氧水）进行擦洗，但其浓度不可太大，以免对羽毛产生腐蚀作用。因过氧化氢有氧化漂白的作用，因此对非白色羽毛的标本不宜使用。用干净棉球或棉布浸透洗涤液后，将需清洗的羽毛沾湿，静置几分钟，然后顺着羽毛的长势由头部向尾部方向作多次单方向重复揩抹。棉球脏后应更换清洁湿润棉球继续擦拭，直至不再有脏为止。如污渍仍无法擦去，可用高浓度洗涤液作重点擦洗，具体为左手轻托被擦部位的羽毛，右手持湿布在羽片上作力度稍大的揩擦，为防止羽毛被擦落，用力方向要顺着羽小枝的生长方式，即与羽毛的主轴杆垂直，重点擦拭的羽毛仅限于飞羽和尾羽这样的大根羽毛，廓羽是不适合用力擦抹的。对于体羽不易擦净的部位，要用高浓度溶剂多浸润一会儿，然后再操作。洗涤液要尽量作用于污渍部位，但勿将羽根处完全浸湿，以免将防腐药洗去或将皮肤泡软，令羽毛容易脱落。

清洗完毕后，可用干净毛巾和纱布如固定刚剥制的标本那样裹住动物，将动物放在干燥箱中干燥。如只有1～2件标本，可使用电吹风快速干燥，温度合适的暖风，有利于将羽毛缝隙间的湿气吹走。吹拂时电吹风不能离标本过近，要与标本呈切线的角度并来回晃动，避免对准一处长时间吹拂。电吹风所到之处，一定要加以包裹，这样可避免羽毛被吹乱。还应注意的是，决不可将湿标本放在炉旁烘烤，或阳光下暴晒。

标本在吹至八成干时，可去掉包裹物，整理一下羽毛，放到通风处令其自然干燥。

喙和跗蹠、趾爪的清洁较简单，可用棉球蘸苯酚酒精液直接揩擦，清洁双眼可用酒精。

经过清洗、干燥的标本应放在封闭橱柜中保存，并放些樟脑丸、麝香草酚防霉防蛀。反复的清洗，会影响标本的外观质量，尽量减少清洗次数或部位。羽毛失去光泽感时，可试用美容化妆品加以修饰，但忌用量过大或使用含酸、碱的溶液。

任何形式的清洗，对标本质量都有不同程度的影响。因此，要注意在日常管理中加强防尘和防霉的工作，而不能依赖于各种补救的措施。

第二节　标本的管理

标本通常是保存在各种密封环境中的，用作展示的陈列标本要将具有特色的一侧作为正面，用玻璃与群众隔开。有时为弥补单一角度带来的视觉局限，可将展示柜设在屋子正中央，或在标本柜的背面装上镜面玻璃。科学研究用的标本，大多存放在抽屉式的标本橱中，标本橱的抽屉较多，主要是为了对标本进行分门别类。鸟类标本体型大小差异很大，抽屉的尺寸规格也应作相应变化，使大小不等。

标本标签、卡片的管理，也是标本管理中的重要内容。标本的标签至少要有三套，即附在标本上的原始记录标签、表明其存放具体位置的检索卡片以及较详细的质根资料记录。保存完整的卡片系统，能帮助使用标本者准确、迅速地找到想检看的具体对象和相关资料。

原始记录标签记录的信息是标本的名称（以拉丁文学名表示）、采集地、采集日期、分类地位及主要的外形数据。

　　检索卡片主要说明某个标本具体存放在哪个位置。对于标本收藏众多的单位，每件标本均有独立的数字代码，检索卡片有时备有两套，一套存档，一套放在标本所在处。

　　质根资料记录的职能是对原始记录标签的具体化，在标签上不可能详细记载有关标本的栖息环境、生活习惯、食物构成、鸣叫、繁殖及个体特征等。许多情况下，检索者透过检看这部分内容，就能得到想要的资料，而不必查看具体的标本，减少标本受损的机会。

　　所有有关标本的文字资料要真实客观，特别是对标本所附的原始卡片标签不能作随意更改。需要更新标签时，要反复核对内容是否一致。对文字已模糊不清的地方，宁可空缺，也不能凭想象去补全，以免以讹传讹。

　　数字代码是文字资料的扼要补充和联系手段，每种标本均有一个独立的数码，数码所代表的含义要明确，有时凭借数字就能反映出一定的相关情况。标本的类别、采集地及日期均可由特定的数字来表示。例如：用字母 A 表示鸟类，安徽省各市、县代码用 01～99 来表示。假设六安市的代码是 12，那么编号是 A1220025159 号标本的数字可包含有"鸟类标本、采于六安市、是 2002 年 5 月采到的第 159 号"的含义。当然，目前尚无统一的国际标准，各单位各标本室可自行制定一套编号规则，一旦确定，便不能随意更改，同一号标本，在原始标签、检索卡片及资料记录上的代码要完全相同。

　　有计划地对标本进行维护管理也是必要的，常见的维护是熏蒸除虫、放置害虫驱避剂及干燥剂、标本清洁、环境消毒以及残缺修补等，其中以除虫及清洁最重要。

附：我国各地主要标本害虫一览表

我国各地主要标本害虫一览表（1）

名称及归属	分布	形态特征	危害对象	杀灭方法
黑皮蠹 鞘翅目皮蠹科	全国各地	体长 2.8～6mm，赤褐至黑色，全体密生深色细毛。幼虫体长 8～10mm，圆锥形，头大尾小，尾有长毛一束	皮、毛、羽	（1）熏蒸； （2）喷洒； （3）充氮降氧
花斑皮蠹 鞘翅目皮蠹科	除西南外的大部分省区	成虫体 2.4～4mm，椭圆形，深褐色，有光泽，鞘翅近基部、中部及近端部有一条显著红褐色花斑。幼虫纺锤形，体生褐毛，尾毛较长	毛、皮、昆虫标本	（1）熏蒸； （2）驱避； （3）喷洒

（续表）

名称及归属	分布	形态特征	危害对象	杀灭方法
赤毛皮蠹 鞘翅目皮蠹科	东北、华东、华南等地	成虫体长 5～7mm，长椭圆形，暗褐色，头及前胸密生赤褐色细毛，腹节两侧有半圆形黑斑。幼虫体长 13～14mm，圆锥形胸、腹节深黑褐色	皮、毛、羽、骨	(1) 驱避防虫； (2) 熏蒸
拟白腹皮蠹 鞘翅目皮蠹科	东北、华北、西北、华东、广东、四川	成虫体长 6～8mm，椭圆形，深褐色，背板前缘及侧缘有浅色毛带，侧缘毛带基部各有一排卵形黑斑。幼虫圆锥形，胸、腹背深褐，节间及腹面黄白色	皮、毛、羽、角、昆虫	(1) 熏蒸； (2) 充氮
白腹皮蠹 鞘翅目皮蠹科	京、豫、鲁、鄂、湘、川、粤、苏	成虫体长 5.5～10mm，椭圆形、红黑色，前胸背板中央有三个圆形黑斑，腹节两侧各生一个黑斑，其余部分生白毛。幼虫圆锥形，暗褐色，密生黑色粗毛	皮、毛、羽、鳞	(同上)
家庭钩纹板蠹 鞘翅目皮蠹科	全国各地	体长 7～9mm，椭圆形，黑褐色，腹部各节两侧各有一个钩形黑毛斑。幼虫圆锥形，密生黑褐色粗长毛，体节 13 节	皮、毛、羽	(1) 充氮降氧； (2) 药物防虫； (3) 熏蒸
红园皮蠹 鞘翅目皮蠹科	以北方地区为主，闽、湘、鄂亦有发现	体长 3～4mm，倒卵形，赤褐色，前胸背板密生、白、黄、褐色鳞片，两侧色浅，中部色深，腹面密生白色鳞片。幼虫长圆形，黄褐色，头及各体节有黑色粗毛，尾有长毛	羽、皮、毛、昆虫标本	(同上)
小园皮蠹 鞘翅目皮蠹科	辽、京、冀、豫、鲁、苏、沪、川、鄂等地	体箍 2～3mm，卵圆形，深赤褐至黑色，鞘翅上有三条浅色鳞片组成的波状横纹。幼虫纺锤形，腹末三节两侧斜生向上的黑色刚毛	皮、毛、角、羽	(1) 熏蒸； (2) 喷洒
百怪皮蠹 鞘翅目皮蠹科	东北、华北、西北及鄂、赣、粤、川等地	雄成虫身体狭长，体壁至黄褐色，鞘翅柔软易弯曲；雌成虫无翅，触角较短。幼虫棒形，背节后缘有黑色刚毛，受击时卷成球形	皮、毛	熏蒸为主

我国各地主要标本害虫一览表（2）

名称及归属	分布	形态特征	危害对象	杀灭方法
烟草甲 鞘翅目窃蠹科	辽、京、华北、华东、华南	成虫 2.5～3mm，椭圆形，赤褐色，密生黄褐细毛，头隐于前胸下，能上抬，前胸背板从背面看为半圆形。幼虫身体弯如 C 形，体圆筒形有皱纹，体密生白色细毛	各类动植物标本	(1) 驱避为主； (2) 熏蒸
竹蠹 鞘翅目长蠹科	京、津、华东、中原及四川	成虫体长 2.5～3.5mm，红褐至黑褐色，头隐于前胸下不能上抬，前胸背板近似圆形，前缘有锯齿状突起。幼虫头较大而圆，身体弯曲，全体乳白色	竹木标本支架	(1) 浸泡； (2) 烘烤支架； (3) 熏杀
谷蠹 鞘翅目长蠹科	除东北、西北外，遍布全国	成虫体长 2～3mm，细长筒形，暗红至黑褐色，头大隐于前胸下，前胸背板近似圆形，中部隆起，并有小瘤突，鞘翅上有纵列小点纹。幼虫与竹蠹幼虫相似	(同上)	(同上)
中华粉蠹 鞘翅目粉蠹科	中原、华东及西南部分省区	成虫体长 4～5mm，赤褐色，头及前胸背板密生金黄细毛，复眼黑色突出，鞘翅缝区黑色，鞘翅较长。幼虫白色，头、胸部肥大，口器赤褐色、腹末较细圆	(同上)	熏蒸
裸蛛甲 鞘翅目蛛甲科	全国各地	成虫体长 2～3mm，宽卵圆形，红褐发亮，形似蜘蛛。幼虫体弯曲，乳白色，头部淡黄色，上颚黑褐色	动植物标本	(1) 熏蒸； (2) 喷洒
日本蛛甲 鞘翅目蛛甲科	东北、华北、青海、甘肃等地	成虫体长 4.5～4.8mm，赤褐至黑褐色，前胸背板中央有一封明显的黄褐色隆起毛垫，鞘翅近基部及端部各有一白色毛斑。幼虫似裸蛛甲，体色略灰暗	毛、羽	(1) 熏蒸； (2) 喷洒
大谷盗 鞘翅目谷盗科	全国各地	成虫 6.5～10mm。扁平长椭圆形，深黑褐色，头三角形，前背板前缘两角突出，密布小刻点，胸与翅呈颈状连接。幼虫长扁平形，灰白色，头部近方形，腹部较肥大	标本毛绒	(同上)

（续表）

名称及归属	分布	形态特征	危害对象	杀灭方法
大眼锯谷盗 鞘翅目锯谷盗科	全国各地	成虫体长 3～4mm，深褐色，扁长形，头部近三角形，大眼突出，前胸背板长方形，中央有三条纵脊，侧缘有六个齿。幼虫扁平细长，头部横椭圆形	竹木支架、昆虫标本等	(1) 熏蒸； (2) 充氮降氧
赤足椰甲 鞘翅目郭公虫科	鲁、浙、闽、鄂、粤、桂、甘、新	成虫体长 3.5～7mm，长卵形，体深蓝或深绿色，有光泽，足红褐色，体散生稀疏黑毛。幼虫细长圆筒形，白色具紫斑	各类动物之剥制标本、骨骼标本	(1) 熏蒸； (2) 喷洒

我国各地主要标本害虫一览表（3）

名称及归属	分布	形态特征	危害对象	杀灭方法
赤头椰甲 鞘翅目郭公虫科	鲁、鄂、川、粤、桂、闽、甘等地	成虫体长 4～6mm，长卵形，头的前端和鞘翅末端蓝色，背面其他部位，足均为红褐色。幼虫与赤足椰甲相似	（同上）	（同上）
黑菌虫 鞘翅目拟步甲科	全国各地	成虫体长 5.5～7mm，椭圆形，黑色无毛，有光泽，鞘翅上有明显的刻点行。幼虫扁圆筒形，体壁骨化部分黑褐，背中淡浅色	标本之皮、毛及羽	（同上）
褐幽天牛 鞘翅目天牛科	东北、京津、中原、四川、内蒙	成虫体长 25～30mm，褐色、触角丝状，前胸背板中央有一条光滑而稍凹的纵纹，其两侧各有一个肾形凹陷。幼虫粗肥，长圆筒形，略扁，体白色，头胸深色	松、桦木之标本支架	(1) 熏蒸； (2) 浸泡
星天牛 鞘翅目天牛科	除西北、西南外的大部分省区	成虫体长 19～39mm，黑色，前胸背板有侧刺突，鞘翅具小形白斑。幼虫圆筒形，淡肉色，粗而肥胖	各类标本之木架	(1) 熏蒸； (2) 烘烤
黄星桑天牛 鞘翅目天牛科	京、冀、华东、四川、云南	成虫体长 16～30mm，黑色，头部中央及复眼后方有黄纵纹，鞘翅有黄色点斑。幼虫圆筒形，头部黄褐，胸腹黄色	（同上）	(1) 熏蒸； (2) 烘烤； (3) 浸泡

（续表）

名称及归属	分布	形态特征	危害对象	杀灭方法
松褐天牛 鞘翅目天牛科	冀、京、沪、苏、浙、闽、台、粤、桂、湘、川、藏	成虫体长 15～18mm，黄褐色至赤褐色，每一鞘翅具五条纵纹，由方形的灰、黑相间的毛斑组成。幼虫白色，粗肥，长圆筒形	（同上）	（1）浸泡； （2）烘烤
桔褐天牛 鞘翅目天牛科	沪、浙、苏、湖、广、四川、云南等地	成虫体 21～51mm，黑褐至黑色，有光泽，生灰黄色短毛，头顶两眼间有纵沟，鞘翅肩部隆起	（同上）	（同上）
家茸天牛 鞘翅目天牛科	多于北方地区，亦见于山东、四川、上海	成虫体长 9～22mm，棕褐色，生褐灰色绒毛，遍布刻点	危害松、杉、桦、柳等多种木材	（1）熏蒸； （2）烘烤
袋衣蛾 鳞翅目衣蛾科	辽、京、冀、鲁、沪、赣、湘、鄂、川	成虫体长 4.5～7mm，翅展 10～13mm，前翅背面灰褐，反翅黄褐，有光泽。幼虫白色，头部褐色，以所吐丝与纤维织成袋囊	毛、羽	（1）熏蒸； （2）喷洒； （3）充氮降氧； （4）放药驱避

我国各地主要标本害虫一览表（4）

名称及归属	分布	形态特征	危害对象	杀灭方法
幕衣蛾 鳞翅目衣蛾科	（同上）	成虫体长 5mm，翅展 10～15mm，翅浅灰白色，头黄色，幼虫白色，头及第一体节背面深色	（同上）	（1）熏蒸； （2）驱避
谷蛾 鳞翅目衣蛾科	除西北、西南外的大部分省区	成虫体长 5～8mm，翅展 12～16mm，头顶有灰黄色毛，体黑灰色，前翅散生不规则黑斑	标本之皮、毛、羽	（1）熏蒸； （2）充氮降氧； （3）驱避
书虱 啮虫目书虱科	华东、华南、中原、湖广、四川	成虫体长 1～1.5mm，扁平长椭圆形，柔软，黄白色，无翅，头大，腹部肥大	动植物标本	（1）喷洒； （2）驱避
尘虱 啮虫目窃虫科	华东、川陕、湖广	成虫体长 1.5～2mm，淡黄色，复眼较大，黑色，触角丝状	毛、羽	（同上）

（续表）

名称及归属	分布	形态特征	危害对象	杀灭方法
毛衣鱼 缨尾目衣鱼科	全国各地	成长体长 9～13mm，无翅，体被银灰色鳞片，腹末有三根尾鬃，体积由胸至腹逐渐细小。若虫如成虫	毛、羽、皮张	（同上）
家白蚁 等翅目家白蚁亚科	主要见于长江以南	兵蚁头近卵圆形，黄色，头部有一圆窗。长翅繁殖蚁体形较肥，褐色，翅淡黄色	以蛀木为主，兼食各种有机物无机物	（1）喷洒； （2）挖穴； （3）捕杀
黑胸散白蚁 等翅目异白蚁亚科	主要见于长江以南，亦见于辽、京	兵蚁头呈长方形，淡黄色，额平无隆起。有翅繁殖蚁较小，体黑色	（同上）	（同上）
黄胸散白蚁 等翅目异白蚁亚科	两广、江浙、西南部	兵蚁头呈长方形，淡黄色，侧视额隆起，有翅繁殖蚁前胸背板黄色，体形较小，翅相对较大	（同上）	（同上）

说明：

（1）本表所列害虫，仅为在储藏室中可能出现的昆虫，有的直接蛀食标本有机物，有的蛀食标本的竹、木支架，乃至损害标本，非昆虫类不包括在内；

（2）不蛀食标本及附件，但可能对标本保存构成威胁的种类不包括在内；

（3）本表引自谢决明、刘春田著《鸟兽毛皮标本制作技术》。

第八章　电子标本制作

动植物实体标本数量、重量、体积庞大，野外工作中携带、使用都极为不便。随着电脑在我国科研、生产和生活等领域中的广泛运用，构建动植物电子图像标本数据库，携带一台手提式电脑就可以在野外工作中轻松、方便地查阅丰富的动植物形态标本资料，以便更快捷地进行物种鉴定，已经成为当今动植物分类鉴定参考工具中的主流。而电子标本数据库的构建，需要经过图片采集、图片处理、数据库的建立三个环节。

第一节　图片采集

图片采集主要靠照相机来完成。照相机分为光学相机和数码相机。现在数字相机已逐渐替代传统胶片相机，成为摄影师的主要创作工具。因此，我们要加强学习，不仅要掌握数字摄影的技巧，还要了解数字影像的色彩管理等、以适应数字摄影的新时代。

生物图片的采集一般有野生动物摄影和植物摄影、室内标本摄影三种方法。

一、动物摄影（远距摄影）

野生动物是人类的朋友，善待野生动物就是善待我们人类自己，因此我们应该努力保护好我们的朋友。尤其是我们在搞动物摄影的同时，更不能破坏环境、干扰野生动物的自然生存状态以求得所谓特殊效果。当然，野生动物本身也不可能像人一样任你导演摆布，如何搞好野生动物摄影，除了掌握过硬的摄影技巧外，还应注意以下几方面的问题：

①多学专业知识。实践证明，只有掌握了各种野生动物的生活习性，并与之交上朋友，消除它们的防备与敌意，才能真正搞好野生动物摄影。

②与野生动物保持适当距离。

③尽量不干扰野生动物的正常生活。

④尽量少用闪光灯，以免引起野生动物惊恐或愤怒。

以下为野生动物的摄影图片（图 8-1～图 8-10）：

图 8-1　花臭蛙

图 8-2　大绿蛙

图 8-3　竹叶青蛇

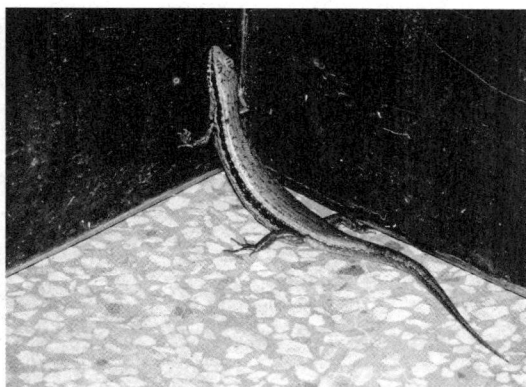

图 8-4　蝘蜓

图 8-5　普通翠鸟

图 8-6　白鹭

图 8-7　红隼

图 8-8　白腰文鸟

图 8-9　白鹭（幼）

图 8-10　黄山短尾猴

二、植物摄影（微距摄影）

　　植物图片标本的拍摄要求分地点、分整体形态和器官结构（含剖面结构、整体结构）进行拍摄，同一种植物在同一片区至少需拍3幅以上图片（即生境型植物整体图片，花、茎、叶、果等特征器官的整体图片及其解剖剖面结构图片）。

　　在拍摄昆虫、植物、花卉等近距离生物时，选用近摄镜、接圈、微距镜头等进行拍摄（如图8-11所示）。

图 8-11　百合

三、标本摄影（室内摄影）

　　室内自然光比室外光线复杂得多，如要利用室内自然光摄影，就应掌握它的规律，以便扬长避短，充分发挥其表现力。

　　室内自然光的一大特点是，光线亮度低，而且变化大。因为室内光线主要来自门窗。影响室内光线亮度的因素很多，比如门窗的方向、大小、多少，墙壁的反光情况，窗外有无遮挡物以及室外自然光的变化等。即使是同一时间，不同的室内有不同的亮度；被摄体离窗户的远近，其本身的亮度也会有明显的改变。由于人的眼睛适应性很强，往往察觉不出这些细微的变化，在拍摄时常出现曝光不足现象。因此，拍摄前一定要准确测光，而且要靠近被摄体的位置测光，以防止曝光失误。

　　室内自然光的另一个特点是，光线方向固定。因室内光线总是从门窗而来，不管室外光线如何改变，照明方向不会发生很大变化。因此，在室内拍摄顺光、侧光或逆光照片，不是以太阳的方向为转移，而是看门窗的方向来定。室内如有多方向的门窗，则可丰富照明效果。可利用被摄主体距离门窗的远近进行调节，有的作主光，有的作辅助光；

还可对背景轮廓、拍摄角度进行灵活选择。

　　室内自然光的第三个特点是，靠近门窗的光线强、反差大，远离门窗的光线弱、反差小。室内景物由于距离门窗远近不同，亮度不同，过渡层次非常丰富。因此，在室内拍摄照片，最好离门窗稍远一些，尽量避免阳光直射。如需要在靠近门窗的位置拍摄，就要想办法利用墙壁或反光板的反光来降低光比。拍摄时还要注意背景的选择，尽量避免杂乱的背景，如果实在避不开，则可使用长焦镜头的大光圈，把背景虚化，以达到画面简洁，突出主体的目的。

　　要表现室内环境、气氛和人物众多的场面时，宜用俯角、逆光拍摄，即站在室内一侧的高处，朝门窗的方向拍摄，曝光要照顾到暗部。

　　以下为标本的室内摄影图片（图8-12～图8-18）：

图8-12　枯叶蛱蝶

图8-13　金凤蝶

图8-14　灰雁

图8-15　龙虾

图 8 - 16　东北虎

图 8 - 17　戴胜

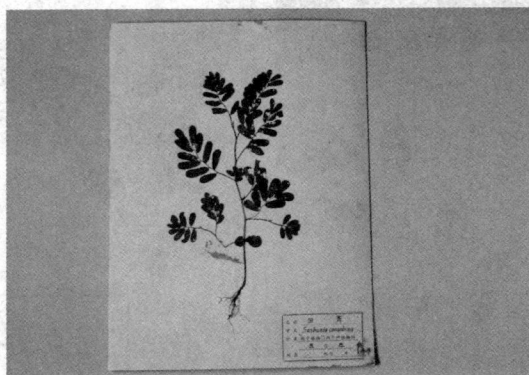

图 8 - 18　田菁

第二节　图片处理

　　Photoshop 是图片编辑最好的软件之一，功能非常强大。

　　把收集到的各种动植物图片放到 Photoshop 等制图软件上处理成同一尺寸标准规格（如：25cm×25cm）的图片，并在图片的空白位置（或适当位置）标注上采集时间、地点、采集人、分布区生境因子、物种名称、鉴定人姓名等相关信息。把制作好的图片储存为同一格式（如 JPG 格式）后，便可放入动植物电子图像标本数据库中。

　　Photoshop 常用工具的使用方法简介如下。

一、画笔工具使用

　　启动 Photoshop 后，单击［文件］→［新建］命令，建立一个 RGB 模式的图像。指定前景色，选择工具箱中的 🖉 画笔工具，在菜单栏下出现如图 8 - 19 所示的画笔工具属性栏。

图8-19 画笔工具属性栏

（1）在属性栏中单击![icon]，弹出画笔设置对话框，指定画笔尺寸为20px，在图像窗口中按住鼠标左键拖动画一线条，再按住鼠标左键后，同时按住＜Shift＞键拖动画一线条，比较画出的两线条有什么不同。

（2）在"不透明度"文本框中输入1％～100％的数值，或拖动![icon]滑块调整不透明度，绘出以下几种不透明度值的线条：

不透明度为00％

不透明度为50％

不透明度为20％

（3）单击属性栏最右侧的![icon]按钮，弹出如图8-20所示"画笔压力"对话框。

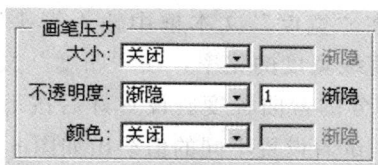

图8-20 "画笔压力"对话框

选择"渐隐"并在文本框中输入渐隐的步长值。完成以下几种不同渐隐选项的线条效果：

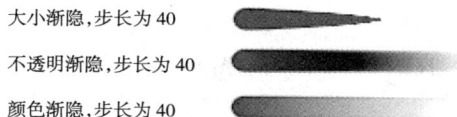

大小渐隐，步长为40

不透明渐隐，步长为40

颜色渐隐，步长为40

二、形状绘制工具组的使用

形状绘制工具组包括矩形、圆角矩形、椭圆、多边形、直线、自定义形状等6种工具。

1. 多边形工具的使用

（1）单击工具箱中的矩形按钮![icon]不放，将显示出如图8-22所示的形状绘制工具组，选择多边形工具，在菜单栏下出现多边形工具属性栏，如图8-21所示。

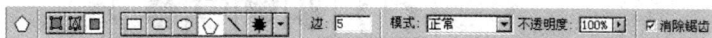

图8-21 多边形工具属性栏

图8-22 形状绘制工具组

（2）在"边"文本框中输入多边形的边数为8，单击 按钮，弹出"多边形选项"对话框，如图8-23所示，输入不同的缩进边比例，绘制如图8-24所示的多边形。

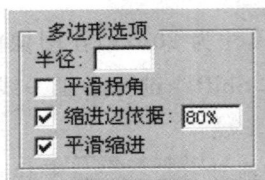

图8-23　"多边形选项"对话框

图8-24　绘制多边形

2. 直线工具使用

（1）选择属性栏中的直线工具按钮 ，在属性栏的"粗细"文本框中输入直线的宽度，在图像上拖动鼠标即可绘制直线。

（2）单击属性栏 中的 按钮，弹出"箭头"对话框，如图8-25所示，选中"起点"复选框，则绘制线条的起点处带箭头；选中"终点"复选框，则在线条的终点处带箭头。在"宽度"文本框中输入箭头宽度与直线宽度的比率，在"长度"文本框中输入箭头与直线宽度的比率，在"凹度"文本框中输入－50％～50％之间的一个值以设定箭头最宽部分的弯曲程度。设置好后按下鼠标左键拖动，即可画出双向箭头，按<Enter>键确定。试着设置不同的值绘出如图8-26所示的几种箭头。

图8-25　"箭头"对话框

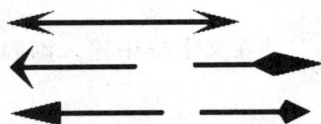

图8-26　设置不同值绘制箭头

3. 自定义形状工具的使用

选择属性中的自定义形状按钮 ，单击 按钮，弹出"自定义形状选项"对话框，如图8-27所示。单击 形状 右边的 按钮，弹出如图8-28所示"形状列表"，从中选择一些图形，按下鼠标拖动绘制。

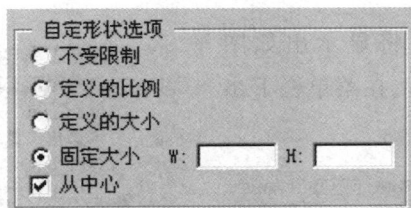

图8-27　"自定形状选项"对话框

图8-28　形状列表

三、选框工具组的使用

使用选框工具组可以选择四种形状的区域：矩形、椭圆形、竖线和横线。

1. 创建选区

选择工具箱中的矩形选框工具 [ ]，出现如图 8-29 所示的工具属性栏。

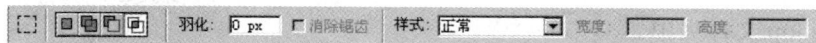

图 8-29　矩形选框工具属性栏

（1）将鼠标移到图像窗口中拖出一矩形选区，单击添加到选区按钮 [ ]，光标变成 ＋+ 形状，再选择椭圆选框工具，在选区的右下方拖曳鼠标增加一个椭圆选区，如图 8-30 所示。

（2）单击从选区中减去按钮 [ ]，在图中拖动鼠标减少一个椭圆选区，如图 8-31 所示。

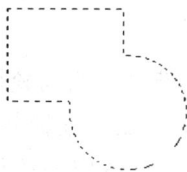

图 8-30　增加一椭圆选区　　图 8-31　减少一椭圆选区

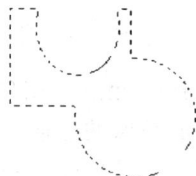

（3）选择一种前景颜色，按〔Alt〕＋〔Delete〕键填充选区。

2. 羽化选区

（1）任选一图像文件打开，选取工具箱中的椭圆选框工具 [ ]，并在属性栏中设置羽化值为 80（可以根据需要设置），如图 8-32 所示。在图像上拖出一椭圆选区，如图 8-33 所示。

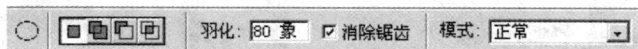

图 8-32　椭圆选框工具属性栏

图 8-33　建立椭圆选区

（3）单击菜单［选择］→［反选］命令。选择背景色为白色，按［Delete］键，就可以得到如图8-34所示的羽化效果。如需进一步羽化，继续按［Delete］键。

（4）将文件以文件名 Treenew.jpeg 另存到 D 盘的 Photoshop 文件夹中。

图 8-34　羽化效果

四、套索工具组的使用

套索工具组包括套索工具、多边形套索工具和磁性套索工具。

自选图片文件，选择工具箱中的套索工具 ⌀，出现套索工具属性栏，如图 8-35 所示。

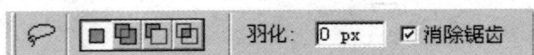

图 8-35　套索工具属性栏

（1）在图像中选择一起点，按住鼠标左键不放，沿着小狗的轮廓拖动，当鼠标指针回到起点位置时，完成图像的选取，如图 8-36 所示。单击［编辑］→［复制］命令，复制选区中的图像。再单击［编辑］→［粘贴］命令，把选区中的图像粘贴的到当前图像文件的一个新图层中。

（2）选择工具箱中的移动 ⊹，将新粘贴的图像移动到适当的位置。效果如图 8-37 所示。

图 8-36　建立选区

图 8-37　复制并粘贴选区

（3）将文件以文件名 Dognew.jpeg 另存到 D 盘的 Photoshop 文件夹中。

（4）任选一图像文件打开，利用多边形套索工具将其中的部分图像选取、复制、粘贴到另一图像中，将完成后的图片以 jpeg 文件格式保存到 D 盘的 Photoshop 文件夹中。

五、移动工具

方法一：选择移动工具后（或按 V），选中所要移动的图片后移动到目标位置。也可用方向键进行微调。

方法二：按住 CTRL 后，可临时转移到移动工具，再用鼠标选中对象后进行移动。

可以移动文字、图层等对象。

六、缩放工具

它在 Photoshop 中起到的作用是对图片细节的观察，以便以后进行修饰。

方法一：在工具箱中选择"缩放工具"，然后用鼠标在图片上操作。当选择"缩放工具"后，上面的选项栏就发生了变化。选中各项后观察一下效果。

方法二：使用快捷键 Z——再用鼠标放大——缩小时按 Alt＋点击

方法三：用浮动工具栏上的导航器操作。

缩放有个限制：最大为 16 倍，最小为一像素。

七、抓手工具

抓手工具用于方便的对图像进行移动。

方法一：按 H 选中抓手工具，移动鼠标即可。

方法二：用鼠标移动导航浮动条中的红方框也可。

八、文字工具

在 Photoshop 中，可以使用文字工具，把文字添加到图像中。掌握这一工具不仅可以把文字添入到图像中，同时也可以产生各种特殊的文字效果。使用文字变形工具可以使文字弯曲或延伸。

选择文字工具，用鼠标点击文档。文字工具提供了许多有关输入文字和文字外形的选项，如图 8-38 所示：

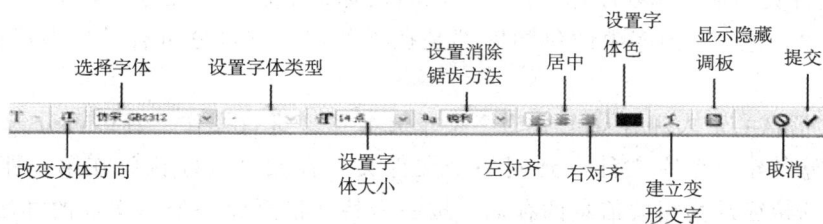

图 8-38　文字工具选项栏

在工具箱上面，文字工具有四种，即横排、直排、横排文字蒙版和直排文字蒙版，它们的快捷键为 T，可按住 Shift＋T 键将这文字工作进行转换。

第三节　电子标本数据库的建立

当前，信息化热潮正在席卷全球。从工业经济到信息经济，从工业社会到信息社会，在这个动态演进过程中，信息化逐步上升成为推动世界进步的新标志。一个国家的信息化程度，代表着其社会生产力的发展水平，也决定着这个国家的实力和地位。这场由新技术革命引起、导致新的产业革命的重大变革，正在对政治、经济、科技、教育、文化、军事各个领域产生巨大而深远的影响。在这个大背景下，我国的数字化建设也被科技工作者提上了日程，其中我国生物多样性信息系统的建设虽起步较晚，但由于我国政府的重视和科研人员的努力，开展了一系列的研究建设工作，我国生物多样性数据库的开发现已具有一定的基础，并逐渐向着成熟的方向发展。电子标本数据库主要研究生物标本管理中信息化和网络化的理论和方法，它对解决标本管理中存在的数据分散、保存方法落后、查询困难、利用率低等都具有重要意义。

一、数据库的功能要求及建库方法

（一）电子标本数据库的功能

动植物电子图像标本和档案数据库需具备物种的拉丁学名和中文名、分类地位、生物学特征、保护级别、生活习性、自然分布等内容。

（二）建库方法

1. 数据库结构

数据库的构建主要应处理好以下方面：① 数据库容量要大；② 数据的录入要具备添加、修改、删除等基本的编辑功能，使数据库的内容可随时得以补充、错误随时得以更正；③ 数据库中的数据要可分可合，即数据库中的数据既可以分成多个单元库进行录入、阅览，也可以把所有已录入的单元库合并在同一个库中进行存储、录入和阅览（即成品库）。

例如：现已经有 20 个科植物的所有相关文字和图片信息，而且这些信息凭一张普通光碟的容量无法存储，要把它们录入到植物图库中，可以作如下编程思考：

① 以文件夹的形式构建图库，把每幅图自动标记上识别特征号后以单个文件的形式存储到图库中。这样，图库中的每幅图都是孤立的，具有可分可合性，即可分机录入，分碟存储。

② 文字信息的录入和存储可分为多个单元数据库进行操作。具体可分为：科、属、种的名称存储各建一个库文件放到同一个文件夹中存储（最好存放在第一张光碟上）；科、属、种的特征及其相关信息的存储，按一个特征信息建一个库文件的办法，建多个库文件存储到一个文件夹中。如此方法建库，既可避免空存，充分利用存储空间，又可使数据信息分机录入和存储。20 个科植物的信息就可分给 20 个人在 20 台电脑上同时录入，录入完毕，把录入材料合并到一台电脑上的同一套数据库中，形成完整的库，链入网站供用户查用。同时，根据一张光碟的基本容量大小，把完整的库文件分成几个部分进行刻录备份和供非网络用户使用。

2. 查寻结构

查寻方便与否，关系到软件开发质量的高低。方便、简捷、快速的查寻功能，是用户所向往的。

查寻信息可通过信息查阅目录树进行检索式查寻，也可以通过信息查寻框进行直接查寻。

（1）信息查寻框可设计为：输入所要查寻信息（科、属、种）名称的第一个字（中文或拉丁文）→按相应按钮→显示相关信息。例如，要查看杉木的营造林技术信息档案，可作如下操作：① 在信息查寻框中输入"杉"字后按"种名查找"按钮。② 在文本显示框中显示以"杉"字开头的所有已收录物种名称的中文和拉丁文学名。③ 从文本显示框中选择复制要查看种的拉丁文全名（*Cunninghamia lanceolata*）或中文全名（杉木），然后粘贴到信息查寻框中，再按"种名查找"按钮。以上步骤可缩略为一步完成：直接在信息查寻框中输入所查物种的中文和拉丁文全名（该名称要求与建库录入时的名称一致）后，按"种名查找"按钮即可。④ 只显示所要查寻物种的中文全名或拉丁文全名。⑤ 按"种信息查阅"按钮。⑥ 显示所查物种生物、生态学特征介绍窗口。⑦ 显示该物种的相关图片和营造林技术信息档案（即预查内容）。

（2）信息查阅目录树按钮的设计结合《中国动物志》和《中国植物志》的分类系统进行编排。

（3）"所选物种生物、生态学特征介绍"窗口，要求详细介绍该物种的生物、生态学特征及其分布区主要生境特征、图视标本采集地的详细生境特征、种群分布状况、保育现状、功用价值等相关信息。

二、数据库的共享功能

通过菜单中特定按钮（隐藏式）或点击相关快捷键，可以把数据库转化为不同的格式，实现与各类数据库格式间的共享。

随着计算机在我国各领域的普及，信息电子化已成为时代的主题。只要收录的信息科学、准确，那么该数据库软件的开发使用，将会给相关行业的用户带来事半功倍的成效。

第九章　生物标本制作实验

实验一：植物叶脉标本制作

一、实验目的

了解输导组织的形成特点及生理功能；通过叶脉标本的制作，加深对维管组织、维管束的认识。

二、实验材料和用具

天平、玻璃棒、烧杯、石棉网、电炉、牙刷、镊子、各种染液、彩色丝线、氢氧化钠、无水碳酸钠以及桂花、含笑、香樟等新鲜树叶和印有标签的台纸、塑封皮等。

三、实验操作

1. 叶片的采集

输导组织是被子植物体内的一部分细胞分化成的管形结构，细胞长形，常上下连接，形成适于输导的管道贯穿于植物体各器官之间，专门运输水溶液和同化产物，对于植物的生理活动起着极为重要的作用。

叶脉为叶片中的维管束，主脉和大的侧脉是由维管束和机械组织组成。木质部位于向茎面，由导管、管胞组成。韧皮部位于背茎面，在维管束的上下方，常有厚壁或厚角组织包围，这些机械组织在叶的背面最为发达，侧脉越分越细，构造也越趋简化，最初消失的是形成层和机械组织，其次是韧皮部组成分子。木质部的构造也逐渐简单，到了叶脉的末端，木质部中只留下 1～2 个短的螺纹管胞。

叶脉有以下类型：羽状网脉、掌状网脉、直出平行脉、羽状平行脉、辐射脉、弧形脉、二叉脉等，但适合制作叶脉标本的主要是具有网状叶脉的叶片，如桂花、含笑、香樟的叶片。

2. 制作叶脉标本的操作步骤

叶肉遇到腐蚀性液体就会发生腐烂，经过加热，它会腐烂得更快，叶脉比较坚韧，不容易被腐蚀。因此，可以将一些叶片坚硬、叶脉坚韧的树叶制成叶脉标本。

（1）把约 1000mL 水倒入烧杯，在水中加入 25g 碳酸钠和 35g 氢氧化钠，把烧杯搁在石棉网上，用电炉加热，煮沸溶液。

（2）把挑选好的树叶浸没在溶液中，继续加热煮沸 15min 左右，用玻璃棒轻轻搅动，使叶肉腐蚀均匀。

（3）当叶片变色、叶肉酥烂时，用镊子取出叶片，用清水冲去碱液。

（4）冲洗后的叶片，放在玻璃板上，用牙刷在流水中轻轻地刷洗叶片的正面和背面，刷去叶片的叶肉部分，露出叶脉，再用清水洗净，沥去水滴。

（5）把叶脉平放在旧书或旧报纸里吸取水分并压干。

（6）取出压平的叶脉片，待叶脉干透后，用毛笔在叶脉两面涂上水彩颜料（也可不染色），稍干后再压平。

（7）取出染上颜料的叶脉片，在它的叶柄上系一条彩色丝线，就得到了一张精致美丽的叶脉书签（标本）了。

（8）上台纸。在台纸上，摆好叶脉，在右下角标签里填上植物名称、采集日期、制作日期、制作人姓名等信息。

（9）过塑。将摆好叶脉的台纸夹在塑封皮中，过塑机上进行塑封。

四、作业

（1）制作1～2个叶脉标本，每人交1份塑封的叶脉标本。

（2）简述叶脉标本制作步骤。

（3）加热烧杯时，应该注意哪些问题？

实验二：植物蜡叶标本制作

一、实验目的

掌握植物蜡叶标本的制作方法，了解植物标本的消毒原理。

二、实验材料和用具

标本夹、麻绳、吸水纸、棉絮、台纸、标签、硬木条、枝剪等。

三、实验操作

1. 采集

选择采集对象，用枝剪采集并修剪，切勿用手随意折断枝条。注意保留花或果实等分类依据。

2. 压制

将标本夹的一扇放在地上，铺几层吸水性强的草纸，把采集来的标本放在纸上整理姿态，枝、叶、花的正面向上展平，长的枝条剪短，或折成几折放置，部分叶片可以翻转，使叶的正反两面都能看到。枝、叶、花不要相互覆盖，叶片太多可以剪除部分，尽量使标本姿态恢复自然，放上标签。这样层层摆放，每件标本上都要放有吸水纸，积集到一定数量，把另一扇标本夹压上，用麻绳捆紧，放通风干燥处晾干。

（1）根、果实等粗大标本的压制，用纸把枝叶部分垫起来，垫的厚度与粗大的部分相等，以免叶子受不到压力而皱缩。

（2）带硬刺标本的压制，先用木板把硬刺压平，再放到标本夹里压制。

（3）针叶树标本的压制，先把针叶树枝条浸泡在开水里烫一下，捞出沥干水后再压制，以防止针叶散落。

(4) 花等柔软组织的压制，多放吸水纸或棉絮，将花垫起。茎叶肥厚的植物含水分多，如先在沸水中烫一下，再压制，就能缩短压制时间。

3. 干燥

已压好的标本夹，放在通风干燥处，让标本吸水干燥，初期要勤换纸，每次换下来的纸，都应该及时烘干或晾干，以便下次再用。开始的几次换纸，要仔细进行标本姿态的整理，尽量做到合乎自然状态。具体换纸时间如下表：

操作	第一天	第二天	第三至七天
换纸	4 次/天	2 次/天	1 次/天

操作中勤换纸。植物标本干燥的越快，就愈能保持原有的色泽；干燥的慢，特别是阴雨季节，容易引起标本的生霉变色。为此除了勤换纸外，在标本已压制 2～3 天后，可用电熨斗烙烫。烙烫时注意电熨斗不能直接与标本接触，要在标本上垫上几层吸水纸或纱布；电熨斗要不时移动，以免将标本局部烫焦。

4. 消毒

压制好的植物标本如果要进行长期保存，在装订前还要对标本进行消毒。如果不是永久保存的标本，仅是学生实验，练习操作而已，可以省略消毒步骤，这样即可以避免汞的升华污染，又可以降低实验成本，缩短实验时间。植物标本的消毒主要是用升汞酒精溶液或紫外线杀死标本表面的微生物、虫卵或幼虫，常见消毒方法有以下两种：

(1) 干制标本＋1％升汞酒精溶液消毒。

(2) 紫外光灯光照消毒。

5. 装订（上台纸）

已经完全干燥的标本，放在较硬而洁白的台纸上，台纸大小约 $20 \times 27 cm^2$，每张台纸上放一份或几份植物标本。标本在台纸上的摆放要注意美观，使其具有科学和欣赏价值。标本在台纸上的固定有以下 4 种方法：

(1) 针线固定；

(2) 白乳胶固定；

(3) 纸条固定；

(4) 透明胶带固定。

6. 贴标签

标本在台纸上固定好后，在台纸的右下角贴上标签，写明植物学名、采集日期、地点、采集人和鉴定人等。

四、作业

每人交植物蜡叶标本一份。

实验三：植物干花标本制作

一、实验目的

掌握花的结构及植物干花标本的制作方法。

二、实验材料和用具

珍珠岩、带细孔的纸箱、带有网眼的塑料容器、透明玻璃容器或有机玻璃容器、解剖针、乳胶以及月季、康乃馨等花卉。

三、实验操作

（1）剪取月季花。选择天气晴朗的日子，在上午 10：00～下午 5：00 时，剪取花朵较好、颜色艳丽、未彻底开放、叶片、花瓣上没有露水、带 2～3 片复叶的月季花。

（2）包埋月季花。先在包埋容器的底部，放一层珍珠岩或沙子，将花柄插入。然后向容器内缓缓注入珍珠岩或沙子，包埋月季花。在包埋过程中，注意保持花的本来姿态。完全包埋后，将其放在通风干燥处，自然风干两周。

（3）整形。密封干燥两周后，倒出珍珠岩或沙子，若有个别花瓣脱落，可用解剖针蘸少量乳胶黏合。在盛放月季花容器的底部，放一块 2cm 左右厚的泡沫塑料板（为了好看，上面可粘一层吹塑纸），贴上标签，选择干燥后叶片和花朵颜色较好、形态自然的月季花，插入容器的泡沫塑料板内，将其固定好，放入干燥剂（如硅胶、无水氧化钙），密封即成。

四、作业

每 2 人一组，交一份植物干花标本。

实验四：蝴蝶标本制作

一、实验目的

掌握蝶类展翅标本及过塑标本的制作方法，了解常见昆虫标本的制作。

二、实验材料和用具

捕虫网、昆虫针、毒瓶、展翅板、植物蜡叶标本、铅笔、水彩笔、打印好的台纸、塑封皮、固体胶水、镊子、剪刀、塑封机等。

三、实验操作

1. 蝶类展翅标本制作

将捕到的蝶类隔着捕虫网捏住其腹部后，再捏住其两对鳞翅的反面（这样蝶翅上的片就会少落点）。将蝶类放入毒瓶或放入三角纸袋（用手捏其胸部）。当蝶类死亡后，及时（当天）移出毒瓶，并在展翅板上展翅。昆虫针由中胸的中部插入；展翅时，第一对翅的后缘与体轴垂直；棒状触角向前；如有可能，使前足向前、中足向体左右、后足向后。展好翅的蝶类（昆虫）放在阴凉通风处干燥，5～7天后，待昆虫完全干燥，即可将蝶类从展板上取下，移入昆虫标本盒里收藏，需常年保存的标本应在标本盒里放置樟脑精块。

2. 蝶类过塑标本的制作

（1）用镊子从蝶类前后两对翅的基部取下两对鳞翅。

（2）在白纸上按真实大小、形状、颜色绘出该蝶的躯体部分。

（3）剪下画的躯体部分，以固体胶粘贴于台纸上，在躯体左右将摆放两对翅的位置涂抹少量固体胶，先粘贴前翅，务必使前翅后缘与体轴垂直，再粘贴后翅。

（4）从蝶类触角的茎部取下触角，并在台纸上摆放触角的地方涂少许的固体胶后再放上触角。

在对蝶的整体进行塑封时有两种方法：

① 将已针插干燥的蝶类标本放于蒸汽上还软后迅速压扁其腹部，待标本再次干燥后摆放在印好的台纸上即可。

② 如果用刚捕捉的蝶类整体进行塑封，首先要压平蝶的头胸腹三部分，然后再进行针插、展翅，待标本干燥后上台纸即可。

（5）在台纸的相应的部位放上植物蜡叶标本并固定，写好标签；

（6）选择大小合适的塑封皮，将台纸小心地放入塑封皮里，上机过塑两次，1份精美的蝶类标本就制作完成了。

四、作业

每2人一组，交一份过塑的蝶类标本。

实验五：动物浸制标本制作

一、实验目的

了解浸制标本的制作方法，掌握动物整体及内脏组织浸制标本的制作。

二、实验材料与用具

牛蛙或鱼、甲醛、乙醚、浸制标本瓶、瓷盘、玻璃、玻璃刀、直尺、针、线、标签、量筒、剪刀等。

三、实验操作

1. 整体浸制标本制作

（1）标本的选择及处理。选择外形完整无缺、大小适中的动物，以活体或刚死不久的动物为好。如果是活体用乙醚麻醉致死。体型较大的动物不适宜做浸制标本，如要做浸制标本需要特别处理，有时即使做成了浸制标本，也没有标本瓶装。

（2）测量及记录。测量体长、体高等常规数据，并选择大小合适的标本瓶。

（3）整理姿态。250克以下小个体动物不解剖，较大个体动物要解剖取出内脏，并填入适量纱布或药棉缝合。在蛙板或泡沫塑料板上将动物固定进行整理姿态，蛙背部朝上，爬在蛙板上，头颈下垫一团棉絮，使头部抬起，呈自然捕食状态，口内填少许棉絮使口微张。前肢、后肢和躯干按自然状态摆好，用大头针固定指、趾。如是鱼，则侧卧，用纸板将展开的鳍夹住，在纸板边缘用回形针别紧。

（4）防腐固定。将整理好姿态的动物用10％甲醛固定一周，小型标本中间不更换固定液，中型动物中间要更换固定液1～2次，直到浸泡液不再呈黄色为止。

（5）装瓶。选择比动物略大的标本瓶，裁取宽度比标本瓶直径略小、长度比标本瓶高度略小的玻璃板，玻璃板的边缘用砂轮打磨光滑，以防割断固定用的丝线。在动物的四肢处各穿入一道丝线，并将它缚扎固定在玻璃板上。然后用橡皮加工出4块中间有凹槽的固定垫片，将两块垫片嵌垫在与瓶底接触的玻璃板上，另两块嵌插在玻璃板的两侧，其目的是将玻璃板与标本瓶接触紧密，防止玻璃板在瓶中晃动。

（6）密封保存。向标本瓶中注入10％的甲醛溶液，静置一段时间，用毛笔轻刷瓶壁气泡，待稳定后盖紧瓶盖，用石蜡封口。封口后用一层纱布盖在瓶口上，再用一层塑料薄膜盖在纱布上，用蜡线围绕标本瓶口缚扎，然后用两手使劲下拉薄膜，在离瓶口处扎紧线，剪去外露纱布、薄膜，贴上标签，这样一份正规的动物浸制标本就制作完成了。

2. 内脏组织器官浸制标本的制作

（1）标本的选择与处理。制作这类标本的材料可取自整体固定材料或新鲜尸体。摘除器官时要保持器官的完整。

（2）防腐固定。整体固定的材料，灌注防腐固定液1～2周后，可进行解剖，摘取需要的内脏。新鲜的器官，在取出后应对周围的软组织进行清理，冲洗血水后放于适当容器中，加10％福尔马林溶液浸泡。浸泡时为保持器官原有的形态，可在容器底部依据器官表面的凹凸进行衬垫，以防止器官变形。浸泡期间可用脱脂棉吸水后覆盖在器官表面，防止标本浮出液面，导致腐败、干燥而影响质量。固定时间5～10d，待标本充分固定后，即可取出。

（3）装瓶保存。各种器官浸制标本由于显示的内容不同，制作方法也因此而异。但相同的是都要裁取合适的玻璃板，将标本固定、装瓶、密封、贴标签等。

四、作业

4人一组交浸制标本一份。

实验六：蟾蜍骨骼标本制作

一、实验目的

学习脊椎动物骨骼标本的制作方法，增加对蟾蜍骨骼系统的认识，掌握蟾蜍骨骼标本的制作。

二、实验材料与用具

解剖盘、乙醚、药棉、解剖针、0.5％～0.8％的NaOH溶液、汽油、5％的H_2O_2溶液、泡沫塑料板或 PC 板、大头针、502 胶水等。

三、实验操作

1. 动物的选择

选择体型较大、外形完整的蟾蜍，将蟾蜍置于密封的标本瓶里，用乙醚麻醉致死，快速地从腹部剪开，用剪刀或探针刺破心脏放血，放血的动物骨骼要白净些。

2. 剥皮

将蟾蜍置于解剖盘中，用剪刀剖开腹面皮肤，切勿剪取胸部肌肉，以免剪坏剑胸软骨，然后将皮肤剥离。在头部后方有一对发达的耳后毒腺，分泌的毒液中有蟾酥，所以剥皮是要避免溅及眼睛引起疼痛，耳后腺下的软骨片可以不要。剥皮时头部背面皮肤贴骨骼较紧可用指甲、刀片细心刮去，一时难以刮尽，可在水中泡一会，再继续刮。四肢皮肤要剥到指、趾端。

3. 除去内脏

剪开腹腔，除去内脏，注意区别雌雄，两栖类的性别应在腹腔内脏中区分。

4. 剔除肌肉

由于两肩胛骨无韧带与脊椎相连，所以必须在第二、第三脊椎横突上把左右肩胛骨连同肢骨与脊椎分离，使整体骨骼分成两部分，小心地把附着于全身骨骼上的肌肉基本上剔除干净。在剔除荐椎横突与髋骨相关节的肌肉时，应特别小心，宁可暂时多留一些肌肉和韧带，避免躯干与腰带相关节的韧带分离，同样也应注意四肢指、趾骨的剔除。

5. 腐蚀和脱脂

将骨骼冲洗干净，浸入 0.5%～0.8%氢氧化钠中约 1～3d 后取出，在清水中洗去残液，再把残留在骨骼肌上的肌肉剔除干净，蟾蜍的骨骼一般可以不通过汽油脱脂而直接进行漂白，只是漂白后效果不是很好。如进行脱脂，将蟾蜍骨骼浸泡在汽油中 1～2d，脱脂后骨骼表面附着的油污，必须认真清洗，以减小漂白难度。

6. 漂白

实验中常将骨骼浸于 5%的 H_2O_2 溶液中 30～60min 进行快速漂白，但快速漂白的效果不是很好。常规是将骨骼浸于 0.5%～0.8%过氧化钠中约 2～4d 待骨骼洁白后取出，漂白效果好，但时间较长。漂白好的骨骼标本用清水冲洗干净后，在骨骼尚潮湿时立即进行整形。

7. 整形

取一块比标本稍大的泡沫塑料板或软质木板，下面涂一层白蜡或贴一张薄膜，把骨骼放在其上，并把蟾蜍的躯体和四肢的姿态整理好后，用大头针固定在泡沫塑料板上，这样可防止在干燥的过程中变形。注意整形时，大头针不能从骨缝间插入，否则标本干后，用力取大头针时标本会散架。在下颌和胸椎骨下面，用纸团垫起，使其呈生活时头部抬起的扑食状。

前肢及肩带按原位置放在第二、第三颈椎横突的两侧，待干燥后用 502 胶水或白胶粘上。前肢的腕、指骨和后肢的蹼趾骨均需在板上整理放直，为不使干燥后变形，最好在各足上加上一块 1cm 厚薄的塑料，用大头针固定。将摆好姿态的骨骼放在阳光下晒干或放于通风处干燥，待骨骼完全干燥，除去各部大头针，此时骨骼"爬"在泡沫塑料板上。

8. 装架

取完全干燥的骨骼标本，在骨骼表面刷涂清漆，以便于日后的清洗，同时还有防霉、防虫作用，然后将骨骼放在标本盒里。蟾蜍可"爬"在标本盒里；也可以在坐骨处钻一与 20 号铁丝直径相等的孔，取一根大约 16cm 的 20 号铁丝，由小孔穿入一半（8cm），然后弯曲扭成绳状，固定在台板上，使标本站立。为方便观察，若能按标本大小做一木盒，前后两面装上玻璃，则标本置入其中既能得到保护，又美观。

四、作业

4 人交一份蟾蜍骨骼标本。

实验七：鸟类剥制标本制作

一、实验目的

了解鸟类标本的剥制步骤以及四肢的肌肉与骨骼走向，掌握鸽子标本的剥制方法。

二、实验材料与用具

解剖器、骨剪、钉锤、铁丝钳、铁丝、大号搪瓷盘、棉花、纱布、竹绒、针线、毛笔、笔记本、义眼、标签、台板、清水漆、石膏粉、家鸽等。

药品配比：肥皂：三氧化二砷：樟脑：明矾＝5：4：1：1

三、实验操作

1. **标本的选择和处理**

不论死体或活体，都必须羽毛完好，四肢、喙、足完整无损，尽量用湿棉花揩去体表污迹。如是活体，在剥制前 1～2h 处死，使血液凝固，避免制作时血液外流，污染羽毛。处死方法主要是麻醉或窒息而死，不留外伤。死鸟标本，要严格检查，如已腐败不能使用。

2. **标本的测量和记录**

鸟类剥制前进行的测量和记录，主要是为后期整形提供依据。常规测量的数据有：

体长：嘴端至尾端。

尾长：尾羽基部至最长尾羽尖端的直线距离。

翼长：翼角（即腕关节）至最长飞羽先端的直线距离。

跗蹠长：胫骨与跗蹠关节后面的中点，至跗蹠与中趾关节前面最下方的整片鳞的下缘。

另外还有腿长、胸高、胸宽、颈长、颈围粗细等。

3. **鸟类皮肤的剥离**

（1）胸部剖口。用湿棉球打湿腹部羽毛，挑出中缝，从嗉囊至龙骨突后缘沿中线切开，把皮肤切口向左、右剥离至两肋。

（2）剪颈。在切口前端嗉囊前方，拉出颈椎，剪断颈椎。左手拎起连接躯体的颈椎，右手按着皮缘慢慢剥离肱骨和肩部之间的皮肤。

（3）剪四肢。肩部皮肤剥离至两翼基部时，从肱骨中间连骨带肉剪断，翼内肌肉等整个躯体剥离后再处理。继续剥背部和腰部，腰背部皮肤紧贴骨骼，剥腰时要特别小心。剥至后肢时褪出大腿，翻剥至胫骨，并在股骨和胫骨之间关节处剪断（附着在胫骨上的肌肉则在胫跗关节出剪断）。

（4）剪尾。继续向尾部剥离，剥至尾的腹面泄殖孔时，用刀在直肠基部割断，背部剥至尾基部。尾脂腺露出后，用刀在尾部骨末端剪断，如剪得正确，剪断后的尾部内侧皮肤呈"V"形。

（5）剔除肌肉。鸟类皮肤剥离后，取出鸟的胴体，进行皮肤上残留肌肉的剔除。

① 头部肌肉的剔除：剥到枕部，两侧出现灰色耳道，即用刀紧贴眼眶，割离眼睑边缘的薄膜（镊子从眼眶边沿伸入，取出眼球），最后剥至喙基部为止。枕骨大孔处剪下颈椎，取出脑组织。

② 翼部肌肉的剔除：用刀剥离肱骨上残留的肌肉，用手指甲（或刀柄）紧靠尺骨，慢慢剥附在尺骨上的羽根，剔去桡骨与尺骨间的肌肉。若做展翅的标本，应从翼下切开，剔去肌肉切勿将羽根刮离尺骨，否则飞羽下垂，无法做成展翅标本。

③ 腿部肌肉的剔除：胫骨上肌肉的剔除与肱骨相同，在脚掌中心的脚垫位置，剪开一小口，以备铁丝穿过。

④ 尾部肌肉的剔除：用刀刮或用剪刀剪去在尾综骨和尾羽根周围的骨肉、脂肪及尾脂腺，在尾羽根部，不要像剔牙那样逐个剔除羽根间的肉，防止羽根分离，尾羽脱落。

（6）剔除脂肪。全部剥褪工作完成后，剥除皮内的残脂碎肉，否则以后油脂必然渗出，污染羽毛，致使腐烂和虫害。

4．涂防腐剂

皮内依次均匀涂擦防腐药膏，尾部肌肉难以全部剔除，可分多次涂擦，另外眼窝、脑颅腔内也要涂药。

5．充填

（1）支架制作

剪1长1短两根铁丝，短铁丝的长度是鸟头顶至脚的长度再加3～4cm，长铁丝的长度比短铁丝再增加4cm。两根铁丝一端并齐，用钳子在短铁丝的2/3处扭绞5～6转，先将一端不齐的2根铁丝前后拉直成一直线，长的一端做头颈支架，短的一端做尾部支架。然后将一端并齐的两根铁丝向左右分开与扭绞线在同一平面上垂直，再视鸟的大小，将两根铁丝垂直折向前方做脚的支架。如做展翅标本还要剪取1根铁丝做翼部支架，长度是（翼长＋3～4cm）×2，把展翅铁丝的中央部分与原支架的扭绞处再次扭绞。支架的安装顺序：头颈→两腿→两翼→尾部。

（2）充填

① 充填的原则是嗉囊部要少填，胸部要丰满，腹部要填起，背脊部要显示，腿部要

丰满，形态要逼真。一次充填得不要过多，要少填多次，显出细微，松紧、虚实要适量。

② 充填顺序是鸟尾部、腰部、支架背面的充填→腹部、两腿外侧的充填→头颈部支架背面的充填→胸部两侧充填→下颌、颈部、腹面充填→开口缝合。

6. **整形、上台板**

常态标本造型：把鸟的翅膀收拢起来，将两腿摆正伸直，略有弯曲；折窝颈部使头抬起，若躯体过宽过肥，则将两侧向中间挤压，羽毛进行大致梳理。

展翅标本造型：应将两翼拉开，两翼在背部上举，头颈前伸。

标本整形完成后，调整好鸟的重心，量出两脚间距，在台板上打孔，将腿端铁丝穿过，从台板下拉紧，绞扭后剪断，将断头弯向台板即可，钉上标签。最后用3～6cm宽的纱布条依鸟体轮廓进行缠绕，并将标本放在通风干燥处晾干。一周后用清漆在喙的角质部、腿的跗蹠部、脚趾部及蹼进行涂刷，以起保护作用。

四、作业

每4人上交剥制标本1份。

实验八：豚鼠剥制标本制作

一、实验目的

了解兽类标本的制作方法和兽类骨骼系统的构造；掌握小型兽类标本的制作方法。

二、实验材料与用具

解剖器、骨钉、铁丝钳、铁丝、大号搪瓷盘、棉花、纱布、竹绒、针、毛笔、笔记本、义眼、标签、培养皿、滴管、棉签、台板、手电钻、豚鼠等。

药品配比：肥皂：三氧化二砷：樟脑：明矾＝5：4：1：1，95％酒精，甲醛。

三、实验操作

1. **标本的选择和处理**

要求毛皮完好，材料新鲜，没有污染，不具传染病，皮下脂肪不多的动物。如有血污需洗干净。动物处死的方法要操作简便，保护毛皮完好。常用处死方法有速冻、毒杀、麻醉致死、外力造成脑震荡、淹溺、外力抑制呼吸（勒死）、触电等。

2. **标本的测量和记录**

对动物各部长度的测量，是制作标本的重要参考依据，它可以使制成标本符合动物生活的形态和结构，避免失真。常规测量的数据有：

（1）体长：鼻端至尾基部的直线长度（以肛门前缘为界）。

（2）尾长：尾基部（肛门后缘）至尾骨末端的长度。

（3）颈长：耳后至肩的前缘长度。

（4）颈围：颈中段的周长，包括胸围、腹围、腰围、后肢围。

（5）躯干长：颈后至尾基部的直线长。

（6）肩高：前肢与躯体垂直时，足底至背脊的直线距离。

（7）臀高：后肢与躯体垂直时，足底至背脊的直线距离。

（8）前后肢足长、腿长：

前足长：桡骨与掌骨关节处最长趾端的长度。

后足长：跗关节的最后端至最长趾端的长度。

前腿长：躯体与前肢的内侧交界处桡骨下端的长度。

后腿长：躯体与后肢的内侧交界处胫骨下端的长度。

前肢左右间距、后肢左右间距、前后肢间距。

3. 剥制

用棉花塞住肛门及口腔，以防实物外流。头向左、尾向右仰卧解剖盘中，由胸腹部至肛门前端剖一开口，沿刀口向两侧剥离 2～3cm 后，向后剥离。推送出后肢骨并在胫骨下端剪断（不保留胫骨，留下跗骨）将后肢截下，随即向臀、尾部剥离，用刀或剪刀在尾基部截断尾椎骨，并向前剥离。继续剥离躯干部，剥到前肢时从上肩骨下端关节剪断，两侧前肢剪断后继续往前剥离颈部、头部。在枕骨处剪断颈椎，取出剥离的动物躯干，随后进行局部处理。

（1）头部、外耳道：用刀紧贴头骨将耳道软骨割断。扯起眼眶上的皮，持刀沿眼眶向下贴眼球体剥离（刀尖向内，小心割破眼睑），取出眼球。剥到鼻前端和唇端截止，让皮与头骨相连，由枕骨大孔取出脑组织。

（2）四肢：将皮肤翻剥到掌上和足上，剔除肌肉。

（3）尾部：用手捏紧尾基部的毛皮，另一只手将尾椎全部抽出，于尾尖端剪断椎体。

（4）剔除皮肤上的碎肉、脂肪。脂肪肥厚的部分要涂抹明矾粉，揭除脂肪。

4. 防腐处理

豚鼠等小型兽类皮张可以不经过鞣制，而直接涂抹防腐药膏进行防腐处理。

（1）先后用 30%、75% 酒精加几滴甲醛浸泡动物的唇、鼻、耳廓；继而冲洗头骨和残留的四肢骨骼，浸泡四足，时间视动物大小而定。

（2）对皮肤内侧、保留的头骨内外、四肢骨骼表面涂擦防腐药膏。

5. 充填

（1）制作支架

① 重心绞合型支架：首先取全长为标本鼻端至尾尖长度的铁丝一根（A—A′），用来做头尾支架；取长度＝肩高＋臀高＋躯体长，并多出 20% 的铁丝两根（B—B′）、（C—C′），做四肢支架。将这三根铁丝在中间互相绞合起来，绞合点应位于躯体的中央位置。作为四肢的两根铁丝（B—B′）、（C—C′），既可以互相交叉为"X"形，也可以与替代脊柱的支架铁丝平行，另取一段铁丝将 3 根铁丝在绞合部缠紧。

② 肩、髂部绞合型支架：由 3 根铁丝构成，即 A—A′，鼻尖至尾尖长度多出 20%，做头尾支架；B—B′，肩高的 2 倍多出一些，做左右两前肢支架；C—C′，臀高的 2 倍多出一些，做左右两后肢支架。

（2）充填

豚鼠体表面积小，毛绒丰厚，身材线条大都比较流畅，对肌肉的表现要求不是太高，充填物时可用充填鸟类的棉花和竹绒、麻丝等。

支架装入顺序：头部→尾部→左侧前肢与同侧后肢→右侧前肢和后肢。支架铁丝不宜在头部固定，可以另取一段略长于头骨的铁丝，一端于穿出鼻孔的支架铁丝在鼻吻处绞合固定，另一端经过下颌或口腔穿向枕部。在枕部再与支架铁丝绞合以固定头骨。

充填顺序：背→头、颈部→四肢→尾部→胸部→腹部→开口缝合。充填物要填的均匀、结实、饱满，呈长条状填入，边充填边与测量的数据对比，使标本与原来躯体的大小相同，外观相似。

6.整形、上台板

充填后对标本整形，调整好动物的重心、姿态，量出左右两前肢间、两后肢间的距离、同侧前后肢的间距，在台板上打孔，腿端用铁丝穿过，从台板下拉紧，绞扭后剪断铁丝，将断头弯向台板即可，钉上标签。用纸条夹在耳部，以防干燥后耳朵皱缩。最后将标本放在通风干燥处晾干。

四、作业

每4人一组，交豚鼠剥制标本一件。

参 考 文 献

[1] 鄂永昌，冯宋明．生物标本制作法 [M]．北京：科学普及出版社，1988.

[2] 邵力平等．真菌分类学 [M]．北京：中国林业出版社，1984.

[3] 陈彬，王跃招．介绍一种透明骨骼标本染色法 [J]．生物学通报，2002，37
 （4）：57.

[4] 福迪，B.（捷）罗迪安译．藻类学 [M]．北京：科学出版社，1980.

[5] 冯志坚等编著．植物学野外实习手册 [M]．上海：上海教育出版社，1993.

[6] 谷守琴，张秀敏，张伟．蟾蜍骨骼标本制作中的几点探索 [J]．保定师专学报，
 2000，13（4）：57～59.

[7] 高松．蛇类标本的制作 [J]．特种经济动植物，2002，6：40～41.

[8] 高文．羊（牛）头工艺骨骼标本的制作方法 [J]．生物学通报，2001，36
 （2）：41.

[9] 黄有馨，刘志礼．固氮蓝藻 [M]．北京：农业出版社，1984.

[10] 黄文光，邓小芳．用蚂蚁制骨骼标本 [J]．生物学通报，2002，37（2）：31.

[11] 何秀芬主编．干燥花采集制作原理和技术 [M]．北京：中国农业大学出版
 社，1993.

[12] 胡鸿钧，李尧英等．中国淡水藻类 [M]．上海：上海科学技术出版社，1980.

[13] 洪虹，邹汝荣，张本斯等．甘油法制作胚胎骨骼染色透明标本的体会 [J]．局
 解手术学杂志，2007，16（3）：191.

[14] 江苏省植物所编．江苏植物志 [M]．南京：江苏人民出版社，1977.

[15] 孔繁瑶等．家畜寄生虫学 [M]．北京：中国农业出版社，1981.

[16] 刘心源．植物标本的采集、制作与管理 [M]．北京：科学出版社，1981.

[17] 陆时万，徐祥生，沈敏健编著．植物学 [M]．北京：高等教育出版社，1991.

[18] 黄正一，蒋正揆．动物学实验方法 [M]．上海：上海科学技术出版社，1984.

[19] 黄承芬，杜桂森．生物显微制片技术 [M]．北京：北京科学技术出版
 社，1991.

[20] 刘凌云，郑光美．普通动物学（第三版）[M]．北京：高等教育出版社，1997.

[21] 刘凌云，郑光美．普通动物学实验指导（第二版）[M]．北京：高等教育出版
 社，1998.

[22] 刘济滨，张良慧．蛙附韧带骨骼标本的制作 [J]．生物学通报，2005，40
 （10）：39.

[23] 刘万胜，刘力华，黄明辉等．家兔骨骼染色透明标本制作法的介绍 [J]．生物
 学通报，2004，39（4）：57.

[24] 梁玉实．动物骨骼标本制作与管理［J］．吉林农业科技学院学报，2006，15（4）：38～39．

[25] 李跃．浅谈家兔骨骼标本制作［J］．中国标本技术通讯，2000，(1)：32～33．

[26] 李正理．植物制片技术［M］．北京：科学出版社，1987．

[27] 李建瑞．家兔骨骼染色透明法［J］．实验教学与仪器，1995，6：31．

[28] 路纪琪，张改平，刘忠虎主编．动物生物学野外实习指导［M］．郑州：郑州大学出版社，2007．

[29] 雷桂珍．透明骨骼染色系列标本［J］．教学仪器与实验，2001，17（11）：22～23．

[30] 马秀杰，高晨光，张耀安．一种新的青蛙（蟾蜍）骨骼标本制作方法［J］．白城师范高等专科学校学报，2001，15（4）：79．

[31] 钱啸虎主编．安徽植物志1～5卷．合肥：安徽科技出版社，1985～1992．

[32] 邱奉同．鲫鱼骨骼标本制作法［J］．生物学教学，1998，9：29～30．

[33] 邱挺．虫蚀法制作小型动物骨骼标本［J］．教学仪器与实验，2004，(1)：35．

[34] 饶钦止等．湖泊调查基本知识［M］．北京：科学出版社，1956．

[35] 栾日孝．大连沿海海藻实习指导［M］．大连：大连海运学院出版社，1989．

[36] 宋树春，王峰．一种简便制作动物骨骼标本的方法［J］．生物学通报，2001，36（4）：35．

[37] 生物学通报编委会，中学生物实验与标本制作［M］．北京：科学普及出版社，1983．

[38] 唐瑞华．牛整体骨骼标本的制作技术［J］．中国畜牧兽医，2007，34（9）：151～152．

[39] 吴金陵．中国地衣植物图鉴［M］．北京：中国展望出版社，1987．

[40] 王青，赵惠玲，赵惠卿．草履虫分裂生殖过程排队装片制作方法［J］．生物学通报 2006.11．

[41] 王爱红．骨骼标本的修复方法［J］．生物学通报，2003，38（10）：29．

[42] 厦门水产学院生物教研组．淡水习见藻类［M］．北京：中国农业出版社，1980．

[43] 徐亚君，唐鑫生．无脊椎动物学野外实习指导［M］．北京：当代中国出版社 2004．

[44] 徐亚君，昆虫标本的采集、制作与识别［M］．合肥：安徽教育出版社，1987．

[45] 肖方，野生动植物标本制作［M］．北京：科学出版社，1999．

[46] 谢决明，刘春田，鸟兽毛皮标本制作技术［M］．台湾：国立凤凰谷鸟园，2001．

[47] 叶创兴，冯虎元主编．植物学实验指导［M］．北京：清华大学出版社，2006．

[48] 颜素珠．中国水生高等植物图说［M］．北京：科学出版社，1983．

[49] 杨继华．生物标本制作学［M］．长沙：中南工业大学出版社，1987．

[50] 俞仰青. 生物宏观标本制作 [M]. 上海：上海出版社，1982.

[51] 杨振坦，江鸿. 鸟类透明骨骼标本的制作 [J]. 实验教学与仪器，1999，7 (8)：62.

[52] 中国科学院植物研究所. 中国高等植物图鉴（1～5 册）[M]. 北京：科学出版社，1972～1976.

[53] 中国科学院微生物所真菌组. 毒蘑菇 [M]. 北京：科学出版社，1975.

[54] 周云龙编. 孢子植物实验及实习 [M]. 北京：北京师范大学出版社，1993.

[55] 赵继鼎. 中国地衣初编. [M] 北京：科学出版社 1982.

[56] 赵超然、高本刚，脊椎动物标本的采集与制作 [M]. 合肥：安徽教育出版社，1991.

[57] 张贞华等. 生物标本和教具的制作 [M]. 杭州：浙江科学技术出版社，1984.

[58] 张成菊，吴毅. 利用面包虫制作小兽头骨标本方法的探讨 [J]. 四川动物，2005，24 (4)：586～588.

[59] 张凤岭，王翠婷，生物技术 [M]. 长春：东北师范大学出版社，1993.

[60] 朱孝荣，袁红花. 兔骨骼标本制作 [J]. 上海实验动物科学，1998，18 (1)：47～48.